제과학의 이론과 실제

신길만 · 신순례 · 노한승 공저

백산출판사

과자는 오랜세월 지내는 동안 식생활 속에서 발달되고 정착된 문화적 산물이다. 과자는 현대인의 생활속에서 우리의 삶을 풍요롭게 하고 즐거움과 행복감을 느끼게 하고 있다.

오늘날 시간적으로나 경제적으로 여유로움이 부족한 현대인에게는 한입의 과자를 음미하면서 살아가는 멋을 찾아보는 것도 좋을 듯하다.

과자의 종류는 수없이 많다. 이러한 과자를 크게 나누면 구움과자, 설탕과자, 얼음과자, 요리과자 등으로 분류할 수 있다.

과자 하나가 탄생하기까지에는 재료와 풍습, 지역 특색 등에 의해 조화되고 혼합되어 새롭게 만들어지게 된다. 과자의 유래와 여기에 얽힌 여러 가지 이야기들 그리고 기초에서 응용에 이르기까지 과자 만드는 모든 방법을 소개하는데 노력을 기울였다.

본서의 주요 내용은 다음과 같다.
제1장 기초 제과기술 이론과 역사
제2장 기초가 되는 반죽과 크림, 제노와즈, 메렌게
제3장 설탕과자, 설탕에 관하여, 파트 다망드, 초콜릿
제4장~제6장 앙토르메, 아이스크림, 디저트류 등과 요리과자로 서술되어 있다.

무엇을 만들려고 하면 기초가 중요하고 할 수 있다. 그런 까닭에 각 장에서 과자 만드는 법에 대한 기초이론을 확실히 습득하고 보다 고급스런 과자를 만드는데 필요한 응용기술을 상세하게 서술된 서적이다. 과자를 만드는 장인이 되길 꿈꾸는 학생에서부터 현장에서 땀 흘려 노력하는 기술자에게 꼭 필요한 지식을 담으려고 노력하였다.

이 책을 통하여 한국의제과기술이 발전되길 희망하고 더욱 훌륭한 과자를 만드는 장인이 많이 배출되길 기대해 본다.

끝으로 이 책을 출판해주신 백산출판사 진욱상 사장님 그리고 여러 직원들에게 감사를 표하는 바이다.

2005년 5월

신 길 만 씀

차례

제1장 ■ 과자의 역사

제2장 ■ 과자 반죽

제3장 ■ 구움 과자 제법

제1장

과자의 역사

제1절 과자의 역사

1. 과자의 역사

과자의 원재료로 사용되고 있는 밀가루, 달걀, 설탕, 버터 등은 오랜 역사의 흐름 속에서 다른 시기, 다른 장소에서 발견되고 어울려져서 새로운 과자로 만들어지게 되었다. 또한 과자와 그 재료들은 긴 세월을 통해 개량되고 여러 가지의 조합에 의해 미묘한 미각의 조화를 만들어내고 있다.

1) 농경시대 과자

과자의 재료 중에 제일 빠른 시기에 인류와 만나게 된 것은 무엇일까?

그것은 밀가루라고 할 수 있다. 물론 현재 우리들이 먹고 있는 밀가루와는 비교가 되지 않을 정도로 나쁜 질이었다. 신석기 시대에 일정의 장소에 정착해 밀의 재배를 시작하였다고 생각되어진다.

초기의 농경문화의 발달에 이어 사람들은 동시에 야생의 염소나 소를 가축으로서 사육하게 되었다. 최초에는 이러한 가축의 고기 또는 젖을 그대로 먹었다. 점차로 물 대신에 우유를 밀가루와 함께 이겨서 조리의 형태로 정착하게 되었을 것이다. 이 시

점에서 과자의 주된 원료인 밀가루와 젖의 만남을 찾아 볼 수 있다. 말하자면 과자의 역사는 인류가 어느 일정한 장소에 정착함과 거의 같은 시기에 시작되었다고 해도 과언이 아닐 것으로 본다.

이러한 오래된 인류의 생활사에서는 아직 설탕의 존재가 있었다는 흔적은 찾아볼 수 없다. 당시 그들은 나무의 열매나 과실, 꿀을 통해 단맛이란 것을 알고 있었다. 건조 과일이나 꿀에 저린 과일로 가공하는 한편, 동시에 밀가루나 젖도 일단 재료와 연결지어 반죽에 단맛이 들어가게 되어 이른바 기본적인 과자의 조합이라는 것에 가깝게 되었다고 생각된다.

2) 이집트시대 과자

이집트시대에 제분의 기술과 함께 그것을 가공하는 기술도 더욱 진보되었다.

이 시대에는 밀을 가공한 음식 즉 빵과 과자는 중요한 음식물로 취급 되었다.

당시의 벽화를 보면 빵 또는 과자가 얼마나 필요 불가결한 것이었던가를 잘 나타내주고 있다. 권력자는 사후 내세에서의 생활을 위해 음식물, 몸 주위에 화려한 장신구 물품과 함께 빵이나 과자를 함께 묘에 매장하는 것이 보통이었던 것 같다.

당시의 빵과 과자는 곧 오늘날에 볼 수 있는 것처럼 다종다양하여 꽤 의식과 형태를 갖춘 과자가 있었다고 생각된다. 평평한 것, 둥근 것, 삼각형의 것, 가늘고 긴 것, 또는 동물이나 악기의 형태를 본뜬 것 등이 만들어졌던 것 같다.

그리고 과자에는 연꽃의 열매나 깨 등을 반죽에 섞어서 넣었으며 반죽을 가늘고 길게 하거나 그것을 둥글게 말아서 기름에 튀기는 등의 과자의 존재를 알 수 있었다.

빵이나 과자를 만드는 직업적인 빵집이 마을이나 궁전 안에 생겼다. 또한 이집트뿐만 아니라 시리아나 바빌로니아에도 꽤 숙련된 빵기술이 확립되어 있었던 것 같다.

3) 중국의 과자

동양문화의 중요한 문명의 발상지의 하나인 고대 중국에 있어서도 거의 비슷한

과자를 만들어지고 있었다고 추측할 수 있다. 고대 국가의 형성과 함께 각 지역에서 빵과 과자의 기술이 급속하게 발전되었다는 것을 명확히 알 수 있다.

4) 그리스시대 과자

빵은 발효에 의한 발달과정을 알 수 있다. 그러나 과자는 그 대부분 빵과 거의 같은 것으로 과자 같은 모습을 한 것이 거의 없으나 그리이스 시대에 들어와 그것에 다소의 변화라고 할 수 있는 것이 나타났다.

그리스에서는 원래 옛날부터 빵 기술을 가지고 있었다. 대맥을 원료로 한 원형이나 타원형의 빵이 보급되고 있었다. 기원전 5세기에서는 모든 과자에 대한 과학적인 논문을 쓰게 되어 과자가 중요한 존재인 것을 알 수 있다. 이 시대의 그리스인들은 단맛을 내기 위해 꿀을 사용하였다. 이렇게 만들어졌던 것들 중에는 과자의 원형으로 생각할 수 있는 과자를 현대에도 몇 가지를 찾아볼 수 있다.

5) 로마시대 과자

로마시대로 들어오면서 처음으로 빵 장인의 길드가 결성되었다. 이러한 길드에는 과자기술자 장인도 포함되어 있었다.

이 시기가 되어서 점차적으로 새로운 재료를 혼합하는 배합이 생기게 되어, 밀가루, 꿀, 치즈, 달걀 등의 재료를 사용한 새로운 과자가 만들어져 어떤 의미에서는 과자의 황금시기를 맞았던 시대라고 할 수 있다.

이 시대에 만들어진 과자 중에는 꽤 섬세한 스펀지케이크에서부터 치즈케이크, 타르트, 파이과자가 있었다. 현대의 과자를 보는 것 같은 여러 종류가 있었는데, 이러한 과자는 그 당시에는 지배자 계층 등의 일부에 한정된 특권 계급뿐 아니라 꽤 넓은 층에 보급이 되었다.

이처럼 로마시대에 와서는 일대 개화를 본 것이 과자이다. 그 후 유럽의 역사속에서 큰 일정한 지역에 체계적인 발전을 볼 수 있게 된 것은 오랜 시간을 기다려야 했었다.

즉 로마제국이 분열된 4세기에서 5세기 후반부터 게르만민족의 대이동, 그리스교군의 유럽에 북상 어느 의미에서는 십자군의 원정 등 중세 유럽에는 혼란의 시대가 있었다. 이러한 침략원정 등이 과자의 발전과 변화에 연결되었는데 즉 세계의 원재

료와 융합하여 그것이 변형을 계속했을 것이다. 이런 것 중에서 중세의 과자에 있어 제일 중요한 것의 하나는 설탕의 출현이다.

6) 중세의 과자

설탕은 기원전에도 있었으나, 일반에게 널리 그 존재가 알려진 것은 그리스시대나 로마시대였다. 십자군의 원정이후 활발하게 교류하게 된 동방문화의 소개에 의해 향신료, 셔벗 등과 함께 넓게 유럽에도 알려지게 되었다. 그러나 이것들은 당시에서는 상당히 고가의 것으로 일반적으로 과자재료에 사용될 때까지 수세기의 시간이 필요했다.

중세에 있어서 빵 만들기, 과자의 발전을 가능하게 했던 것은 수도원의 존재를 들 수 있다. 당시 오븐은 수도원이나 영주가 독점된 형태로 소유하고 있었다. 중세에는 13세기가 될 때까지 번창한 길드가 결성되게 되어 독일에서는 진저 브레드 빵집이 길드라 불릴 정도였다.

7) 15~16세기 과자

15세기에서 16세기가 되면서 달콤한 과자가 전세계층에 침투하게 되었다. 특히, 이탈리아는 당시로는 과자의 선진국 중의 선진국이었다. 16세기 메디치가의 카토리누는 앙리2세와의 결혼에 의해 이탈리아에서 프랑스로 가져간 문화는 그 후에 프랑스 과자에도 큰 영향을 주었다. 또 프랑스는 18세기에 출현한 천재적인 요리인 앙트안카렘은 그때까지의 과자를 집대성함과 동시에 지금까지 통하는 과자의 창작과 장식 과자에 있어서도 새로운 스타일을 만들어 내는 등 프랑스 과자의 역사에 있어서 비약적인 큰 업적을 남겼다.

8) 근대의 과자

스위스에서는 수세기 동안 빵 장인들이 여러 나라를 돌아다니며, 기술을 습득하여 오늘날 스위스 과자의 명성을 쌓는 기초가 만들어졌다.

9) 현대의 과자

오스트리아에 있어서는 그 독자의 제품이 만들어짐에 의해서, 중세에 잘 알려졌으나 19세기가 되어 발전에 있어서 하나의 세계가 세워졌다.

현재에는 과자는 프랑스, 이탈리아, 독일, 스위스, 오스트리아, 영국 등의 나라를 중심으로 그 문화를 개화시켜 열매를 맺고 있는데, 오늘날 이러한 나라들에서 결실이 전해지고 있다.

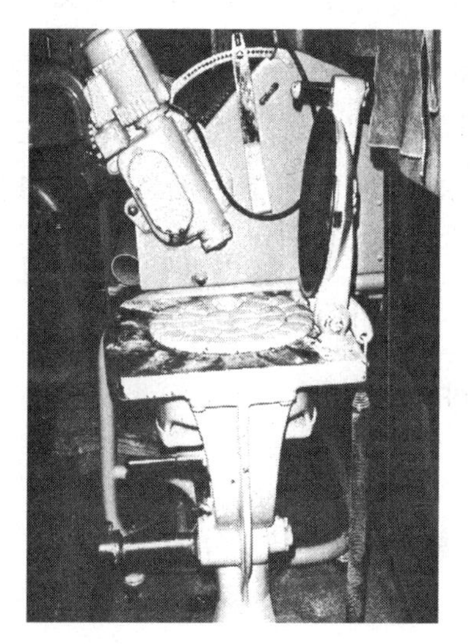

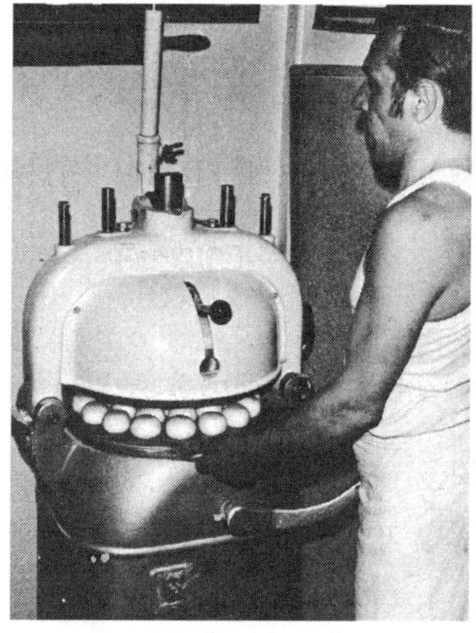

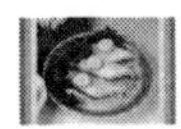

제2절 과자의 의의

1. 과자의 의의

과자류는 사람들이 먹는 음식으로 유사 이전부터 있었으며 많은 변화를 거쳐 오늘날과 같은 여러 가지 과자의 모습으로 발전되었다.

과자는 종류가 풍부하고 다른 식품과 달리 즐거움과 꿈을 준다. 과자류에는 곡류, 설탕, 달걀, 유지, 유제품을 필두로 각종의 풍미 재료나 첨가물까지 여러 가지 식품재료가 자유롭게 사용되어 훌륭하게 조화되어 과자의 모습으로 우리들의 눈을 즐겁게 해준다. 과자의 의의는 분위기 조성, 영양공급, 정서안정, 피로회복, 기분전환, 단란한 시간 마련 등이 있다.

① 분위기 조성
과자는 식생활에 화기애애한 분위기를 만든다.

② 영양보급
영양보급의 역할을 하는 특별한 지위를 차지하고 있는 식품이다.

③ 정서안정
어린이들에게 정서의 안정을 주고 행복감을 준다.

④ 피로회복
힘든 노동이나 운동 후 육체적 피로를 회복시켜 준다.

⑤ 기분전환
기분전환의 역할을 한다.

⑥ 단란한 시간
고령화사회에서는 단란한 시간을 갖게 한다.

1) 과자의 정의

① 기호를 만족시키는 것을 주된 목적으로 할 것

② 형태가 있는 것

③ 그대로 먹을 수 있도록 완성된 것

④ 제조한 것

2) 과자의 조건

과자가 식생활의 윤택한 변화를 주는 기호품이기 위해서는 눈으로 보았을 때 아름답고, 맛이 좋고, 향기나 입안 촉감이 좋아야 하는 것이 과자의 기본적인 조건이다. 또 형태와 색도 큰 요소가 된다. 미적. 미각적으로 뛰어나며, 위생적이고 영양적으로 뛰어날 것이 과자의 조건이다.

① 미적으로 훌륭한 것

과자는 먼저 외적으로 아름답고, 먹고 싶게 느끼게 하고 먹었을 때 맛있게 생각될 수 있게 아름답고 품위가 있는 것을 만드는 것이 중요하다. 이 외형에는 형태, 색상, 광택 등을 들 수 있다. 정교 우아한 과자는 꿈을 느끼게 한다. 프랑스의 소형 과자 등이 오랫동안 애호되는 것이 수긍이 된다. 또한 기계에 의한 대량 생산된 비스킷처럼 그 모양이 모두에게 사랑받는 것도 있고 집에서 손수 만드는 틀에 찍힌 쿠키처럼 단순한 형태가 바람직한 경우도 있다. 색으로 보면 농도·배색 등 충분히 신경 쓰는 것이 필요하다. 너무 현란한 색깔은 일반적으로 좋지 않다. 빛, 광택도 중요하나 이처럼 형태, 광택 등도 과자에는 대단히 중요한 사항의 하나다. 이런 것은 예술적인 센스가 필요하고 이 센스를 연마하는 것이 중요하다.

② 미각적으로 뛰어날 것

과자가 기호품인 것인 이상, 미각적으로 뛰어나는 것이 제일 조건의 하나이다. 맛있다는 것은 과자에 있어서 생명이다. 무엇에 의해 결정되는가 하면 아름다움, 미향, 입안 감촉 등에 의해 결정되어진다. 폭넓은 의미로 앞에 설명한 외형도 이것에 관계되는 것으로 청각도 무시할 수 없는 사항중의 하나이다.

③ 위생적일 것

과자는 조리하지 않고 그대로 먹을 수 있는 식품이기에 특히 위생면이 강조되는 것은 당연하다. 정말 아름답고 맛있는 과자일지라도 위생적이지 않으면 먹을 수 없다.

④ 영양적으로 우수할 것

과자에 사용하는 원료는 곡류, 설탕, 유지, 달걀 등이므로 당연한 결과로서 칼로리가 높고 영양적으로 우수하다. 예를 들어 유지함량이 많은 초콜릿은 에너지원으로 지극히 유효하고 또한 휴대에도 편리하므로, 등산식, 항공식 등에도 이용되고 있다. 달걀, 설탕 등을 주원료로 하는 카스테라는 풍미가 좋고 영양적으로도 우수하므로 식욕이 없는 환자에게도 충분히 권할 수 있다. 과자는 구워져 있으므로 소화 흡수면에서도 뛰어나다. 이처럼 과자는 영양적으로도 우수한 식품인 것이다.

3) 과자점의 조건

과자점의 목적은 소비자에 과자를 제공하는 것이다. 과자점으로 갖추어야 할 조건은

① 사람

사람(기술자)이 있어야 한다.

② 장소

과자를 만드는 장소(점포)와 기계설비가 필요하다.

③ 재료

과자의 재료가 있고 과자형태를 보일 수 있도록 제조된 제품이 있어야 한다.

④ 서비스

포장되어 손님에게 제공하는 단계까지의 서비스가 추가되어 처음으로 과자점의 영업이 시작된다.

2. 식생활과 과자

1) 식생활과 과자

최근의 경제성장과 더불어 식생활이 향상되어 음식문화를 즐기는 경향이 급속히 강하게 되었다. 더불어 식생활의 서양화와 함께 기호의 변화가 급격하게 전개되고 있다.

식생활에서도 단순히 생활과 일을 위해 하루의 영양을 흡수하면 좋다는 실용적인 생각이 변화하였다. 식생활에도 시간, 장소, 환경을 생각하도록 다채롭게 변화되었다.

이처럼 식생활이 복잡하게 되면서 중요하게 생각되는 것은 과자의 존재이다.

과자는 지금까지도 기호품으로서의 성격이 제일 강했다. 이것이 앞으로 생활 여가를 즐기려는 사회현상으로 바뀌어져 가고 있다.

과자를 먹는다는 것은 실용적인 면, 즉 영양가를 흡수하고 빨리 피로를 회복하는 등의 효과와 성격을 지니고 있다. 의식적 또는 무의식적으로 음식을 섭취한다는 것은 즐거움이 있는 것이다. 이러한 과자는 식생활의 변화를 주는 의미에서 생활에 큰 역할을 해주고 있다.

즉 식사 후 또는 식사의 사이에 먹는 과자들은 식생활의 즐거움이 되어 있는 것이다.

2) 과자의 상품가치

과자의 제조 때 어떤 형태를 만들까 하는 것의 형태와 외관은 상품가치에 크게 영향을 마치고 있다. 이것은 디자인과 포장에 관련되어 있다. 지금까지 경험으로 보아 과자의 형태를 정하는 것이 많았다고 생각된다. 앞으로는 판매시장을 생각해 과자의 형태를 정해 만들 필요가 있다.

과자를 제조할 때에는 구입자와 판매자의 심리를 고려하여 제조하도록 해야 한다.

(1) 과자 구입자의 심리

① 구입용도

용도 또는 구입목적은 무엇인가? 자기집용, 선물용, 보답용 등

② 가격

가격은 어느 정도가 좋은가?

③ 구입자 신분

구입자의 직업, 회사원, 주부, 학생, 여행자 등

(2) 제품 판매자의 심리

① 제조지역

판매지역이 관광지인가? 상업지역인가? 공업도시인가? 교육도시인가?

② 경쟁관계

동업자, 또는 경쟁자의 생산현장은 어떤가? 특히 생산능력이나 제품의 특징을 생각해 자신의 제품의 디자인과 생산방침을 정해 만드는 것이 필요하다.

(3) 과자의 색

과자의 색은 형태 이상으로 눈에 호소하는 중요한 요소이다.

색에는 따뜻한 계통의 색과 차가운 계통의 색, 그 중간 계통의 색이 있는 것을 색체 심리학에서는 잘 알려져 있다.

따뜻한 계통의 색은 적색, 황적색, 크림색 차가운 계통의 색은 청록, 청색, 청자색 그리고 중간 계통의 색은 황록, 녹색, 자색으로 분류되고 있다.

① 맛있는 색

눈으로 보았을 때 맛있는 색이란 무슨 색일까? 색은 식욕과 직접 연결되기 때문이다. 또한 2개 이상의 색의 조화를 하여 잘 눈에 띄는 색을 선택하는 것은 상품가치를 높이는데 중요하다. 예를 들어, 생크림 케이크에 올리는 빨간색의 딸기는 강한 인상을 줄 것이다.

기타 일반 소비자의 심리로서 여름에는 찬색 계통을, 겨울에는 따뜻한 계통을 선택한 것으로 잘 알려져 있다. 또한 조명은 과자의 색이 크게 변하므로 놓을 장소의 조명을 고려하여 색을 정할 필요가 있다.

그리고 제품을 놓는 장소의 조명은 될 수 있는 한 태양광선에 가까운 것을 선택하는 것이 좋을 것이며 맛도 색조에 영향을 주는 것으로 알려져 있다.

단맛이 강한 과자는 색은 농후하게 느끼는 경향이 있으므로 이러한 조건과 조화를 고려하여 알아둘 필요가 있다.

② 착색료

과자의 색은 상품가치를 결정하는 중요한 요소이지만, 원료의 색만으로는 불충분한 것이 많다. 그래서 착색료를 활용하여 원료의 불충분한 색을 보충해주고 새로운

좋아하는 색을 내는 것이 제조 공정에서 필요하다.

㉠ 착색료의 조건

- 식품위생법으로 허가된 것일 것
- 무미, 무취일 것
- 물에 녹기 쉽고, 그 용액의 색이 선명할 것
- 광선, 열, 산, 알칼리, 금속 중에 색이 변화하지 않는 것이 기본조건이 된다.

(4) 맛

일반적인 의미에서의 맛의 주체는 미각이다. 그리고 취각, 촉각, 온각이 작용하고 더욱더 미각도 더해져 종합적인 맛으로서 감각이 구성된다.

그 안에서 중심적이 되는 것이 미각신경을 자극하는 화학적인 맛과 물리적으로 구강내의 촉각을 자극하는 맛의 두 가지가 있다. 과자는 제조에 있어 그 조화가 중요하다.

화학적인 맛에는 단맛, 산미, 쓴맛, 소금맛 등이 있으며 기타 금속성의 떫은맛, 알칼리맛, 떫은맛, 매운맛 등이 있다.

동물이 제일 좋아하는 단맛이 있으며 과자의 경우에도 단맛이 중심이며 그 단맛에는 설탕, 포도당, 과당 등이 일반적으로 알려져 있는 당류 이외의 인공감미료가 있다. 이것들의 감미료는 단독 또는 겸용하여 다른 과자의 재료와 조화시키는 것이 중요하다. 예를 들어 설탕만 사용했을 때 상품이 단순한 맛이 되고 흑설탕을 사용한 과자는 서민적인 복잡한 단맛을 느끼게 되고 카스테라를 굽는 경우, 당류보다 맛이 전혀 다르고, 케이크를 만들 때에는 설탕의 30% 정도가 포도당으로 변하게 되어 촉촉함이 되며, 산뜻한 맛이 되는 경우도 있다. 이들 감미료의 선택과 배합이 과자의 맛의 근본이 되는 것이다.

입안에서 촉감을 자극하는 물리적인 맛도 중요하다. 이것은 과자의 조직(텍스쳐) 전체의 품질을 결정하는 것으로 딱딱함, 끈기, 활성, 바삭함, 부드러움, 입안에서 혀에 씹힐 때의 모든 물리적 성질을 종합하여 감각되어진다.

이 감각을 표현하는 단어는 상당히 많이 있으나, 예를 들어 딱딱함(firm), 부드러움(tender), 바삭거림(short), 점착성이 있고 씹힘성(sticky) 등으로 표현되고 있다.

최근에는 덱스쳐미터의 발달, 기하에 의해 과자의 물리적 특성을 여러 가지 통계화되고 있다. 혀로 맛을 느끼고, 씹힘성, 코에서 향기를 느끼는 것이 먹는 음식의 순서이다.

특히 과자는 향기는 상품가치를 크게 하는 영향을 지닌 것으로 여러 종류의 향료가 사용되고 있다. 향료에는 천연향료와 합성향료가 있고 향료의 선택과 사용량, 그 결과 얻어지는 향기의 조화가 중요하다.

(5) 영양

과자는 기호품이므로 특별히 영양을 공급하는 입장으로 강하게 생각할 필요는 없다.

최근 비만을 방지하기 위해 저칼로리 과자, 당뇨병 환자가 먹을 수 있는 단맛을 느끼면서도 칼로리가 적은 것이 요구되고 있다.

(6) 위생

과자뿐 아니라 모든 음식에 해당되는 중요한 항목이다.

특히 과자는 생물이 많으므로 세균, 쥐, 파리 등의 오염에 유의해야 한다.

또 비소, 철, 동, 돌, 칼륨 등 유해금속 사용이 금지된 유해색소, 공장관리 불충분에 의한 세균오염 등이 큰 사고를 일으킨다. 그리고 방부제, 색소, 산화방지제 등 첨가물의 사용량, 사용법, 식품위생법의 범위에서 사용하도록 엄중히 주의할 필요가 있다.

① 원료

과자에 사용하는 원료, 재료를 잘 음미한다.

특히 식품첨가물은 식품첨가물로써 허가된 것, 또는 사용기준을 지켜서 사용해야 한다.

② 보관장소

원료, 재료의 보관장소에 신경을 써서 쥐, 벌레 등의 피해를 받지 않도록 고려한다.

또한 오랜 기간 방치하지 않도록 원료 및 재료를 통괄하고 보관하는 경우에는 저온보장 등에 의해 품질변화를 적게 하도록 배려한다.

③ 원료 체질

원료는 체로 쳐서 이물질이 혼합되지 않도록 주의한다.

④ 제품보관

제품의 보관에는 포장 등을 완전히 하고 냄새, 습기, 외부에서의 벌레의 침입을 방지함과 동시에 품질변화가 생기지 않도록 신경쓴다.

⑤ 작업장

작업장은 항상 청결히 해야 한다.

⑥ 화장실

화장실 사용 후에는 반드시 손을 깨끗이 씻어야 한다.

⑦ 개인위생

개인위생관리에 철저해야 한다.

⑧ 종업원의 의식을 높일 필요가 있다.

위생은 과자를 만드는 입장에서 특히 중요한 사항이므로 종업원의 의식을 높임과 동시에 원재료, 제품의 취급에는 세심한 주의를 하지 않으면 안된다.

(7) 전체와의 조화

과자는 기호품이므로 심리적 요소가 크다. 최종적으로 과자 전체가 형태, 색조, 풍미, 향 등의 모든 사항과 조화되어 일체가 되어야 한다. 그래야만 소비자에게 안심감을 주며 뛰어난 과자는 예술품이라 할 수 있기 때문이다.

제3절 제조방법에 따른 과자의 분류

과자는 제조 방법에 따른 분류, 크기에 따른 분류, 요리적인 요소에 따른 과자 분류가 있는데, 제조 방법에 따라서는 구움과자(Patisserie), 설탕과자(Confiserie), 냉과자(Glace)로 나눈다.

1. 구움과자(Patisserie)

밀가루를 사용하여 반죽을 만든 후 오븐에서 구어 낸 과자이다. 일반적인 케이크 전반을 통틀어 만들어진 과자를 뜻한다.

1) 스펀지(Genoise)

이탈리아 도시 제노바가 어원이고 쇼트케이크, 데크리에이션케이크, 그 외 과자의 많은 것들이 이 반죽으로 만들어져 있다. 달걀을 거품을 올려 만드는 스펀지케이크로 코코아, 커피, 아몬드가 들어있는 것 등 조합된 것이 있다.

2) 비스큐이(Biscuit)

달걀이 노른자와 흰자를 나누어 거품을 올려 만드는 스펀지케이크이다.

3) 버터케이크(Cake)

버터를 혼합 반죽하면서 공기를 포집하는 버터 크림성을 이용한 것이다.

버터, 설탕, 달걀, 밀가루의 4가지 재료를 같은 양의 배합으로 만드는 것이 기본이고 부드럽고 가벼우며 버터의 풍미가 좋고 촉촉하고 세밀한 식감을 준다.

넛류, 건과일, 초콜릿 등을 넣어 조합된 것도 있다.

4) 푀이타주(Feuilltage)

보통 파이라 불리는 반죽이며 층이 된 반죽의 의미고 밀가루와 반죽은 버터의 엷은 층이 되도록 접어 펴서 만든다. 파트 휘이테(Pate Feuilltee)라고도 한다. 4가지 제법이 있다.

(1) 파이(Feuilltage)

① 훼이이타쥐 노르말(feuilletage normal)

이것은 반죽 생지(detrempe : 데트랑프) 보통 밀가루에 물을 넣고 이겨서 만든다. 버터를 싸서 몇 번 늘려서 접은 후에 쌓은 방법이다. 보통은 파트 퓨테라고 부르는 이 방법으로 할 때가 많다.

② 훼이이따쥐 라피드((feuilletage rapide)

이것은 버터를 밀가루 속에 주사위 크기의 사각으로 잘라서 모든 재료를 가볍게 섞어서 합쳐 몇 회 늘려서 접은 후에 엷은 층이 되도록 쌓는 방법이다. 즉석으로 만드는 방법이라 할 수 있다.

③ 훼이이따쥐 엥베르스(feuilletage inverse)

버터를 밀가루 1/3 양을 섞어 넣고 이 생지로 반죽 밀가루(남은 재료를 이겨 합쳐 만든다)를 씌어 늘려 접어 쌓는 조작을 반복한다.

④ 훼이이따쥐 비에노와(feuilletage viennois)

이것은 버터의 1/2 양을 넣어 이겨 반죽한 생지로 남은 버터를 싸서 늘린 후에 접어서 쌓아 가는 방법이다.

(2) 파트 브리제(Pate brisee)

밀가루, 버터, 소금 또는 설탕을 보송보송한 상태로 합쳐 물(달걀)을 넣고 이겨서 만든 반죽이다. 어느 정도 밀가루의 끈기가 나오고 구었을 때 확실하게 굽는다.

(3) 파트 아 퐁세(Pate a foncer)

밑바닥용 반죽의 의미이기도 하다.

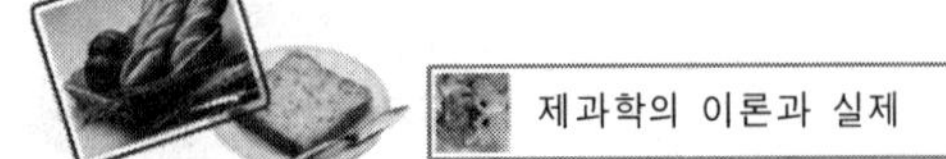

5) 쿠키(Cookie, 영 Biscuit)

(1) 파트 슈크레(Ptte sucree)

설탕이 들어간 쿠키 반죽을 의미이다.

버터에 설탕을 넣어가면서 공기를 함유하게 하여 밀가루를 제일 나중에 넣어 어느 정도 끈기를 내도록 반죽한다. 구운 후에 만들어진 쿠키가 부드럽고 는 감촉이 좋은 것이 특징이다.

(2) 파트 샤브레(Pate Sablee)

파트 슈크레처럼 반죽한 후에 틀로 찍어내거나, 차게 냉장 냉동시킨 후에 자르거나, 짤 주머니로 짜거나 각각의 용도에 맞게 배합을 변화시킨다.

6) 슈 반죽(Pate Choux)

구어 낸 후 형태가 양배추(Choux)와 비슷하다고 하여 이같은 이름이 붙여졌다. 반죽을 만드는 단계에서 불을 통해 알파화시킨 것이 특징이다

7) 발효 반죽(Pate Leve)

이스트를 사용하여 반죽을 발효시켜 만든 제품이다.

발효 반죽으로 만든 과자에는 브리오슈, 크로와상, 사바란, 구겔호프 등이 있고 제과용 이스트 반죽은 당연히 고배합이 된다.

8) 머랭(Meringue)

머랭은 달걀흰자를 주재료로 하여 설탕을 넣고 거품을 올린 것이다.

건조 굽기한 후에 비스큐이, 수플레, 무스 등과 함께 쓰인다.

(1) 냉제머랭

달걀흰자를 차게 하여 설탕을 넣고 거품을 올린 것이 머랭으로 바슈랭 셸에 사용한다.

(2) 온제머랭

뜨거운 시럽을 만들어 넣어 달걀흰자에 넣고 거품올린 머랭으로 세공품을 만드는데 적당하다.

(3) 응용머랭

이탈리안 머랭이라고도 하며 크림, 무스 등 굽지 않는 과자에 쓴다.

2. 설탕과자(Confiserie)

설탕 가공품, 과일 가공품, 견과 가공품, 초콜릿류 등의 가공품이 있다.

설탕과자(Confiserie)는 「설탕에 절여, 시럽으로 끓인」에서 파생된 말이다.

(1) 퐁당(Fondant)

퐁당의 색, 향, 풍미를 주로 사용한 것, 퐁당, 파스티야주 등이 있다.

(2) 프랄리네(Praline)

프랄리네를 사용한 것.

(3) 누가(Nougatine)

누가를 사용한 것으로 화이트 누가, 하드 누가 등이 있다.

(4) 파트 아몬드(Pate Damande)

마지팬 세공, 퓨이테, 데기세, 드라제 등이 있다.

(5) 캐러멜(Caramels)

캐러멜, 설탕, 버터, 생크림 등의 재료를 풍미 좋게 하기 위해 태워서 조린 것이다.

(6) 슈크레 티레(Sucre tire)

캔디, 드롭프스.

1) 과일 가공품

(1) 과일 젤리

펩틴, 젤리 등이 있다.

(2) 건조 과일

건포도, 프람.

(3) 설탕에 절인 과일

드라이를 제외한 과일, 밤 등이 있다.

(4) 파트 오 푸르츠(Pate de Fruit)

과일의 퓨레나 과즙에 설탕, 펩틴(또는 한천)을 넣어 조린 것, 흘려 굳힌 것이다.

2) 견과 가공품

(1) 마지팬

설탕과 아몬드를 갈아 만든 페이스트이다.

(2) 누가

설탕, 꿀 그밖의 감미료에 호두, 아몬드같은 견과를 배합해 만든 설탕과자이다.

달걀 흰자를 넣어 공기를 함유한 하얀누가 그렇지 않은 갈색의 누가가 있다.

(3) 프랄리네

아몬드 또는 헤이즐넛에 설탕(캐러멜)을 넣어 조린 후 롤러를 통과시켜 페이스트 상태로 만든 것이다.

(4) 잔두야

아몬드와 설탕으로 만든 제과 부재료로 발상지는 이탈리아이다. 잔두야는 볶은 견과에 설탕을 더해 롤러로 갈고, 녹인 초콜릿을 더해 전체를 부드러운 상태로 만든 것이다.

(5) 드라제

견과 마지팬, 초콜릿 등에 설탕옷을 입힌 과자의 총칭이다.

3) 초콜릿류와 가공품

(1) 봉봉 오 쇼코라(Bonbon au Chocolat)

가나슈, 프랄리네, 마지팬, 퐁당, 누가, 리큐르, 캐러멜 양주에 절인 과일캔디, 과일 등 여러 가지를 내용물로 중앙을 만들어 초콜릿을 덮어 씌운(코팅한) 것이다.

과자 중에서도 특히 고급의 것이다.

(2) 봉봉 아 라 리큐르(Bonbon a la Liqueur)

리큐르(술)를 넣은 시럽을 가루 상태에 흘려 부어서 표면을 결정시켜서 만든다.

(3) 누가(Nougat), 누가딘(Nouga Tine)

설탕을 캐러멜 색으로 태워서 아몬드 등의 넛류를 섞어 넣은 것이다.

흰자를 사용한 흰 누가(누가 블랑 ; Nougat banc)도 있다.

(4) 봉봉 오 쇼코라, 프랄리네(Bonbons de chocolat au praline)

초콜릿 봉봉.

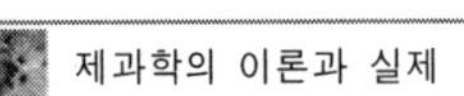

(5) **초콜릿(Chocolats)**

도리블, 리큐르봉봉.

3. 냉과

1) 얼음과자(Glass)

얼음(Glace)에서 파생된 말이고 아이스크림, 샤벗 등이 있다. 아이스크림(글라스 Glase)은 프랑스어로 얼음의 의미이다. 기본적으로는 소스 앙글레즈 생크림을 넣고 얼린 것이고 과즙의 아이스크림은 과육(과즙)과 생크림을 합쳐서 만든다.

셔벗(소르베(Sorbet)은 과즙(과육)의 퓨레와 와인, 샴페인 등과 시럽을 얼린 것이다.

(1) **크림을 사용한 빙과자(Glaces a la cremes)**

① 글라스 옥스(Glaces aux oefs) : 크림을 사용한 냉과자이다.
글라스 아 라 바닐라(커피, 캐러멜, 초콜릿)

② 글라스 아 프루츠(Glaces aux fruits) : 과일즙을 사용한 냉과자이다.
글라스 아 라 프루츠(레몬, 프란보와즈, 로라제)

(2) **소르베(Sorbets)**

틀에 넣어 만든 냉과, 과일 과즙을 사용한 빙과자이다.

① 소르베 프루츠(Sorbets aux fruits)
소르베 오 프루츠(레몬, 프란보와즈, 로라제)

② 소르베 오 리큐르(Sorbets au liqeur) : 소르베 오 샴페인(키르슈 오 반)

③ Granites : 소르베와 같다.

④ 틀에 넣어 만든 냉과 : 파르페, 글라스 폼므 등이 있다.

(3) 앙트르메(Entremets)

단맛나는 과자이고 소스를 곁들이기 때문에 과자라기보다 일품요리로 취급하는 경우가 많다. 앙트르메에는 따뜻한 것(entremets chauds)과 찬 것(enteremets froids)이 있다.

① 앙트르메 글라세(Entermets de glace)

2종류 이상 아이스크림(빙과)을 틀에 넣어 마무리한 대형의 빙과이다.

② 소르베 글라세(Souffle Glaces)

아이스크림을 용기보다 높게 마무리 한 얼음과자이다.

③ Parfit glaces

딱딱한 크림을 넣어 마무리한 얼음과자이다.

④ 비스큐이 글라세(Biscuit glaces)

직사각형의 틀을 사용한 아이스크림, 소르베 등을 합쳐 마무리한 빙과자이다.

⑤ 봉브 글라세(Bombe glaces)

포탄형 모형의 틀에 채워 만든 빙과. 글라스 아 라 크림을 소르베와 봉브 상태로 만든 가벼운 크림을 넣고 다시 다른 아이스크림, 파르페 등을 채워 얼려 마무리한 빙과자이다.

4. 공예과자

과자로 만드는 공예작품으로 생활 속의 즐거움의 단면을 형상화시킨 것이 공예과자이다. 마지팬 세공, 검페이스트 세공, 엿 세공, 누가 세공, 초콜릿 세공, 비스킷 세공, 머랭 세공, 빵 세공, 얼음 공예 버터 세공, 드라제 세공 등이 있다.

(1) 마지팬 세공

마지팬 특유의 점토와 같은 감촉, 가소성을 이용하여 여러 가지 색을 들여 꽃이나 동물 등을 사실적으로 만드는 기술이다. 섬세한 부분에는 적당치 않지만 다른 소재로 표현할 수 없는 따뜻한 감촉이 있다.

(2) 검페이스트 세공

설탕은 흰자로 반죽하고 젤라틴을 넣은 파스티야주를 사용하여 여러 가지 모양으로 만드는 기술이다. 작은 것부터 큰 것까지 폭넓게 만들 수 있다.

(3) 엿 세공

조린 당액을 이용해서 아직 뜨거울 동안에 여러 가지 모양을 만들어 작품으로 완성시키는 기술이다.

(4) 누가 세공

누가라 불리는 것 중에서 갈색으로 단단한 누가를 사용하여 만드는 기술이다. 누가도 조린 당액과 마찬가지로 뜨거울 동안에는 성형이 가능하며 식으면 굳는데 이 성질을 이용해서 펴거나 구부려 공예모양으로 만들 수 있다.

(5) 초콜릿 세공

초콜릿은 온도에 따라 녹거나 굳기도 하는데 이 성질을 이용해서 만든 것이 초콜릿 세공이다. 녹인 초콜릿은 각종 틀에 흘려 붓고 굳으면 떼어낸다. 또 각각의 초콜릿을 접착제를 이용해 서로 조화시켜 붙일 수 있어 큰 작품도 만들 수 있다.

이밖에 깎아서 코포를 만들거나 물엿과 섞어서 초콜릿 플라스틱을 만들 수 있다.

(6) 비스킷 세공

비스킷이나 쿠키 반죽은 굽기 전에는 점성이 있어 어느 정도 모양을 만들 수 있고 구우면 보형성(형태를 유지하려는 성질)이 생긴다.

비스킷 세공은 이러한 성질을 이용해서 여러 가지 모양으로 자르거나 형틀로 찍어서 굽고 이것은 조화롭게 마무리하는 세공기법이다.

또한 일부분은 반죽을 짜고 나머지 부분은 모양을 만들어 세공하는 경우도 있다. 소재의 성질상 너무 자잘한 부분은 불가능하지만 전체적으로 부드러운 작품을 만들 수 있다. 고성모양, 집모양, 과자점의 특별 행사용 전시제품 등이 비스킷 세공품이다.

(7) 머랭 세공

달걀흰자를 휘핑해서 그 안에 설탕을 넣고 만든 머랭은 크림상태이므로 글라스로얄, 버터크림 등과 같이 바르거나 짜는 작업이 가능하다.

그리고 건조시켜 구우면 단단해지고 오랫동안 모양을 유지시킬 수 있으며 착색도 가능하며 마지팬 세공에서 볼 수 있는 입체구조도 가능하다. 반면에 보습성이 높아 습한 곳에 두면 표면이 녹아 없어지므로 주의할 필요가 있다.

(8) 빵 세공

빵 반죽으로 여러 가지 모양을 만드는 기술이고 반죽의 성질상 정교함은 떨어지지만 빵 특유의 따뜻함을 표현할 수 있다.

(9) 얼음 세공

얼음을 소재로 하여 모양을 만드는 기술로 영어로는 아이스 커빙이라 부르는 데크레이션의 하나이며 한 개의 얼음덩어리를 조각하여 모양을 만든다.

(10) 버터 세공

테이블 장식기술의 하나로 먹는 것보다 눈으로 즐기는 것이 목적이다. 큰 덩어리 버터가 있으면 조각해 모양을 만들거나 그 주위에 버터를 발라 굳힌 뒤 조각한다. 또는 발포 스티로폴로 만든다.

(11) 드라제 세공

드라제를 모으거나 잘 조화시켜 한 개의 모양을 만드는 기술이다. 드라제 중 특히 아몬드 드라제는 부케에 자주 이용된다. 유럽 제과교육에는 반드시 드라제 공예가 속해 있다.

5. 크림류

크림은 각 단독으로 쓰거나 섞어서 사용할 때도 많이 있다.

크림의 종류에는 생크림, 버터크림, 커스터드 크림, 가나슈, 아몬드 크림 등이 있다.

(1) 생크림(Cream)

우유의 지방분만을 분리해 낸 것으로 후레쉬 크림이라고도 한다.

주성분은 유지방이고 종류나 국가에 따라 함량이 각각 다른데 한국은 18% 이상 유지방이 들어있어야 한다. 생크림은 설탕과 함께 거품 올려 향료나 술을 넣어 풍미를 내므로 데커레이션이나 다른 여러 가지 재료와 합쳐 여러 가지 용도로 사용된다.

(2) 버터크림(Creme au Bearre)

버터로 만든 크림은 입안에서 잘 녹으며 맛이 농후한 크림이다.

(3) 크림 파티시에르(Cremr Patissere)

과자 기술자의 크림이라는 의미이고 이름처럼 맛이 있고 용도가 넓은 크림이다.

우유, 설탕, 밀가루(전분), 노른자를 혼합하여 끓이는 크림이다.

(4) 가나슈(Canache)

뜨겁게 끓인 생크림에 초콜릿을 넣고 녹인 크림이다.

과자와 과자 사이에 샌드하거나 표면에 코팅, 다른 크림과 혼합하여 초콜릿 제품을 중앙 내용물로 하는 등 대단히 용도가 넓은 크림이다.

(5) 아몬드 크림(Creme Damande)

아몬드분말로 만든 크림으로 분말 아몬드에 버터, 설탕, 달걀을 섞어 만드는 크림이다.

타르트, 휘이테, 이스트반죽 등에 채워 넣거나 칠해서 구어 낸 크림이다.

(6) 마롱크림

밤 퓌레와 버터로 만든 크림이며 몽블랑이나 타르틀레트 등에 사용된다. 버터를 크림상태로 만들어 밤 퓌레에 조금씩 더해 섞고 럼주 또는 바닐라를 첨가하여 향을 낸다.

6. 요리과자(트레투르 또는 뷔페)

1) 온제 과자

- 푸딩(Les puddings) : 푸람 푸딩, 라이스 푸딩.
- 수플레(Les souffles) : 수플레.

2) 차가운 과자(Entrmefs froides) : 냉제과자

- 바바루아(Les Bavarois) : 바바루아 크림, 바바루아 오 프루츠.
- 블랑망제(Blance Mange) : 블랑망제.
- 초콜릿(Les Charlottes) : 샤를로트 퓌레, 샤를로트 쇼코라.
- 크림(Les Cremes) : 크림 캐러멜, 몽블랑.
- 젤리(Les Gelees) : 과일 젤리, 커피 젤리.
- 푸딩(Les Pudding froids) : 푸딩.
- 무스(Mousse) : 무스 글라세, 무스 도랑주, 무스 오 쇼콜라.

(1) 바바루아(Bavarois)

독일의 지명 바바리아에서 만들어진 것으로 기본적으로 노른자, 설탕, 우유를 만드는 소스 앙글레즈에 젤라틴과 생크림을 넣어 만든 크림이다. 초콜릿 커피의 풍미의 것, 과일을 기본으로 한 것이 있다.

(2) 무스(Mousse)

프랑스어로 거품의 의미로 입안에서 감촉이 부드러운 크림상의 것을 말하며 제일 나중에 머랭을 넣어 가볍게 한 것이 많은 듯하다.

(3) 젤리(쥬레 Gelee)

과일 또는 과일주스에 젤라틴, 한천, 펙틴 등으로 굳힌 것이 젤리이다. 젤리에는 과즙, 와인, 리큐르, 커피 등 여러 가지를 조화하여 만든 것도 있다.

제4절 크기에 따른 분류

크기에 따라서 대형과자, 소형과자, 한입과자로 나눈다.

1) 대형과자(앙트르메, Entremets De Patisserie)

- 가토(Cros Gateaux)대체로 직경 10~32cm까지의 것이다.
- 파트 아 슈(Pate A Choux) : 슈, 파리 프레스트, 상토노렌.
- 파트 아 비스큐이(Pate A Biscuit) : 가토 쇼코라, 뷔셀노엘, 오페라.
- 파트 제노와즈(Pate Genoise) : 스펀지 제품, 롤케이크, 쇼트케이크, 데크리에션 케이크.
- 파트 아 퓨테(Pate A Feuilltee) : 파이제품, 가렛트, 밀피유, 애플파이.
- 파트 아 폰세(Pate A Foncer) : 갈렛트후레즈, 아망디누.
- 파트 아 루베(Pate A Levee) : 이스트 과자, 브리오슈, 쿠겔호프, 사바랭, 데니 쉬 페이스트리.
- 파트 아 케크(Pate A Cake) : 버터케이크제품, 파운드케이크, 과일케이크.

2) 소형과자(프치가토: Petits Gateaux)

- 파트 아 슈(Pate A Choux) : 슈제품, 슈크림, 에클레어, 스완.
- 파트 아 비스큐이(Pate A Biscuit) : 스펀지케이크, 롤케이크, 쇼트케이크.
- 파트 아 제노와즈(Pate A Genoise): 버터케이크제품, 마스코트, 시가렛 토르테, 도보스, 마들렌, 과일 케이크.
- 파트 아 퓨테(Pate A Feuilletee) : 애플파이, 쇼손, 알루메트 오 홈부.
- 파트 아 퐁세(Pate A Foncee) : 이스트과자, 타르트렛트 오 퀴레.
- 파트 아 리베(Pate A Levee) : 사바란, 바바, 브리오슈, 베르리나.
- 파트 아 고블(Pate A Guafres) : 코르브, 블랑.

3) 한입과자

프치블 섹(Petits fours secs): 한입 과자, 모양이 적고 예쁜 구운 과자이다.

- 파트 아 베스 디 아만도(Pate a d Amandes) : 마카롱, 콘페스트.
- 파트 아 베스 무란그(Pate a base de Rneringue) : 머랭.
- 파트 아 디 비스큐이, 제노와즈(Pate a de Biscuitou, Genoise)
- 파트 아 휘이테(Pate A Feuilletee) : 팔미에.
- 파트 아 샤브레(Pate A Sables) : 갈레트, 프로란단.

제2장

과자 반죽

제1절 과자 반죽의 이해

1. 과자 반죽을 구성하는 요소

반죽분류, 반죽의 이해, 구성요소 등이 있다.

1) 과자 반죽의 분류

과자용 반죽을 분류할 때의 어려운 점은 여러 가지 반죽에서 따로따로 생겨난 것이 아니라 역사의 안에서 상호 밀접하게 연결되어서 발전한 것이기에 그 영역은 엄밀한 선을 그을 수 없다.

과자 반죽의 원시적 형태는 밀가루를 물로 이긴 것이 기원이다.

밀가루를 물로 이겨 구운 딱딱한 빵의 발견이 모든 과자의 뿌리가 되고 복잡한 줄기로 나누어져 오늘날의 과자에 이르게 되었다. 이러한 의미에서 밀가루와 물의 결합이 과자 반죽의 원형이라 할 수 있다.

위와 같은 단순한 재료의 조합을 기초로 형성된 다채로운 과자 반죽의 세계를 이해해야 한다.

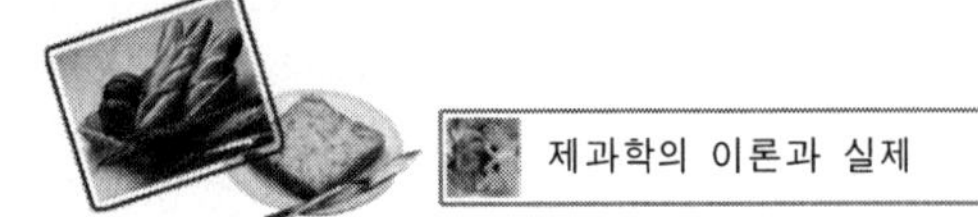

2) 과자 반죽의 이해

밀가루에 물을 넣고 반죽을 만들어 구우면 딱딱한 빵이 만들어진다.

이것은 밀가루의 단백질과 전분이 물과 결합하는 것에 의해 열을 가하면 응고하는 성질로 변화하기 때문에 일어나는 결과이다.

그런 까닭에 빵을 형성하는 요소는 모두 밀가루에 들어있고 물이 그 요소를 끌어내고 불이 그것을 고정하므로 만들어진다.

이처럼 과자 반죽은 각각의 역할을 지닌 복잡한 원재료가 모아진 것이고, 그 양의 조절에 의해 반죽의 성격도 여러 가지로 변화하는 이유이다.

원재료의 역할은 반죽이 추구하는 요소에 의하여 정해진다. 즉, 사용하는 재료들의 요소를 분석하는 것으로 원재료 역할의 분류도 될 수 있다.

3) 과자 반죽을 구성하는 요소

과자 반죽은 보형성, 부드러움, 유연성, 풍미 등의 요소와 여러 가지 재료와 가공법의 조합에 의해 다종다양한 과자 반죽이 만들어진다. 또한 하나의 원재료가 동시에 몇 가지 역할을 하고 있다. 과자용 반죽의 구조적 복잡성은 이러한 원재료의 다면성을 반영하고 있다.

① 보형성(保形性)

반죽을 만들고 제품에 형태를 주는 역할을 나타내는 것으로 가열에 의해 그 형태가 만들어지게 되는 것이 보통이다. 또한 젤라틴이나 초콜릿처럼 냉각하는 것이나 펙틴처럼 일종의 화학반응을 이용하여 보형성을 만들어 내는 것도 있다.

원재료가 반죽 안에서 각각의 역할을 나타내기 위해서는 원재료에의 상호접촉이 있어야 하고 밀접하게 결합할 필요가 있다. 이 보형성을 얻기 위해서는 물의 중간역할이 필수적이고 물 없이는 어떤 반죽도 만들어지지 않는다. 이 물은 우유나 달걀에 의해서도 역할이 가능하다.

보형성에 영향을 주는 재료에는 밀가루, 전분, 달걀, 설탕, 고형 유지, 초콜릿, 겔화제 등이 있다.

② 부드러움

제품에 부피와 입 안에서 부드러움을 주는 것으로 공기혼입에 의해 반죽의 팽창을 준다. 이것에는 물리적인 방법을 이용하여 부풀리는 것과 화학적인 방법을 이용하여 부풀리는 것이 있다. 부드러움을 주는 재료에는 달걀, 고형 유지, 생크림, 이스트, 화학팽창제 등이 있다.

③ 유연성

바싹거림(쇼트네트)에 연결되는 요소로 입 안에서 잘 녹고 좋은 씹힘성을 준다. 어떤 부분에서는 보형성과 연관되며 또 부드러움에도 맞는다. 밀가루의 글루텐 발전을 억제하는 것에 의해 얻어지는 유연성이 그 전형적인 것이다. 유연성을 주는 재료에는 유지, 설탕, 팽창제, 전분, 넛류 등이 있다.

④ 풍미

원재료에는 각각 독자의 풍미가 있는데, 그 안에서도 특정의 풍미를 강조하거나 또는 어떤 풍미를 내게하는 역할을 하는 재료가 있다.

풍미를 내는 재료에는 설탕, 소금, 달걀, 유제품, 과일, 넛류, 스파이스, 양주 등이 있다.

2. 페이스트에서 반죽으로

페이스트는 고체와 액체의 중간 굳기를 뜻한다.

밀가루와 물은 딱딱한 반죽에서 다음 단계로 발전하는데, 물 대신에 동물의 젖 등의 유제품을 사용할 수 있다. 이것에 의해 빵의 풍미가 좋게 된다.

최초의 반죽의 상태는 구운 후에도 크게 변화되지 않았고 딱딱하여 이빨로 씹는 것이 힘들게 하는 빵인 것은 틀림이 없다. 다음으로 발전한 반죽은 효모에 의한 발효라는 것에 이르게 된다. 이것은 최초에 우연히 발견되었으나 더욱더 발효의 형태가 퍼지고 딱딱한 빵이 변화되어서 효모에 의해 딱딱한 반죽이 부드럽게 된 것이다.

이러한 새로운 요소가 추가되는 것에 반죽은 개량되고 세련된 것으로 그 과정에서 반죽의 딱딱함 정도에 의해서 여러 가지 형태의 반죽으로 나뉘어져 과자용 반죽의 전체적인 형태가 만들어지게 되었다.

이러한 반죽의 딱딱함 정도에 의하여 나누어진 것은 즉 수분량의 다름에 의한 것으로 빵 반죽을 기준으로 수분을 줄여가는 방향과 반대로 늘려가는 방향으로 나눠지는 것이 있다. 이것을 영국식으로 부르는 방법에 의하면 다음과 같다.

빵 반죽의 수분량은 밀가루의 흡수율에 대부분 정해진다.

밀가루 100%에 대하여 수분은 50~60% 정도이다. 즉 밀가루와 물의 비율은 2:1 정도가 되는 것이 빵 반죽 기준이 되는 것이다.

이러한 반죽에 수분을 증가해 보자. 밀가루는 수분을 전부 흡수할 수 없어 유동성을 지닌 부드러운 반죽이 만들어지고 이런 반죽은 밀가루와 물의 비율은 1:1의 기준이 된다.

페이스트는 위와 반대로 반죽에서 수분을 줄여가거나 또는 밀가루를 증가한 반죽은 당연히 딱딱하게 되는데 이러한 페이스트 반죽은 밀가루와 물의 비율은 3:1의 기준이 된다.

이 3가지 반죽을 기준으로 하여 새로운 재료의 요소를 추가해 보면 과자용 반죽의 전체를 이해할 수 있다.

1) 기본이 되는 반죽

빵 반죽은 대체로 딱딱한 반죽으로 효모를 발효시킨 것이다.

역사적으로 반죽의 흐름에서 살펴보면 딱딱한 반죽은 효모에 의해 발효된 반죽 사이에 또 하나의 큰 분류가 있다. 그것은 밀가루와 물만의 반죽에 유지를 투입한 것으로 파이 반죽이 있다. 현재와 같은 빵의 반죽이 생겨난 것은 효모빵이 제조되기 시작한 근세이기는 하나, 옛날 중국에서도 파이 반죽과 닮은 것을 만들고 있었고, 그 구성에서 보면 여러 가지 반죽 중에서도 제일 근원에 가까운 위치를 차지하고 있다고 할 수 있다. 파이 반죽은 더욱 속성의 제법이 개발되고 그것이 간략화되는 것에 의해 쇼트 페이스트와 밀접하게 연결되어 간다.

발효의 빵도 유지나 설탕의 첨가에 의해 풍미가 높고 영양분이 풍부한 반죽이 만들어졌다. 더욱더 이러한 요소가 강조되는 것에 의해 브리오슈나 쿠글로프, 파네토네라는 과자빵이 생겨나고 발효제품은 베이커리(Bakery)와 페이스트리(Pastry)로 나눠어진다.

또한 화학팽창제가 발명되어 그 취급의 간편성에서 효모의 대신으로 사용되어 머

핀, 스콘 등의 제품이 생겨났다. 이것들의 제품에 다른 요소를 넣고 유지나 설탕, 달걀 등을 추가하는 것에 의해 버터케이크 반죽에 점점 가까워져 간다.

2) 반죽

반죽의 제일 간단한 것은 딱딱한 빵 반죽에 물을 증가시킨 것으로 이것은 정확히 반죽이라 할 수 없을 것이다. 이 반죽의 물이 달걀로 대체되면 팬케이크 반죽이 된다. 여기에 화학 팽창제가 추가되어 구어진 반죽은 한층 더 부드럽게 된다. 이 팽창제의 공기포집의 대신에 달걀의 공기포집이라는 기술이 도입되는 것에 의해 스펀지 반죽의 원형이 생겨난다.

풍미를 낼 목적으로 첨가되는 설탕은 단맛을 주는 이외의 역할이 있고 유지가 첨가되며 버터케이크가 된다. 버터케이크는 스콘 등의 화학팽창제를 사용한 반죽과 상관관계가 있다.

3) 페이스트 반죽

페이스트 반죽은 빵 반죽과 케이크 반죽의 중간에 위치하는 반죽을 가리킨다.

딱딱한 빵 반죽에서 직접 분류되는 페이스트는 물 반죽 비스킷이다.

최초의 반죽은 이것에 유지가 추가된 것으로 즉 쇼트 페이스트이다. 쇼트 페이스트는 파이 반죽을 통하는 발효 반죽의 계열이다. 밀가루와 물과 유지의 페이스트에 설탕이 추가되면 그것은 종류가 풍부한 쿠키의 세계를 만들게 된다.

즉 물이 달걀로 바뀐다. 달걀의 양이 증가하며 짜는 용의 쿠키반죽이 된다. 더욱 달걀을 늘려서 가면 이것이 다시 버터케이크와의 만나는 점이 생기는 것이다.

이러한 밀가루와 물의 단순한 조합에서 출발한 과자용 반죽은 그 긴 역사의 과정에서 새로운 요소가 들어와 부분적으로 조합되어 바뀌고 더욱 개량되었다. 이런 과정이 반복되어 가면서 새로운 전개가 계속되어 결국 복잡하게 조합된 큰 원을 만들게 된 것처럼 보인다. 이 원의 내측에 포함된 것은 원에서 파생된 것, 반죽의 상태와 구조는 절대 같지 않으나, 그것들은 각자 존재하는 것이 아니라 기본이 되는 큰 한 개의 원으로 연결된다.

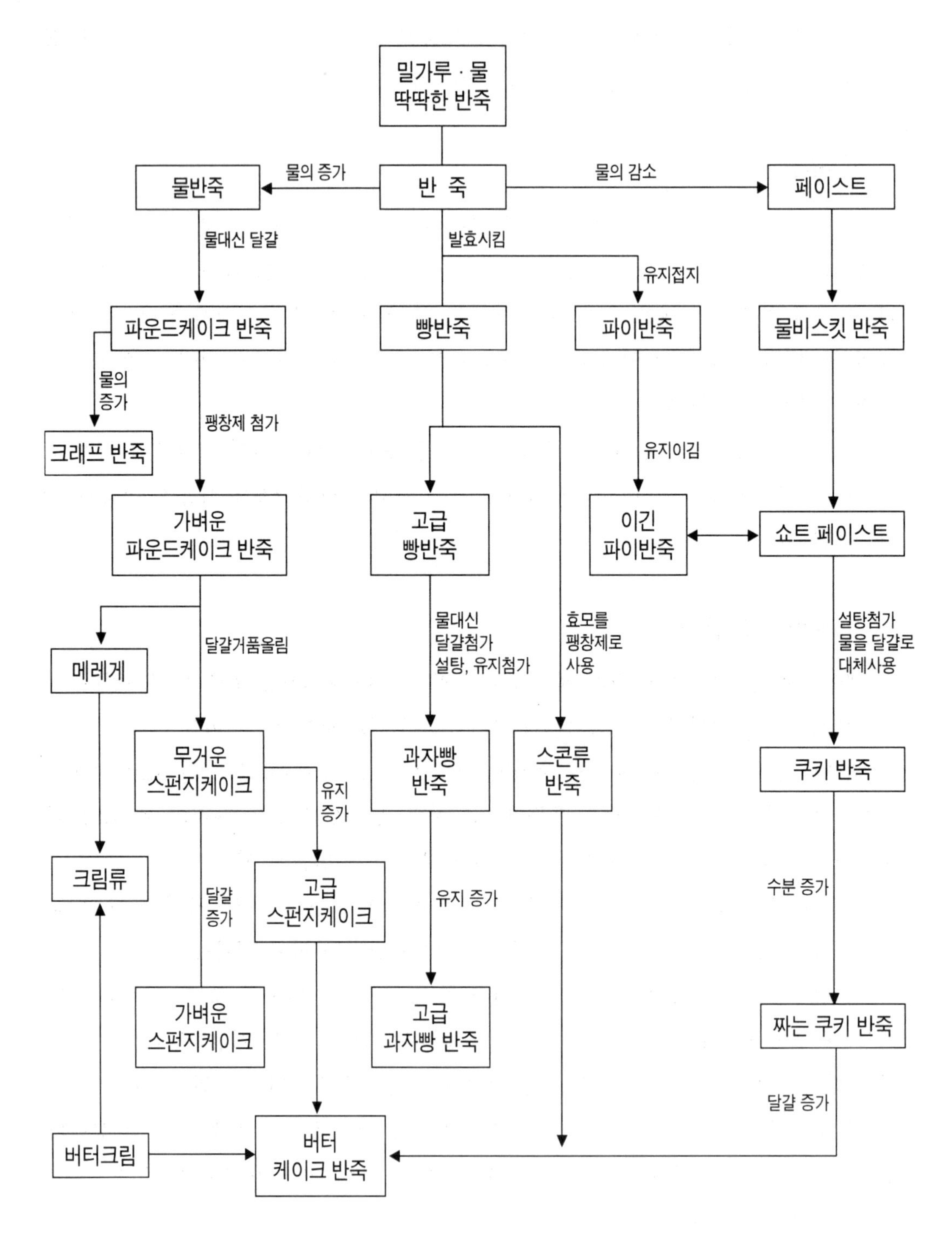
밀가루 · 물
딱딱한 반죽
반 죽
물의 증가
물반죽
물의 감소
페이스트
물대신 달걀
발효시킴
유지접지
파운드케이크 반죽
빵반죽
파이반죽
물비스킷 반죽
물의
증가
크래프 반죽
팽창제 첨가
유지이김
가벼운
파운드케이크 반죽
고급
빵반죽
이긴
파이반죽
쇼트 페이스트
메레게
달걀거품올림
물대신
달걀첨가
설탕, 유지첨가
효모를
팽창제로
사용
설탕첨가
물을 달걀로
대체사용
무거운
스펀지케이크
과자빵
반죽
스콘류
반죽
쿠키 반죽
유지
증가
크림류
달걀
증가
고급
스펀지케이크
유지 증가
수분 증가
가벼운
스펀지케이크
고급
과자빵 반죽
짜는 쿠키 반죽
달걀 증가
버터크림
버터
케이크 반죽

3. 크림(creme)

밀가루와 물로 만들어진 딱딱한 빵에서 발전한 과자용 반죽은 그 발전안에서 여러 가지 풍미가 추가되고 그것에 의해 복잡한 맛의 조합이 요구되게 되었다. 그것은 반죽 이외의 요소, 즉 크림, 필링, 톱핑, 소스 등이 개발되어 쓰이게 된 것이다.

이것들은 독특한 풍미를 풍부하게 지니고 있기 때문에 과자용 반죽의 구조와 달리 독립된 체계를 지니고 있는데, 이것들도 사용하는 원재료는 거의 합쳐지게 되어 만나는 점이 있다.

예를 들어 흰자와 설탕을 거품올린 머랭이라는 반죽이 있는데, 그것들은 단독으로 제품화되는 것이 아니고 스펀지 반죽의 구성에 큰 관계를 가지고 있으며 크림류의 소재로서 폭넓은 용도가 있다. 이러한 의미에서는 머랭은 과자용 반죽과 크림류의 가교역할로써 위치하고 있다. 이러한 예는 다른 것에도 있다.

전란으로 만든 버터크림의 4분의 1의 밀가루를 넣으면 버터케이크의 반죽이 된다. 물론 이런 버터 케이크 반죽을 만들 필요는 없으나, 과자용 반죽도 크림류로써 관계를 갖고 발전된 것이다.

크림류와 필링, 소스 등의 사이에는 실질적인 차이가 없다. 크림도 스펀지에 샌드하거나 슈 제품에서는 필링물도 되고 또한 수분을 늘려 유동성이 있게 하면 소스가 된다. 그런 까닭에 이것들을 분류하는 경우는 크림류, 필링류, 소스류로 나뉘어진다.

제2절 과자제조

1. 과자제조의 기본

과자의 대부분은 소비자가 구입할 때 원하는 사항으로는 영양은 물론, 색이 예쁘고, 형태가 재미있고, 매력적이며 풍미가 좋고, 특히 향이나 입안에서 맛과 즐거움을 주는 기대가 크다.

그러므로 제조 방법과 제조자의 정교한 생각과 노력이 필요하다. 기본재료 처리, 성형, 조립방법, 열냉, 가공, 마무리 등을 행하여 과자가 만들어진다. 맛에는 단맛부터 짠맛, 매운맛 등 여러 가지 맛을 첨가하고 조미료가 들어가게 된다. 현대에 있어서 식생활의 다양화나 식형태의 구분도 명확하지 않게 되어서 본래 기호식품이었던 과자류도 주식 또는 부식으로 불려지는 식생활 형태 속에 들어 있어 과자의 정의를 명확히 하기에도 어렵게 되었다.

2. 과자 만들기 요건

과자 제조는 비교적 단순한 원료배합에서 복잡한 배합에 이르기까지 많은 원료들이 혼합되어 만들어진다. 배합하는 원료 각각의 특성을 살리고 변화시켜 가치를 더욱 높이는 것이 기본이다. 즉 과자는 만드는 외형, 향미 등의 기호적인 가치, 그대로 먹을 수 있는 실용적·위생적 가치, 부가가치를 높이는 제조기술과 기능이 필요하다.

좋은 과자를 만들기 위해서는 양질의 재료 선택, 좋은 제품을 만들기 위한 노력과 노동력, 재료관리, 위생관리가 필요하다.

과자는 여러 가지 조작의 연결에 의해 만들어지기 때문에 각 조작이나 연속의 방법에 따라 제품의 좋고 나쁨이 결정되는 경우가 많다. 중요한 공정으로는 원재료의 준비, 반죽 만들기, 형태 만들기, 가열냉각, 냉각 마무리 등이 있다.

과자의 공정순서는 원료의 전처리, 반죽 만들기, 형태 만들기, 가열하거나 굽기, 제품의 냉각, 마무리 공정을 거쳐 하나의 과자가 만들어지게 된다.

1) 원료의 전처리

(1) 계량

배합재료의 계량은 정확히 하는 것이 중요하다. 계량이 틀리게 되면 만들어진 제품의 품질에 직접적인 영향이 나타난다. 계량이 틀린 상태로 믹싱하게 되면, 많은 경우에 그 수정이 불가능하다. 그러므로 특히 반죽량이 적은 경우, 작으면서도 정확도가 높은 저울을 사용해야 한다.

(2) 체로 친다.

혼합하는 효과를 높이려면 밀가루를 가는 체로 칠 필요가 있다. 이는 밀가루 내에 들어 있는 이물질 제거의 작업일 뿐만 아니라, 밀가루에 공기를 넣어주는 중요한 작업이기도 하다. 체의 구멍 크기는 메쉬(mash)로 표시되며 원료입자 직경의 2배 정도가 좋다.

(3) 용 해

젤라틴 · 한천 · 설탕 · 전분 등의 많은 재료는 물을 첨가하고 열을 가하여 용해함으로써 균일한 상태가 된다. 과자 만들기의 중요한 점은 용해물질을 물에 부풀린 후 가열함으로써 녹여서 혼합하기 쉬운 상태로 만들어 놓는 것이다.

(4) 절여 놓는다.

파운드케이크를 만들 때, 반죽 중에 들어가는 건과일을 양주 등에 절여 놓는 것은 향미를 내기 위해서 없어서는 안 될 작업의 하나이다.

여러 번을 반복해서 조린 과일은 시럽의 농도를 점점 더 높게 만든다. 즉, 시럽은 조림의 작업을 반복해서 만든다.

2) 반죽 만들기

(1) 혼 합

원료의 혼합은 가장 기본적으로 중요한 작업이다. 될 수 있는 한 재료를 균일하게 분산시켜 제품조직을 균일하게 하기 위한 것이다. 혼합에는 가루와 가루를 혼합하듯 고체와 고체, 고체와 액체, 액체와 액체, 액체와 기체, 기체와 고체의 혼합을 생각할 수 있다.

(2) 거품올림

전란을 거품 올리거나 흰자 또는 노른자를 거품 올린다. 버터의 거품올림 등은 가장 중요한 제과의 기본 기술로서 물리적 팽화를 시키는 작업이다.

이것은 반죽을 젓거나 혼합해서 균일하게 분산시킨 반죽을 만들기 위해서이다. 이것이 기체를 포함하게 되고, 구울 때 또는 굽기 이전에 팽화시킴으로써 굽는 작업에 의해 제품으로서 고정되게 된다.

각 과자의 성격에 맞게 기포를 올리는 방법이 다르다. 그리고 적절한 팽화를 얻기 위해서 '어느 정도 거품을 올리는 것이 좋은가'가 반죽의 만드는 과제이다.

케이크의 식감에 큰 영향을 주는, 이 거품 올리는 작업의 중요한 일례는 스펀지 제법이다. 기체를 액체에 혼합하는 과정에서 공기가 굽기 중에 열팽창을 일으킴으로써 결과적으로 잘 부풀어 구워진 제품을 얻게 된다.

버터를 거품올림 방법으로 만드는 버터케이크의 경우도 똑같은 원리이다.

또한, 생크림에서 거품을 올릴 때에는 크림 안의 유지가 많을수록 빨리 거품이 오르고(기포성이 좋다) 기포도 안정된다.

5~10℃ 온도 대에서 거품을 올리는 것이 이상적으로, 여름에 공장 내의 실온이 높을 때에는 기포 올리는 용기의 밑에 얼음을 놓고 거품을 올린다. 흰자의 경우에는, 거품을 올리는 것이 너무 과다면 기포가 불안정하게 된다. 그것은 구운 후에는 제품이 부서지기 쉽고 맛도 떨어지기 쉽다.

(3) 이기기

혼합이나 거품을 올리는 작업은 필수적으로 가열을 필요로 하지 않으나, 이기는 작업은 열을 주면서 섞어야 하기 때문에 수분을 증발시키는 반죽이나 수분의 감소로 인한 반죽에 저항을 일으킨다.

예를 들어, 슈 크림의 껍질(슈 반죽)의 경우는, 반죽을 이길 때 생기는 내부압력이 200℃ 전후의 고온에 도달하게 되고, 그 폭발적인 에너지를 만들어 부풀어지게 되는 물리적 팽화의 응용이다.

(4) 발 효

이스트의 활동에 의해 제빵법과 똑같은 반죽을 만드는 경우가 많다.

이스트의 발효팽창에 의해 반죽을 만드는 스위트 반죽제품이 제과에도 들어 있다.

(5) 반 죽

혼합은 저항이 큰 것으로 섞을 때에 필요한 작업이다.

예를 들어, 쿠키(비스킷) 등은 밀가루에 일정량의 유지나 우유 또는 물을 넣어 섞은 다음, 균일한 상태의 반죽을 만든 후에 엷게 늘려서 구운 것이다.

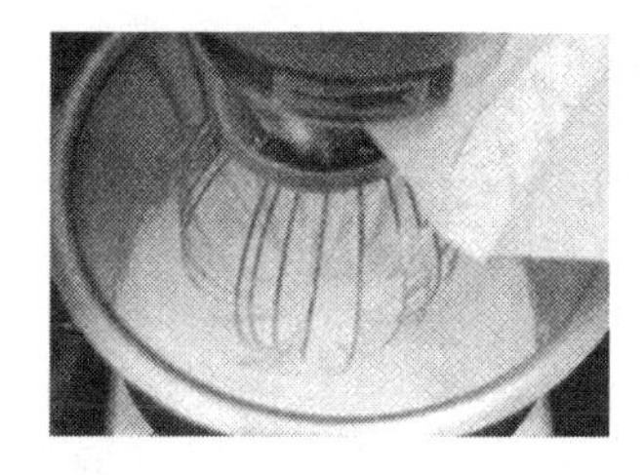

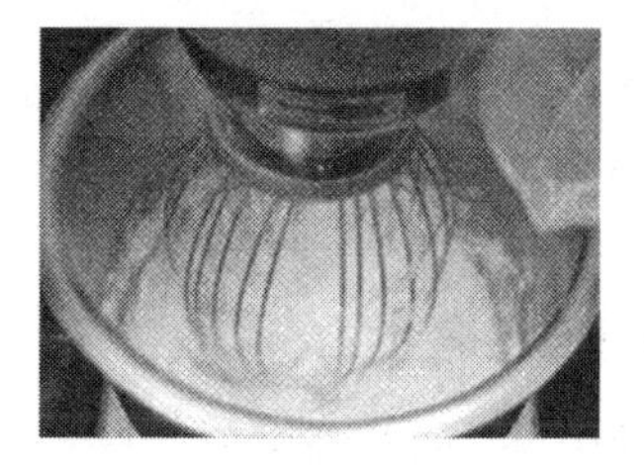

(6) 접 기

혼합한 반죽에 밀가루와 거의 동량의 유지를 위에 놓고서 접어 올려 반죽층과 유지층을 만든다. 파이가 대표적인 것으로 엷은 반죽의 사이에 들어 있는 유지가 성형 중에 반죽 안으로 흡수되고 뜨거운 공기가 반죽을 들어올려서 팽창하게 되는 것이다.

(7) 끓여 조린다.

밀가루를 사용한 과자의 반죽 만들기는 앞의 (1)~(6)까지의 방법을 사용한다. 초

콜릿 · 봉봉 · 엿을 만드는 설탕과자 부분의 적당한 반죽 만들기는 설탕의 가열농도나 조리를 통하여 시럽부터 캐러멜에 이르기까지 설탕의 농도에 따른 특성을 살린 여러 가지 설탕과자를 만든다.

3) 형태 만들기

(1) 늘림

압연작업으로 일반의 쿠키(비스킷)파이 등의 면봉이나 기계를 이용하여 원하는 두께까지 반죽을 늘려 정형한다.

이 압연작업의 가장 중요한 점은 어떤 경우에도 절대로 반죽의 표면에 상처를 주지 않게 하는 것이다. 그렇게 만들기 위해서 반죽은 무리하게 한번에 얇게 늘리지 말고 천천히 조금씩 얇게 늘려야 한다.

또한, 될 수 있는 한 덧가루는 적게 사용한다. 덧가루를 많이 사용하게 되면 구워낸 뒤에 색이 나빠지고 맛도 떨어진다.

(2) 둥글리기

일부의 쿠키나 초콜릿 또는 아몬드 페이스트 등은 둥글리기 작업을 한 후 성형하여 만들어진다.

필요한 크기로 반죽을 잘라서 둥글리기하여 굽거나 차게 한다.

(3) 틀에 부어 넣기

스펀지 반죽이나 버터 케이크 반죽 등의 많은 과자 반죽은 마무리하였기 때문에 부드럽고 유동성이 있다. 이 마무리 반죽을 사전에 준비한 구운 틀에 부어 넣는다.

유동이 좋고 동시에 각종 크림류에도 유동으로 하여 굳힌다.

(4) 정형한다.

제품이 좋은지 나쁜지를 결정하는 요인의 하나가 정형작업이다.

제품의 크기와 형태를 갖게 하고 일정한 두께를 맞춘다. 큰 제품이나 형태가 복잡한 제품, 또는 두꺼운 제품 등에는 어느 정도 약한 불로 천천히 굽지 않으면 불이 잘 통하지 않게 됨으로써 가운데에 덜 익은 덩어리가 생기고 덜 익게 된다. 그렇기 때문에 정형은 굽는 작업과 밀접한 관계가 있다.

(5) 건조

주위의 공기를 건조시켜서 바삭바삭한 반죽을 정형함으로써 포함된 수분을 감소시키는 방법이다. 가열온도가 낮은 작업이다.

4) 제품의 냉각

구워 낸 반죽은 자연상태에 방치해서 열을 내리게 한 다음, 차게 된 반죽을 더욱 냉장하거나 또는 영하의 온도에서 냉동시킨다. 과자의 특성에 의해 사용하는 방법도 달라진다.

(1) 자연냉각

구운 제품은 오븐에서 꺼내어 철판 위에 방치해 두면 뜨거운 열이 빠져서 자연적으로 상온으로 돌아간다. 과자는 부드럽고 촉촉한 것을 추구하는 것으로, 반죽 중의 수분이 어느 정도 이상이 되도록 신경을 써서 만든다. 그 반대로 쿠키처럼 바삭바삭한 것을 목적으로 하는 과자는 수분을 많이 증발시키도록 냉각한다.

스펀지케이크 등을 구운 철판에 넣은 그대로 놓아두면, 여분의 수분이 모두 증발하고 부슬부슬해져서 입안에서 느낌이 나쁘게 된다. 그래서 구운 후에는 바로 밀폐된 상자에 넣어두는 것이 좋다.

(2) 냉장냉각

냉장이나 냉각한 많은 크림류, 예를 들어 바바로와나 젤리 등은 자연냉각의 방법보다는 되도록 빨리 차게 만드는 방법을 이용하며, 일반적으로 0.5℃의 냉장고에 넣어서 굳힌다. 이와 같은 냉장과자에는 대부분 응고제인 젤라틴, 한천, 펙틴, 전분 등을 사용한다.

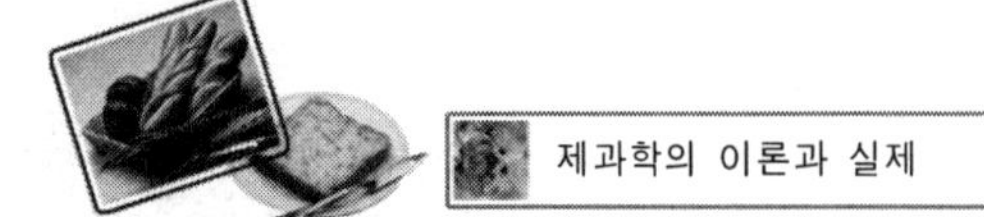

(3) 냉동냉각

냉동냉각한 아이스크림이나 셔벗 등의 냉동과자는 냉장 이하의 온도로 내린다.

일반적으로는 영하 10~30℃로 냉동하며 보존기간이나 제품내용에 의해 온도가 다르다.

또한, 냉동에 의해 이스트 발효를 억제하는 빵 반죽의 저장, 그리고 급속냉동에 의해 구워 낸 스펀지나 빵 등의 냉장에도 이용된다.

5) 마무리 공정

과자는 마무리하는 기술에 의해 최종적인 상품가치가 결정된다. 마무리는 먹을 수 있는 상태로 마무리한 과자에 한층 더 장식을 하여, 보는 눈을 기쁘게 하고 맛도 좋게 함으로써 데크레이션을 보강하는 작업에 의해 완전한 상품이 되도록 하는 공정이다.

(1) 칠한다, 적신다.

스펀지케이크에 버터크림을 칠하거나, 버터케이크의 표면에 살구 잼을 칠하거나, 에클레르처럼 표면 위에 퐁당에 푹 담그어서 묻히든지 한다.

(2) 끼운다.

스펀지케이크를 2장으로 자른 다음, 자른 사이에 크림을 칠한 후에 딸기를 넣는다. 쇼트케이크의 경우에는 일반적으로 딸기를 넣는다.

(3) 짜 넣는다.

슈 크림의 경우에는 일반적으로 커스터드 크림을 짜 넣는다.

(4) 짜고 그리며 올려 놓는다.

과자의 표면에 데커레이션을 하는 경우 3요소인 스펀지 반죽의 상면과 측면에 과일을 장식으로 올린다.

경우에 따라서는 더욱 고도의 기술로 데커레이션 방법을 이용해서 좋아하는 그림을 그리는 방법도 있다. 버터크림, 초콜릿, 아이싱 및 글라스를 사용한다.

제3절 제조 공정

과자의 제조 공정 순서는 다음과 같다.

배합결정 → 재료계량 → 믹싱(반죽) → 성형 정형 → 팬닝 → 굽기 → 냉각 → 마무리, 테크레이션 → 포장

1. 배합결정

과자의 주원료는 밀가루, 설탕, 유지 달걀이다. 배합의 결정은 만들고자 하는 제품의 맛, 제법 등에 따라서 원재료와 부재료의 사용량을 결정한다.

1) 고율배합과 저율배합

재료의 사용량에 따라서 고율배합과 저율배합으로 나눈다.

(1) 고율배합

설탕 등 다른 원, 부재료의 사용량이 많은 제품이다.

만들어진 제품의 보관성, 신선도가 좋다.

유화 쇼트닝 사용(유지량이 많고 물량이 많으므로 분리가 일어나지 않도록)

염소 표백 밀가루 사용(전분호화 온도를 낮추어 굽기과정 중 안정을 빠르게 하여, 수축 손실 감소)

(2) 저율배합

설탕 등의 부재료의 사용량이 적은 저배합이다.

제4절 재료계량

1. 재료계량

계량에 사용하는 용기나 도구류는 청결한 것을 사용한다. 재료의 분량은 배합표에 맞추어 정확히 계량한다. 사용하고자 하는 모든 재료는 저울을 사용하여 계량한 뒤에 제품을 만든다.

1) 원재료의 계량과 전처리

배합 / 공정	고 율 배 합	저 율 배 합
공기혼입	믹싱중에 공기 혼입량이 많다.	믹싱중에 공기 혼입량 적다.
비 중	비중이 무겁다.	비중이 가볍다.
화학팽창제	화학팽창제 사용을 적게 한다.	화학팽창제 사용이 많다.
온 도	낮은 온도에서 굽는다.	높은 온도에서 굽는다.

(1) 밀가루, 설탕

설탕과 밀가루의 분량을 계량하여 손으로 문지르듯이 혼합하여 반드시 체질한 후에 사용한다. 사전에 그렇게 체질해두면 덩어리가 생기지 않는다.

(2) 달걀

달걀은 필요량만큼 깨어 놓아둔다. 특히 부패한 달걀이 섞여있는지 주의한다. 흰자를 쓸모없이 버리지 않도록 이용법을 생각하여 냉장고에 보관한다.

(3) 우유

우유는 계량컵이나 실린더 등을 사용하여 계량한다. 오래된 우유는 잡균이 많으므로 반드시 신선한 것을 사용한다. 미각을 생각한다면 연유나 농축유를 사용해도 좋고 이것은 세균의 번식이라는 점에서도 안심할 수 있다.

(4) 향료

향료, 양주 등도 계량컵으로 정확히 계량해 둔다. 크림의 맛은 향료에 의해 결정되어지므로 알맞은 분량을 잰다.

2. 온도계산

1) 반죽의 물 얼음사용량

반죽에 사용할 물과 얼음은 온도조절에 중요하다.

(1) 반죽 온도 조절방법

① 마찰계수

결과 반죽 온도×6－(밀가루 온도＋달걀 온도＋설탕 온도＋유지온도＋실내 온도＋수돗물 온도)

② 사용수 온도

희망 온도×6－(밀가루 온도＋달걀 온도＋설탕 온도＋유지 온도＋실내 온도＋마찰계수)

③ 얼음 사용량

$$얼음 = \frac{물\ 사용량 \times (수돗물\ 온도 - 사용수\ 온도)}{(80 + 수돗물\ 온도)}$$

실내 온도 25℃, 밀가루 온도 25℃, 설탕 온도 25℃, 유지 온도 25℃, 달걀 온도 25℃
수도물 온도 20℃, 결과온도 26℃, * 마찰계수 11, * 희망온도 25℃, 물 사용량 1000g

마찰계수는 : 26×6－(25＋25＋25＋25＋25＋20)＝156－145＝11

사용수 온도는 : 25×6－(25＋25＋25＋25＋25＋11)＝150－136＝14℃

$$얼음\ 사용량 = \frac{1000 \times (20-14)}{(80+20)} = \frac{6000}{100} = 60g$$

✻ 얼음 60g * 수돗물 940cc

제5절 과자의 반죽제조

1. 과자의 반죽제조

1) 과자 반죽의 믹싱

과자는 팽창이 중요하다. 어떤 방법으로 팽창시키느냐에 따라 여러 가지로 나누어지게 된다. 과자제조의 과정에 공기포집과 부풀리는 방법에 따라서 물리적 팽창제품, 화학적 팽창제품, 복합형 제품, 유지의 얇은 층 팽창제품, 발효팽창 제품으로 나눠진다.

(1) 물리적 팽창제품(공기팽창)

과자 반죽을 만드는 방법은 거품형 반죽법, 반죽형 반죽법으로 나눈다.

믹싱 중의 공기팽창에 의한 것으로 스펀지케이크류, 엔젤푸드 케이크, 쉬폰케이크, 거품형쿠키, 머랭 등이 있다.

① 거품형

달걀 단백질의 공기포집과 변성을 이용하는 제법이다. 전란을 사용하는 공립법과 흰자와 노른자를 나누어 거품 올려 사용하는 별립법이 있다.

㉠ 공립법

전란을 사용해 거품올리는 방법으로 뜨거운 공립법과 차가운 공립법이 있다.

㉡ 별립법형(쉬폰형)

달걀을 흰자와 노른자로 분리하여 만드는 법으로 반죽과 거품의 조합형이다. 반죽형 조직감과 거품형의 부피감을 이용한다.

② 반죽형

유지 사용량이 많은 제품으로 화학팽창제를 사용하여 부피를 얻는다.

레이어 케이크, 파운드 케이크, 과일 케이크, 마들렌, 바움쿠헨 등이 있다.

(2) 반죽형 제법의 종류

① 크림법

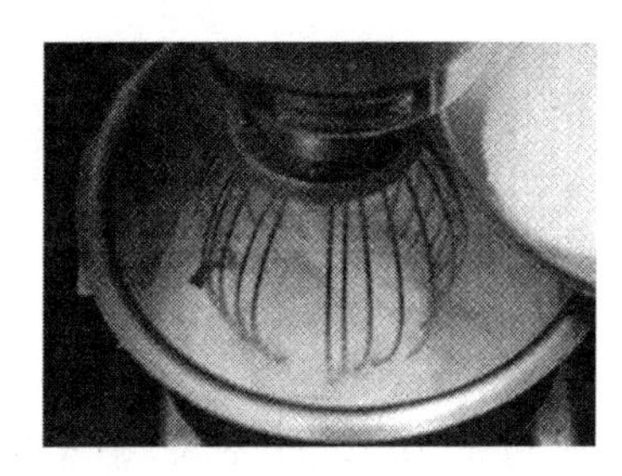

유지와 설탕, 달걀을 넣어 거품 올려 만드는 법이다.

㉠ 제품의 부피를 우선할 때(부피 큰 케이크) 만드는 제법이다.

㉡ 믹서볼에 유지와 설탕, 유화제 순서로 넣고 믹싱하여 크림상태로 만든다.

㉢ 달걀을 3회 나누어 넣고 크림상태로 만든다.

㉣ 나머지 건조재료를 밀가루와 베이킹파우더, 향, 코코아를 넣고 섞는다.

㉤ 글루텐의 발달을 최소로 억제하며, 건조재료를 균일하게 혼합하게 한다.

② 블렌딩법

유지에 1/4량의 밀가루를 넣어 섞은 후 설탕과 달걀을 넣어가면서 거품 올리는 제법이다.

㉠ 제품이 부드럽고 유연하다.

㉡ 믹서볼에 유지(쇼트닝, 버터, 마가린, 초콜릿)를 넣고 비타로 혼합후 밀가루(코코아) 일부를 넣어 유지가 밀가루를 감싸도록 믹싱한다.

㉢ 건조재료와 액체재료 일부 넣고 믹싱후 액체 재료(달걀), 향을 넣고 믹싱한다.

㉣ 물로 반죽의 되기를 조절한다.

③ 1단계법(올인법)

유지, 설탕, 달걀, 밀가루를 한꺼번에 넣고 거품 올리는 제법이다.

㉠ 노동력, 시간이 절감된다.

㉡ 모든 재료를 한꺼번에 넣고 믹싱하므로 작업이 간단하다.

㉢ 기계 성능이 좋아야 하고 유화제, 기포제가 첨가된다.

④ 설탕, 물 반죽법

설탕과 물을 넣고 끓여 설탕을 액체화하여 만드는 제법이다.

㉠ 제품의 규격이 일정, 평량이 용이하며 유화가 쉽다. 껍질색이 좋게 된다.

㉡ 대규모 생산회사에 적합, 최초 시설비가 높다.

㉢ 설탕과 물을 2:1 비율로 넣고 끓은 뒤 마른재료, 달걀을 넣고 반죽을 만든다.

⑤ 연속식 제법

대규모 생산시스템으로 만드는 법이다. 믹서 → 반죽 탱크 → 반죽 분할기 등의 순서로 연속적으로 제품을 생산한다.

(3) 화학적 팽창제품

화학적 팽창제(베이킹파우다, 중조, 이스빠다, 암모니아)를 사용하여 팽창시킨다.

레이어 케이크, 반죽형 케이크, 케이크 머핀, 케이크 도넛, 쿠키, 비스킷, 와플, 팬케이크(핫케이크), 과일 케이크 등이 있다.

(4) 복합형 팽창제품

반죽에 두 가지 이상의 팽창형태를 겸하는 제품이다.

공기와 이스트, 공기와 베이킹파우다, 이스트와 베이킹파우다 형태로 사용한다.

(5) 유지에 의한 팽창제품

반죽에 롤인 유지, 마가린 등으로 층을 형성하여 증기압으로 팽창시키는 것이다.

퍼프 페이스트리, 파이 등이 있다.

(6) 이스트 팽창제품

반죽을 이스트의 발효에 의한 팽창시킨다.

커피 케이크, 빵 도넛, 잉글리시 머핀, 데니시 페이스트리, 롤빵, 번류 등이 있다.

2) 반죽의 비중

부피가 같은 물의 무게에 대한 반죽의 무게를 숫자로 나타낸 값이다.

비중은 제품의 부피와 기공, 조직에 중요한 영향을 준다.

낮은 비중 : 공기 함유가 많아 제품의 기공이 열리고 조직이 거칠다.

높은 비중 : 공기 함유가 적어서 제품의 기공이 조밀하고 무거운 조직이 된다.

$$\text{비중} = \frac{\text{반죽무게(같은 부피)}}{\text{물무게(같은 부피)}}$$

＊ 비중컵의 무게 : 40g이고 비중컵에 물을 담은 무게가 240g이고, 비중컵+반죽의 무게가 160g일 때 비중은?

$$\frac{\text{반죽무게}(160-40)}{\text{물무게}(240-40)} = \frac{120}{200} = 0.6$$

 제6절 팬 닝

1. 팬닝의 정의

과자 반죽을 틀에 채우거나 성형한 것을 철판에 나열하는 것을 팬닝이라 한다.

2. 팬의 용적

팬은 빵틀이나 여러 가지 형태의 과자틀, 철판 등이 사용되고 있다. 과자는 팬에 따라 모양이 달라지므로 여러 가지 팬을 사용하여 다양한 과자를 만들어내고 있다.

용적이란 반죽 1g을 굽는데 필요한 틀의 부피를 말한다.

팬에 적당한 반죽량은 좋은 제품생산, 불량제품의 방지에 중요하다.

팬은 규격에 맞는 것을 사용해야 하고 새로운 팬은 반죽 분할 무게 조절이 필요하다.

제 품	반죽 1g당 팬 용적	
과 자	파운드 케이크	2.41cm²
	레이어 케이크	2.96cm²
	엔젤푸드 케이크	4.71cm²
	스펀지케이크	5.08cm²
빵	식빵	3.36cm²
	풀만 식빵	4.01cm²

3. 반죽량

틀의 크기에 따라 반죽량은 다르다.

보통 과자에서는 틀의 80% 정도까지 반죽을 넣어 만든다.

반죽양이 많으면 굽는 동안 부피가 커져 서로 달라붙고 열전도가 나빠진다.

또 너무 적으면 열전도가 지나쳐 희어야 할 부분까지 착색이 되고 만다.

제7절 굽 기

1. 굽기의 정의

굽기는 시간과 미각의 혼합이다. 굽기는 과자 만들기의 중요한 일이고 이 기본적인 원칙을 잘 이해 습득하여 마무리 장식이라는 단계가 있다. 오븐을 사용하여 높은 온도에서 구워낸다.

(1) 오븐의 정의

오븐이란 프랑스어 four(블), 영어로는 오븐(Oven)이다. 가스오븐은 블 아 가스(four a gas), 전기오븐은 블 아 엘레크론 four a electrgue 이라 부르고 있다. 우리나라에서는 일반적으로 오븐이라고 부르고 있다. 먹는 음식은 인류의 발생과 함께 시작하였다고 한다.

(2) 오븐의 발달

원시인들은 동물이나 나무의 열매, 야생초를 채집하였고 또한 하천에서 생선을 잡아서 바로 생식으로 먹었을 것이다. 이것에 큰 변화가 된 것은 불의 발견이고, 불을 이용하는 점은 인간이 다른 동물과 다른 것이라 할 수 있다.

사람이 불을 사용하게 된 것은 산불이나 화산 등 자연의 불을 옮겼다는 설과 석기를 만드는 사이에 나온 불을 이용했다는 설이 있다. 불이란 것이 정말로 영묘한 것이기 때문에 많은 민족을 불의 습득을 신에 의지하였다. 예를 들어 그리스 신화에서는 프로메우스가 흙에서 사람을 만들고 하늘의 불을 훔쳐 혼을 넣었기 때문에 하늘을 지배하던 제우스신이 화를 내어 프로메디우스를 철망에 묶어 카프카스 절벽에 묶어 독수리에게 그의 생간을 먹게 하였다. 먹힌 간은 밤사이에 다시 되살아나게 되었다. 후에 헤라클레스가 독수리를 사살하여 프로메디우스를 도와주어서 인간은 여러 가지 기술을 프로메디우스에게서 배우게 되었다고 전해진다.

특히 불의 이용은 인류의 생활을 크게 변화시켜 고기를 구어 먹는 것을 습득하게 되었고 통 등에 넣어 삶는 것을 알게 된 것은 그 후의 일이다.

곡류를 석기로 부수게 되었는데 그것은 굵어 죽으로 만들어 먹었을 것이라 생각된다. 그 후에 돌이나 나무 등으로 가루 만드는 그릇이 만들어져서 드디어 가루가 만들어졌다.

그러나 그때까지에는 굵고 바슨 곡물 그대로 만들었던 빵은 선베이와 같이 거칠었을 것이다.

그것에 곡류 알을 물에 불려서 껍질을 벗겨내고 다음날 말려서 부셔 굵은 가루(밀가루)를 만들었다. 이것을 체질하면 정제된 고운 가루를 얻을 수 있었다. 이것이 파리누(밀가루)로 프랑스어로 그 파리누(farine 가루· 밀가루)의 어원이라 되었다고 한다.

여기에서 빵과 과자의 역사도 함께 시작되었다고 할 수 있다.

그러나 초기의 제법은 극히 단순한 것으로 밀가루에 물을 이겨 뜨거운 돌의 위에 올려 구운 것으로 오븐이라는 것은 없었다.

이것이 그 뒤 개량되어 뜨거운 돌 주위에 공간을 만들고 그 사이에 점토로 메꾸어 뜨거운 열을 보관 할 수 있게 되었다. 이렇게 구멍 사이를 점토로 메꾸는 것에 열을 보관하게 하는 노력이 되어서 드디어 본격적인 굽기가 시작되었다.

이집트를 걸쳐 고대 그리스 시대가 되어 굽기의 기술도 현저하게 나아져 향료가 들어있는 빵이나 과자를 만들게 되었다. 이러한 빵은 식생활에 빠질 수 없는 중요한 것으로 되었으나, 한편 빵 굽는 오븐이나 스토프가 과세의 대상이 된 시대도 있었다.

영국에서는 1662년 찰스 2세 때 각 가정의 아궁이나 스토프에 2실링의 세금이 부과되어 연간 20만 파운드를 만들어 내었다. 이것은 서민에게 큰 부담이 될 뿐 아니라 가정 점검의 피해도 있었기에 1688년 명예혁명과 함께 폐지되었으나, 역사에서는 아궁이 세금(hearth money)이라고 기록되었다. 프랑스에서도 오븐에 과세된 것이 있었으며, 독일의 바이엘 지방에서는 18세기까지 부과되었다.

이러한 역사를 돌이켜 생각해 보면 오늘날은 누구라도 자유롭게 사용할 수 있는 편리한 세상이 되었고 그 오븐의 특징을 충분히 살려 사용해야겠다.

과자 만들기의 기초에 있어 「굽는」 것은 다른 요리 이상으로 제일 중요한 역할이다. 지금까지 정성스럽게 만들었던 반죽을 오븐 온도가 달라서 실패한 모든 과자나 빵이 생기지 않도록 그 반죽이 지닌 특성에 적합한 온도가 있으며 그 온도와 시간을 정확히 지켜 처음으로 멋있는 과자가 만들어지게 된다.

(3) 오븐의 온도

굽는 온도는 크게 6단계로 나누어진다.

① 높은 온도(fours tres chand)

240℃ 정도 온도로 오븐 전체가 뜨거워 안에 손을 넣을 수 없다. 이 온도에서 구울 수 없는 작은 파이나 아주 소형의 슈 또는 작은 크기의 빵 등은 용적이 작은 것은 빨리 구워내는 것이 적합하다. 그러나 특수한 것이 아닌 이상 보통은 별로 사용하지 않고 과자굽기에 필요한 온도가 아니다.

② 고온(four)

210~220℃로 손을 넣으면 바로 뜨겁게 느껴지는 온도로 신문지는 금방 태워져 버린다. 이 온도에서 굽는 것은 파이나 각종 반죽을 이용하는 소형의 과자 등이다.

③ 조금 높은 온도(bon fours)

180~200℃로 손을 안에 넣는 순간에 뜨겁게 느껴지고 2~3초 정도 넣을 수 있다. 쿠키 슈 여러 종류의 파이, 사바랭, 브리오슈의 중간 크기의 것 등을 굽는 것이 적당한 온도이다.

④ 중간 온도(four moyen)

150~160℃로 손을 오븐의 중앙에 넣으며 천천히 10정도 셀 수 있다. 이 온도는 용적이 큰 여러 가지 과자나 소형의 건조한 과자 등을 굽는 것에 적합하다.

⑤ 저온(four doux)

110~120℃로 손을 넣으면 따뜻하게 느끼는 온도로 설탕의 배합비율이 많은 것에 적합하다. 비스퀴이나 큰 가벼운 과자 등을 구워 낸다.

⑥ 낮은 저온(four tres doux)

100℃ 정도로 손을 안으로 넣을 수 있는 온도로 특수한 목적 이외에는 별로 사용하지 않는 머랭 등과 같은 굽는 것이기보다는 건조시키는 경우에 적합한 온도이다.

※ 오븐 안에 손을 넣어 느끼는 열에 반응은 개인차가 있으므로 정확하다고 할 수 없으나 일반적인 기준이다.

(4) 오븐의 준비

① 사전에 가열해 둔다.

과자뿐만 아니라 요리에서도 사전에 오븐을 가열해 둔 경우와 반죽을 넣고 난 후 가열을 시작하는 경우에는 정해진 바른 온도에서 시간을 들여 구워 만들어지는 제품고 다른 것은 당연하다.

반죽을 넣고 나서 가열하면 비스큐이 등의 가벼운 과자의 경우에는 표면과 밑면의 질이 평균적으로 균질하게 구워지지 않게 되며 전체가 작게 된다. 원인은 오븐의 온도가 올라가기까지의 시간 사이에 힘들여서 만들어놓은 작게 거품 올린 기포가 포개지고 합쳐 점점 크게 되고 상승하면서 터지게 된다. 그 까닭으로 윗면 조직이 굵게 되고 기공이 작고 부드러운 것이 만들어지지 않는다.

② 가열된 오븐

잘 가열한 오븐의 안에 넣는 경우는 반죽이 바로 열을 받게 되므로 기포가 포개지지 않는 사이에 점점 용적이 증가하여 부풀어진다. 표면은 달걀의 단백질이 열에 의해 응고하여 막을 덮인 상태가 되기 때문에 기포 속에 들어있는 공기는 빠져 나가지 않고 중앙부까지 평균적으로 부풀게 된다. 그것과 동시에 밀가루 전분이 알파화되어 단백질의 열 응고도 완료되어 이상적인 가볍고 균일한 과자가 구워지게 되는 것이다. 오븐 안에서 일어나는 현상, 즉 표면의 막과 내부 온도의 상승이 2가지가 좋지 않으며 충분하게 부풀음을 얻을 수 없기 때문이다.

(5) 오븐사용의 주의점

① 온도가 높은 경우

오븐 안에 넣은 반죽의 표면이 빨리 타지고 막이 딱딱하게 되는 반면 내부온도의 상승이 늦고 중앙부까지 열이 전해져 공기가 팽창하려고 할 때에는 표면은 타져 두꺼운 벽이 생겨버린다. 그것을 무리하게 들어올리기 때문에 형태가 나쁘게 되거나 균열이 생기게 된다. 불이 강하다고 생각하면 조금 낮추어 천천히 구우면 평균적으로 부풀어진다. 롤 케이크 같은 철판에 얇게 굽는 것은 바로 내부까지 열이 전해지므로 조금 고온의 오븐에 넣고 단시간에 구워내는 것이 수분의 증발이 적고 부풀음과 부드러운 제품이 구워진다.

파이 등은 조금 고온의 오븐에 넣고 굽는다.

② 온도가 낮을 경우

부풀음이 나쁘고 조직이 굵게 되는 것은 오븐을 켜 놓지 않을 경우와 같은 이유이다. 파이 등의 경우는 구워지기 전에 버터가 녹아 버리게 되므로 좋은 결과를 얻을 수 없다.

이러한 온도와 시간은 과자의 종류나 크기에 따라 다르므로 일반적으로 정해져 있지 않다.

즉 구운 색과 수분의 증발, 기포의 팽창 등 조화를 잘하는 것이 중요하다

③ 윗불과 밑불의 조절

오븐은 윗쪽과 밑에서 가열하도록 되어 있으므로 윗불과 밑불의 강약을 잘 조절하여야 한다. 예를 들어 슈처럼 윗부분을 많이 팽창시키는 것은 밑불은 강하게 한다. 쿠키와 같은 건과자는 밑면이 타지기 쉬우므로 철판을 2장으로 포개거나 윗단에 넣어 굽는 등의 노력이 필요하다.

④ 가정용의 오븐

영업용의 오븐보다는 매우 용량이 작은 것이므로 버터케이크와 같이 시간을 길게 굽는 것이나 큰 형태를 사용하는 것은 굽기 어렵다.

최초에는 작은 틀에 굽고 어느 정도 구워지는 것을 알고 난 후 대형의 과자를 굽도록 하는 것이 실패가 적다.

⑤ 오븐의 특징을 안다.

어떤 좋은 오븐이라도 반드시 각각의 개성과 특징이 있고 굽는 편차가 나오게 된다. 그 결정을 빨리 알고 장점을 살리는 노력을 하는 것이 빠른 기술습득의 방법이다.

그렇게 하기 위해 같은 일을 몇 번이고 반복하고 실패를 거듭하여 특징을 파악하고 오븐을 잘 사용할 수 있게 해야 한다. 또한 과자의 성질을 잘 알고 미묘한 변화를 빨리 체크하여 잘 기억해 두는 것이 중요하다.

⑥ 정리, 청소

오븐의 내부나 철판은 녹슬기 쉬우므로 매일 청소해야 한다.

철판은 잘 씻은 후 완전히 말려 엷게 기름칠을 해둔다. 가정용의 오븐은 철판이 얇은 것이 많으므로 사용하는 도중에 구부려질 수 있다.

제8절 마무리(데코레이션 Decoration)기법

1. 마무리(데코레이션)의 정의

과자 만드는 일은 견습에서부터 시작된다. 원재료의 선택, 제법의 공부, 계량 원가 파악, 위생, 조리과학, 과자나 요리의 역사 그리고 제일 중요한 기술과 경험을 오랫동안 어렵게 직업 경험을 통하여 키워 한 사람의 기술자가 되는 것이 최종의 마무리이다.

하나하나의 소재가 얼마나 미각이 있어 그것은 미완성의 맛이다. 그것을 조합하여 폭과 깊이 있는 맛을 만들어 내는 동시에 색채나 형태를 갖추고 외관을 장식해야 한다. 그것이 마무리 기술로 창조력이 필요한 중요한 일이다.

18세기 과자의 명인 앙난 카레무는 현재의 장식과자의 형태를 만들어낸 예술가로써 유명하다. 예술이란 그림, 시, 음악, 조각, 건축의 5개 부분으로 그 건축의 중요한 한 부분으로 과자가 존재하는 것이고 소재를 준비하고 그것에 마무리과정이 있다.

2. 마무리 공정

마무리에 속하는 공정은 짜른다, 칠한다, 덮어 씌운다, 조합한다, 짠다 등으로 크게 나눠진다. 이것을 세밀하게 세공하며 광택을 내고, 싸고, 누르고, 뿌리고 얇게 늘리고, 말고, 포개어서 칼로 모양을 내거나 모양을 그리는 등 범위가 넓고 복잡하지만, 그 안에서 사용하는 횟수가 많은 기본적인 방법에 대해서 해설해 본다.

1) 자른다

자르는 기법의 기초는 과자의 성질에 따라 여러 종류의 칼을 사용하는 것으로 나눌 수 있다. 그리고 그 칼이 날카로울수록 깨끗한 자른 면을 얻을 수 있다. 이것은 기술이전의 문제이나 중요한 사항이다.

① 칼의 사용

칼로 과자를 자를 경우 칼날은 직선으로 세워 누르는 힘과 양측으로 눌러 나누는 힘이 필요하다. 실제로 자를 때에 그 양쪽은 사용하는 것이나 딱딱한 반죽은 자르는 경우에는 밑을 눌러 내리는 힘이 강하고 스펀지(제노와즈)처럼 부드러운 것은 양측을 눌러 나누는 듯이 한다. 제노와즈(버터 스펀지)는 과자 중에서도 제일 부드러운 소재이며, 밑으로 누르는 힘은 그리 필요하지 않다. 조직을 부서지지 않도록 얇은 칼이 적합하다. 잘 잘라지는 칼을 조금씩 전후로 이동하여 자연스럽게 행하는 것이다. 반대로 무리하게 누르면 자른 단면이 거칠거나 부서지게 된다.

② 사용요령

너무 힘을 강하게 주지 않는다. 강하게 자르면 허리에 힘이 들어가 동작의 부드러움이 없게 되고 일이 너절하게 된다.

(2) 칼의 종류

과자나 빵에 사용하는 칼은 카스테라용과 빵칼이 있다.

① 카스테라용 칼

일본에서 만들어진 독특한 것으로 큰 카스테라를 자를 때 편리하다

② 빵 칼(Couteax a pain mie)

마찰을 줄이기 위해 칼날에 파도 형태나 줄무늬의 형태가 되어 있다.

③ 주방 칼

보통의 칼로 목적에 따라 나누어진다.

(3) 칼을 잡는 법

① 탁도(卓道)법

칼의 중앙 봉에 손가락을 대고 엄지와 중지로 가볍게 쥔다. 이것은 접시에 장식하는 요리를 자를 때 쥐는 방법으로, 과자의 경우 프티푸르처럼 작은 것이나 부드러운 반죽과 같이 가볍게 눌러 당겨 자르는 것에 적합하다.

② 지주(支柱)법

칼의 끝부분 칼날부분에 엄지를 대고 반대측에 검지로 대고 잡고 손의 중앙을 벌리는 기본으로 나머지 손가락을 대어준다. 제일 안정하게 잡는 법으로 자르는 목적에 맞추어 상하좌우 자유자재로 움직이기 위해 제일 많이 쓰이고 있다.

③ 전악(全握)법

칼의 앞날 끝부분을 잡는다. 딱딱한 것이나 뼈를 빼낼 때 사용하는 방법으로 과자에는 그리 필요하지 않는 방법이다.

(4) 작은 칼을 쥐는 법

칼날에 손가락이 닿게 엄지를 자연스럽게 늘려 맞춘다.

칼날의 관절에 대면 안된다. 습관이 되지 않으면 위험하게 보이지만, 이것이 작은 칼을 효과적으로 사용하는 기본적인 방법이다.

과실의 껍질을 벗기거나 면을 떼어날 때 재료를 우측의 손으로 잡고 왼손에 재료를 칼날과 반대의 방향으로 움직이게 한다.

(5) 좋지 않게 잡는 법

일반적으로 손잡이만 쥐어 잡고 사용하지만 효율보다 효과적인 사용법이라 할 수 없다.

(6) 자르는 자세

바른 자세와 장시간 일을 계속하여 피로하지 않는 자세로 이것은 기술 이전의 중요한 기초이다. 작업대에서 10~15cm 떨어져 서서 자르는 대상물에 몸을 똑바로 정면으로 주먹 한개 정도 들어갈 간격으로 작업대에서부터 약간 떨어진다.

작업대의 높이는 신장에 따라 차이가 있으나, 신장 165~170cm의 경우에 손가락을 자르는 경우는 첫 번째고 신경의 집중력이 떨어져 있는 경우이고, 두 번째 나쁜 자세에 생겨난 사고라 할 수 있다.

(7) 깨끗하게 자르는 방법

부드러운 반죽이나 점성이 있는 과자(크림을 사용한 것)를 자르는 부분과 면이 밀착하면 마찰이 크게 되고 칼날에는 스톱장치가 달려 있듯이 잘라지지 않는다. 이러한 때에는 칼을 조금 따뜻한 물이나 천에 적시면 마찰이 줄어든다. 마찰을 적게 하면 칼은 자연히 눌려져 형태를 구부리지 않고도 깨끗하게 잘라진다. 이 원리는 치즈를 자를 때 철사 선을 사용하는 것과 같고 훈제의 생선에는 주름진 형태의 칼을 사용하는 것과 같다. 칼을 적시지 않고 보통 뜨거운 물을 사용한다. 크림을 사용한 것은 물보다는 뜨거운 물 쪽이 잘라지기 쉽기 때문에 깊은 그릇에 뜨거운 물을 준비하여 칼을 잠깐 적셔 과자를 자르고 천에 닦은 후 다시 뜨거운 물에 적셔 자른다. 한번 자른 후에 칼을 닦아 낸 후 다시 적시는 것이 좋다.

(8) 위생상의 주의

칼을 적시는 뜨거운 물과 천은 특별히 청결한 것을 준비해야 한다. 이것을 무시하면 잡균을 과자에 붙이는 것이 되고 식중독에 걸리게 하는 요소가 증가하다.

(9) 파이나 딱딱한 반죽을 자르는 법

빵 자르는 칼을 사용할 경우 수직선으로 너무 누르지 않게 자른다. 비교적 소형의 것은 약간 잘라 넣은 후 전후로 이동하여 자른다. 큰 반죽일수록 칼은 수직이 된다. 칼을 적실 필요는 없으나, 무리하게 끌어서 자르거나 눌러서 자르는 것은 반죽을 부서지게 한다.

(10) 차게 하여 자르는 방법

크림을 칠한 것이나 포개 접은 과자는 냉장고에 넣어 크림을 굳게 한 후에 자른다.

(11) 얇게 자르는 방법

얇게 자르는 것을 슬라이스라 한다. 과자의 경우는 요리와 다르게 측면에 칼을 넣고 잘라 나누는 것이 일반적이라고 하겠다. 반죽을 평평하게 놓아두고 측면부터 칼을 넣고 고정한 상태로 하여 반죽을 조금씩 회전시키면서 평균적인 두께로 자른다. 그러나 습득되지 않는 경우에는 판을 대어서 자른다. 모든 자르는 작업에는 잘 잘라지는 칼을 사용하는 것이 제일 조건이다.

무리하게 힘을 넣거나 누르거나 할 필요가 없으므로 자른 면이 아름답고 두께가 평균적이어야 한다. 칼이 잘라지지 않으면 움직이는 회전수도 많게 되므로, 자른 면이 부슬부슬하게 되어 과자의 형태가 부서지고 부스러기가 생긴다.

2) 칠하기(코팅)

칠하기를 프랑스어로는 낫페(napper)라고 한다. 이 작업은 아름답게 마무리하기 위해서 토대에 소스, 젤리, 잼 등 또는 퐁당이나 초콜릿을 임의의 온도에서 덮어씌워서 유동상태로 만들어 과자에 칠해 피복시키거나 광택을 지니게 한다. 이것은 외관을 아름답게 하게 위한 것만이 아니라 과자 안의 수분증발을 억제하여 맛을 갖추게 하는 것으로 반죽과의 조화를 생각할 필요가 있다.

(1) 칠하는 기법

파렛트 나이프를 집는다. 좌우로 움직여서 크림이나 잼의 표면과 측면에 가볍게 깍아 내듯 한다. 파렛트 나이프를 조금 띄우는 듯한 기분으로 손 빠르게 움직인다. 그러나 몇 번이고 칠해 중복하는 것이 아니라 크게 움직여서 평균이 되도록 하는 것이 광택이 좋고 덮어씌우는 소재도 적게 들어가므로 맛의 조화도 깨뜨리지 않는다. 이것은 퐁당이나 크림을 붓는 경우 특히 중요한 기법이다. 또한 파렛트 나이프를 과자에 강하게 누르며 일부러 가볍게 구워진 면을 부서트려 부드러운 반죽을 깨트리는 것이 있으므로 주의해야 한다. 틀을 사용하여 일정의 두께로 칠할 경우에도 손잡이가 수작인 것을 사용한다.

① 회전대를 사용하여 칠하는 방법

회전대에 올린 과자의 표면에 필요량의 크림을 올려 파렛트 나이프로 평평하게 칠해 회전대를 회전시켜 평균적인 두께로 한다. 측면을 칠할 경우에는 파렛트 나이프를 수직으로 세워 고정시켜 회전대를 같은 속도로 돌린다.

② 고정시켜 칠하는 방법

과자를 받침에 올려 과자를 움직이면서 칠한다.

③ 손에 잡고 칠하는 방법

작은 과자는 손에 큰 경우에는 밑에 같은 크기의 판을 깔고 안정시키면 칠하기

쉽게 된다. 모두 왼손의 손가락 끝에 올려 큰 과자의 경우는 엄지의 피부에 닿을 정도로 열려 5개의 손가락을 잘 사용하여 왼손으로 과자를 움직인다. 손등에 올리면 움직일 수 없다.

(2) 붓을 사용하여 칠하는 방법

유동상의 퐁당이나 잼을 칠하는 경우는 주로 평평한 붓(pinceau plat)을 사용한다. 그러나 큰 과자에는 파렛트 나이프를 사용하는 경우도 있다.

(3) 코팅한다(덮어씌운다)

손위에 들고 코팅(덮어씌우는) 방법도 고정해서 씌우는 방법이 있고, 요령은 칠하는 방법과 같다.

① 손에 들고 씌우는 방법

소형 과자 프티블이나 타르트・렛트는 손에 들고 녹인 퐁당 등이 적시도록 하여 씌운다.

② 그물망 위에 올려 씌우는 방법

그물망에 과자를 올려 나무주걱(스파츄러 spatule)를 수평으로 하여 앞 끝을 상하로 흐르도록 움직여서 씌운다. 전체를 씌우는 경우는 초콜릿이나 퐁당안에 과자를 넣고 피복한 후 그물망의 위에 옮겨 여분을 밑으로 떨어트린다.

③ 고정시켜 씌우는 방법

장식과자와 같은 대형의 것에 사용한다. 씌우는 방법은 여러 가지가 있지만, 일반적으로는 구워낸 반죽의 밑에 작은 판을 깔고 그것보다 조금 큰 받침의 위에 올려 씌운다. 판이나 받침 크기가 맞지 않고 작으면 측면의 끝 면까지 골고루 씌워져 여분은 밑으로 떨어진다.

(4) 조합

각종의 반죽이나 소재를 올리거나, 높게 쌓아 올리거나, 붙여 합치거나 또는 말기하는 등 형태를 갖추기 위한 일에는 세심한 주의를 필요로 한다.

① 말기기법

롤을 말기할 때에는 종이를 깔고 그 위에 반죽을 올려 표면에 1cm 정도 간격으로 선을 칼로 가볍게 그려넣고 크림 등을 칠해 중앙에 공기의 간격이 생기지 않도록 말아간다.

말아가는 순서로 깔아 놓은 종이를 이용하여 말고 양끝을 가볍게 눌러 떨어지지 않게 한다. 천을 가볍게 당겨 사용하면 하기 쉬워진다. 조금 차가운 장소에 놓아두어 크림이 굳어진 다음 자른다. 칼로 선을 내는 것은 말기 쉽게 하기 위해서이며 그 과정을 하지 않아도 된다.

② 포개는 방법

포개는 방법에는 반죽에 좋아하는 소재를 칠해 임의의 높이로 쌓아 올려 자르는 방법과 자른 후에 나누어 칠해 포개는 방법이 있다.

(5) 짜기

과자의 마무리에는 크림이나 초콜릿 등을 짜서 장식하는 것을 테코레이션 한다고 말하고 있다. 즉 영어의 decorate의 의미이다. 우리나라에는 케이크라고 하면 테코레이션 케이크라는 생각이 떠오를 정도로 중요한 기법이지만, 그 어원의 라틴어 clecor는 "좋은 것을 얻는 것", "적당한 것"을 의미하는 단어이다. 바꾸어 말하자면 옛날 어떤 물건에 대한 본래의 원리나 법칙에 형식을 갖추는 것이 있어 현재와 같은 반드시 장식을 추가하는 것을 의미하는 것이 아니었던 것 같다. 우리나라의 경우 본래의 의미에서 떨어져 장식하면 예쁘게 된다는 미국식 스타일이 되었다. 최근이 되어서 비로소 본래보다 아름답다라든가, "미적 형식을 갖춘다"라는 본래의 의미가 이해되어 유럽스타일의 장식에 귀착하게 되었다. 과자에 있어서도 과도한 장식은 실패가 있고 시간과 노력의 낭비라고 생각된다. 식품이므로 더욱 디자인은 단순하게 그러나 예술적인 보다 좋은 센스를 지니고 있다 하더라도 센스를 표현하는 기법을 몸에 기능으로 습득하지 못하면 좋은 일은 될 수 없다. 그 기본적인 기법과 요점을 알아야 한다.

① 테크레이션 기술 이전에 습득해야 할 주의점

모든 일에 통용되는 것이지만 특히 마무리의 경우에 주의하지 않으면 안되는 것이 2가지 있다. 우수한 과자 기술자라고 하는 사람은 위생관념과 정리·정돈을 몸에 익히지 않으면 안된다. 데크레이션 때에는 긴장이나 흥분상태에서는 정확히 짤 수가 없다. 즉 편안한 기분이 아니면 손목이 부드럽게 움직여지지 않으므로 깨끗한 곡선 모양을 그리는 것은 불가능하다.

② 짤 주머니의 종류

짤 주머니는 프랑스어로 포슈(Pdche), 영어로 파이핑 백(Pilping-bag)이라 한다.

천으로 된 제품, 비닐필름 제품, 종이 제품이 있다. 짜는 소재의 종류나 목적에 맞추어 사용하기 쉬운 것을 선택하는 것이 좋으나, 주로 천으로 된 제품은 딱딱한 반죽이나 큰 모양을 짜는 경우에 많이 쓰인다.

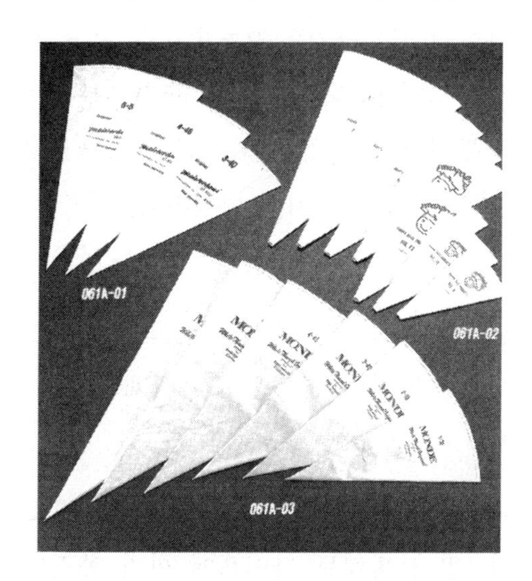

③ 짤 깍지의 선택

프랑스어로는 돚 이유 douile, 영어로는 파이핑 파이프 piping pipe라 한다. 짤 깍지의 형태 크기는 다양하며 짜는 목적에 맞추어 사용하지만, 제일 많이 사용하는 것은 Douile Cannelee(별 모양) 또는 Douille Unie(둥근 모양) 이다. 가는 선을 그리거나 잎을 짜는 경우에는 대부분 둥근 짤 깍지를 사용하지 않고 파라핀 종이(기름종이)로 만든 짤 주머니의 끝부분을 가위로 잘라 임의의 크기로 형태를 만든다.

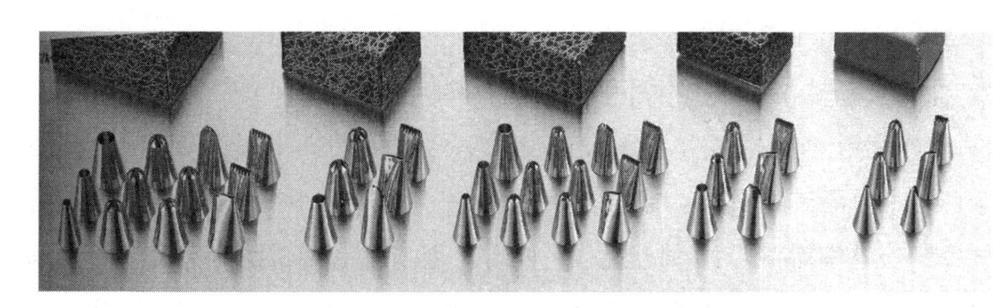

④ 종이 짤 주머니 만드는 법

천으로 만든 제품, 비닐제품은 만들어 팔고 있으나 종이나 파라핀 종이는 각자 자기 스스로 만든다. 만드는 방법은 사람에 따라 다소 차이가 있으나 기본적인 방법을 알아보자.

직사각형 종이 45~60cm를 접어 잘라낸다.

왼손으로 끝부분이 되는 부분을 잡아가면서 끌어당기듯 오른손으로 접어 3중으로 하여 접기 시작하면 접기가 끝나면 일직선이 되도록 접은 부분은 삼각부분을 내측으로 접어 넣는다. 접기 시작과 끝을 맞추어 두면 봉지의 두께가 평균이 되므로 사용하기 쉽고 삼각부분을 끌어당기듯이 접어 넣으면 잘 접어지고 안정된다.

⑤ 짤 주머니의 두께 조절

사용하는 봉지의 크기에 따라 어느 정도 정해지지만, 종이를 만드는 경우는 내측 중앙의 끌어당기는 힘을 어느 정도 조금 강하게 하면 끝부분이 가늘게 된다.

⑥ 봉지에 재료를 충진하는 방법

접은 봉지는 넓은 입구 종이가 한 층의 부분을 적당하게 내측에서 외측으로 접어져서 재료를 평균적으로 넣어지도록 한다. 먼저 파렛트 나이프에 한번 봉지의 끝부분에 넣고 종이와 내용물에 공간이 생기지 않도록 넣는다.

내부에 공간이 생기면 짜는 도중에 기포가 들어가서 균일하게 짜지지 않는다. 불연속 부분이 생기면 선에서도 모양에서도 아름답게 짤 수 없으므로 충분히 주의해야 한다.

넣는 작업은 쉬울 것 같지만 연습하지 않으면 잘되지 않는다. 크림을 봉지에 넣었다면 상부에도 공기가 들어가지 않도록 소재를 돌리듯이 완전히 막아 조금 눌러서 짜져 나오는 것을 확인한 후에 사용하면 큰 실수가 생기지 않는다.

⑦ 봉지의 짜는 입구 자르는 방법

짤 깍지를 붙여 짜는 경우, 사용하는 짤 깍지가 ⅓정도 나오도록 자른다.

가는 선을 짤 때에는 끝부분을 조금 자르는데 끝부분을 눌러 구부려지지 않도록 잘 잘라지는 가위로 빠르게 자른다. 끝부분이 구부러지면 원형이 구부러지므로 균일하게 짜기 어렵게 된다. 나무의 잎을 짤 때에는 봉지의 접어지는 부분을 밑으로 하여 끝부분을 눌러 구부려서 임의의 크기로 잘라 반대측에서도 같은 각도로 자른다. 짜는 법은 누르듯이 하면서 힘을 주어 끝날 때에는 살짝 끌어당기듯 들어올린다.

(2) 짤 주머니의 사용법

① 짤 주머니 잡는 법

가벼운 마음으로 부드럽게 쥐고 다른 한편의 손에 봉지를 유치하도록 한다. 큰 것을 짜는 경우에는 다른 한편의 손에 받치듯이 가볍게 들어 안정시킨다. 가는 선을 그리는 경우는 연필처럼 잡는다. 습관이 되면 한손으로 짤 수 있으나, 왼손 손가락을 가볍게 받쳐 주는 것이 정확하고 바르게 짤 수 있다.

② 짜는 압력의 조합

생동감 있는 모양을 그리기 위해서는 압력의 조화는 중요한 요점이며 짜는 기법의 초보적인 기본이다. 그러나 처음에는 어쩔 수 없이 양쪽 팔과 손에 힘이 강하게 들어가 짜내는 압력의 조화가 불균일하게 되고 그리는 모양도 일정하지 않게 된다.

이것을 방지하기 위해서는 짤 주머니를 쥐는 손에 압력을 주어 한쪽의 손을 가볍게 받쳐 주는 정도로 강약을 조절하면서 연속적으로 짠다. 또한 습득되지 않는 상태에서는 봉지에 소재를 대량으로 넣지 않고 반쯤 정도 넣는 것이 압력의 조화를 유지할 수 있다.

③ 짜는 기법

보통은 짜는 봉지의 입구를 과자 반죽에서 1~3cm 떨어져 40~50 도의 각도에서 짠다.

세밀한 선이나 가는 선은 수직에 가깝게 세우는 것이 좋다.

㉠ 직선 : 압력을 고정시켜 같은 두께에서 균일하게 짠다. 도중에서 잘라지거나 두께가 평균되지 않는 것은 압력의 조화가 나쁘기 때문이다.

㉡ 점과 반원구선 : 짤 깍지를 들어 가볍게 짜내고 살짝 힘을 빼서 들어올린다. 반 둥근 모양 구상을 형태로 짜는 것은 상당히 어려운 것이다.

㉢ 원과 곡선 : 짤 깍지를 들어 올려 내리지 않게 짠다.

㉣ 각도가 있는 선 : 들어올리면서 짜고 곡선의 각의 장도에서 내리고 다시 들어 올려 짠다. 즉 연속으로 짜는 것이 아니라, 직선을 연결시키듯이 짠다. 그 접속부분은 부드럽게 연결되지 않으면 안된다.

㉤ 가느다란 모양 : 들어 올려 짤 때와 눌러 짜는 경우가 있다.
가느다란 선을 그릴 경우는 4~5cm 떨어진다.

④ 짜기 끝났을 때의 압력조절

원하는 모양을 짜고 그 최종 단계에서는 다만 압력을 빼는 듯하게 하여 짠 선을 끊어 자르거나 반대쪽으로 싹 자른 듯한 상태가 되면 정성스럽게 그린 모양이 살아나지 않는다.

그 짜는 압력의 배분과 손의 상태는 연습을 계속하여 습득하는 것이지만, 다음의 요령으로 연습하는 것이 좋다. 짜기가 끝나는 시점에서 압력을 빼는 동시에 순간적으로 끝부분을 가볍게 살짝 누른 듯하여 자른다.

⑤ 짜는 과정에서 주의

짤 주머니에 넣은 크림은 손을 똑바르게 짜지 않으면 봉지에 잡은 손의 열기로 녹아져 깨끗하게 짜지지 않게 된다. 쿠키와 같은 손으로 주어지는 압력과 짤깍지를 통과하는 사이에 추가되는 물리적인 힘에 의해 반죽의 질이 각각으로 변화하여 간다. 그 상태를 고려하여 반죽의 혼합상태를 조절해야 한다.

기초가 되는 반죽이나 쿠키 그 각각의 항목을 설명하였으나, 밀가루를 너무 빨리 반죽하여 짤 주머니에 넣어두면 글루텐이 강하게 되어 질긴 쿠키로 구워지게 된다. 짤 때 주는 힘도 역시 글루텐을 강하게 하므로 반죽을 완전히 혼합하여 두면 너무 이긴 것과 같이 된다. 또한 짤 때 더욱 압력을 주어야 하므로 더욱 혼합되어 구운 후의 제품은 축소되고 풍미를 잃게 된다.

물론 짤 때에도 물리적 변화를 최소한으로 하도록 배려해야 한다.

⑥ 짤 때의 주의점

짜는 작업은 대소에 관계없이 손만 아니라 마음으로 그려야 한다.

또한 손을 어디에 붙이고 고정시키는 것이 아니라 자유스럽게 주머니의 끝을 띄워 압력의 조화를 갖는 것이 중요하다.

가는 것을 짤 때에는 잡고 있는 손끝으로 힘의 조절을 하지만 강하게 짜면 균일하게 되지 않는다.

제3장

제품별 과자 종류

제1절 스펀지(Sponge)반죽

1. 스펀지의 정의

스펀지 제품은 과자제조에 있어서 가장 기초가 되는 반죽이며 또한 중요하다. 그것은 사용하는 방법도 둥근 틀에 구운 데크레이션 케이크의 받침, 시트로 구워 롤이나 슈니테(횡가 상으로 구워 앙트르메의 측면 등) 정말로 폭이 넓다.

스펀지의 명칭은 외관에서 유래하고 있다. 구운 제품 반죽의 안에 가느다란 기포를 다수 포함하여 그 내상의 상태가 고무 스펀지처럼 되어 있다. 이와 같이 구어낸 제품이 스펀지와 닮은 상태로 부풀어 오른 것에서 스펀지라 부르게 되었다. 이 명칭은 물론 영국이나 미국에서도 스펀지 쿡스의 의미로 통하고 있다. 프랑스에서는 이 종류의 과자를 비스퀴(biscuits)라 부르고 그 반죽을 파트 비스퀴(pate a biscuits)라 부르고 있다. 독일에서는 이것이 각각 비스큐트(biskuit) 또는 비스퀴 잇트 맛세(biskuit masse) 가 된다.

스펀지 반죽은 영국식의 반죽의 분류에서는 파트에 속하고 배합중의 수분이 많게 되는데, 이 수분은 대부분 달걀에 의해 얻어진다. 그런 까닭에 반죽의 안에서 달걀이 나타내는 역할은 정말로 크고, 또 달걀의 성질을 최대한 이용한 제품이 스펀지이다.

스펀지 제품도 역시 기본은 상당히 단순하지만 깊이 있게 연구하면 어려운 과자의 하나이다. 그것은 결국 응용의 폭에서 오는 어려움이 있다. 예를 들어 앙트르메 제품의 받침용의 스펀지에서도 다른 재료와의 조합에 의해 반죽하는 작업이 변하게 되기 때문이다.

이것은 조금 구체적으로 말하면 롤로 만든 스펀지는 얇은 시트 상태로 말아 구워서 말았을 때 갈라지지 않도록 유연성이 있어야 한다. 그렇기 때문에 달걀의 비율이 비교적 많은 배합이 좋다는 것이 된다. 또한 앙트르메의 받침으로 하는 스펀지는 보통으로는 기포가 작고 튼튼한 것이 필요하며, 프랑스 과자와 같은 받침에 쓰이는 비스퀴 양주가 들어간 시럽을 가득 적시는 것은 위의 스펀지에서처럼 먹었을 때 끈적끈적한 식감이 되어 버리므로 부적당하다.

이러한 경우 기포가 굵게 반죽한 것으로 구운 제품이 좋은 것이다.

이처럼 일반적으로 스펀지라고 하여도 용도나 마무리 방법에 의해 여러 가지 배합, 여러 가지 기술이 필요하다. 이러한 점을 생각해보면 어떤 제품에 사용할 스펀지를 만들 것인가, 그것을 판단하는 것은 스펀지를 이해하는 첫걸음이라 할 수 있다.

2. 스펀지의 분류

스펀지를 분류하는 요소에는 크게 3가지가 있다. 이것은 작업공정, 배합, 스펀지 비중에 따라 나눌 수 있다.

(1) 작업공정상의 분류

공립법과 별립법의 구별이 있다. 이것은 달걀을 거품 올릴 때 전란을 그대로 거품을 올리거나 노른자와 흰자를 나누어 거품을 올리는 공정의 차이에 있다.

(2) 배합상의 분류

달걀, 밀가루, 설탕의 3가지 주원료만으로 만드는 스펀지, 유지가 들어간 스펀지, 코코아, 커피 등 풍미를 내는 재료가 들어간 스펀지, 넛류가 들어간 스펀지 등이 있다.

(3) 스펀지 비중에 의해

가벼운 스펀지와 무거운 스펀지가 있다.

가벼운 스펀지는 달걀 배합량이 많고 무거운 스펀지는 달걀에 비해 밀가루나 설탕, 유지의 배합량이 많은 스펀지이다.

3. 스펀지 반죽의 기본배합

스펀지 반죽을 만들기 위한 최소한 기본 원재료는 달걀과 설탕, 밀가루이다.

그러므로 이 3가지 재료로 만들어진 스펀지가 제일 기본적인 스펀지가 된다. 스펀지의 기본 배합은 3가지 재료가 같은 양이다.

배합공정 배합 A(100% 스펀지 배합)

밀가루 500g 100% 노른자 500g 100% 설 탕 500g 100%
흰 자 900g 180%

이 배합은 일반적인 스펀지 배합과 비교하여 상당히 무겁게 되고 또한 달다.

기본배합에서 밀가루양을 일정하고 다른 재료를 변화시켜간다. 이 경우 스펀지 반죽에서는 달걀의 거품이 제품의 성질을 정하는 기본적 요소가 되므로 달걀의 양을 증가시킬수록 가벼운 스펀지가 만들어진다.

그러나 달걀의 밀가루에 대한 비율이 너무 높게 되어도 구울 때 생기는 부풀음을 유지할 수 있는 강도를 얻을 수 없다. 식은 후에 끈적끈적거리고 조금 지나쳐도 달걀 기포의 안전성이 좋지 않아서 부풀음이 나쁜 제품이 된다. 이러한 때에는 배합의 비율을 변화시킬 수 있다. 배합은 제품의 형태, 틀에 굽거나, 시트에 부어 굽거나, 짜서 굽거나에 따라서 변한다.

배합공정 배합 B(별립법 스폰지 배합)

밀가루 500g 100% 노른자 500g 100% 설 탕 500g 100%
흰 자 900g 180% 설 탕 100g 20%

이 배합은 프랑스 비스퀴 아 라 큐엘(Biscuits a la cuiller)이라 부르는 것이다.

위와 같은 배합이라면 달걀의 총량은 밀가루에 대해 330%, 즉 3배가 들어가게 된 설탕의 총량은 120%이다. 이 정도가 밀가루에 대한 달걀의 비율의 한계라고 할 수 있다. 그런 까닭에 대부분 스펀지 반죽은 배합 A에서 배합 B 사이로 용도에 맞추어 각각의 재료를 늘리거나 줄이기도 한다.

원래 배합 B는 작은 횡거상으로 짜거나 얇은 시트상으로 부어 굽는 것에 적합한 배합으로 앙트르메용의 받침으로 굽는 데에는 조금 가벼울지 모르겠다. 그 경우에는 다음의 배합이 표준이 된다.

배합공정 배합 C(50% 스펀지 배합)

밀가루 500g 100% 전 란 1000g 200% 설 탕 500g 100%

이 배합을 가볍게 하려면 달걀을 늘려도 좋고, 반대로 무겁게 하려면 달걀을 줄여도 된다. 중요한 것은 스펀지의 배합은 달걀의 양이 배합의 기준이 된다. 배합 A, B, C 각각 밀가루와 달걀과 설탕만으로 만드는 간단한 스펀지 반죽이다. 그것에 풍미를 내거나 식감을 개선하거나 보존을 좋게 하고 싶을 때에는 목적에 맞추어 여러 가지 재료를 추가하면 좋다.

많이 사용되는 재료에는 버터를 시작으로 하는 유지류, 바닐라 등의 향료, 코코아, 커피, 물엿, 넛류 등이 있다.

고급적인 스펀지, 예를 들어 프랑스의 제노와즈 등은 버터가 들어간 것이 많다.

그런 양은 밀가루의 양에 대해서 25%, 50%, 75%, 100% 라는 비율로 배합되는 것이 보통이다. 스펀지 반죽에 있어 유지의 배합량은 이론적으로 몇 %밖에 안되지만, 유지는 달걀의 거품을 없애는 작용이 있으므로 혼입량이 많게 될수록 기술적으로는 어렵게 된다.

코코아 파우더는 밀가루의 20~30%량은 밀가루와 바꿀 수 있다.

커피 맛을 낼 경우에는 밀가루의 3~5%의 인스턴트커피를 커피술에 녹여서 첨가하면 좋다. 물엿을 넣을 경우에는 구워낸 스펀지에 보습성을 좋게 해 튼튼한 제품으로 마무리할 수 있기 때문이다. 배합량은 설탕의 5~10% 범위이고 물엿을 사용할 경우에는 그만큼 설탕의 배합량을 줄인다.

넛류에는 전분도 적고 글루텐이 들어있지 않으므로 스펀지 반죽에 혼합했을 때의 효과는 풍미의 강화에 있다. 그런 까닭에 배합량에도 상당한 폭을 지닐 수 있다. 아몬드 스펀지의 배합 중에는 분말 아몬드가 밀가루의 2배량이 들어간 것도 있다.

넛류가 많이 들어갈수록 비중이 무거운 제품이 된다. 배합의 기준은 밀가루와 넛류의 총량이 달걀의 양보다 많게 되지 않도록 할 것과 설탕의 양을 넛의 양에 대해 적정 늘리는 것에 주의한다.

넛류는 적게는 밀가루 양의 50~60%가 들어가지 않으면 그 풍미가 제품에 나타나지 않는다. 모두 배합의 조절이라는 문제는 공업적으로 대량생산하는 경우는 제품의 좋고 나쁨을 정하는 최우선의 요소이므로, 일반의 과자점에서 손으로 만드는 작업을 할 때에는 기술자의 경험이나 작업조건 등 여러 가지 요인에 의해 미묘한 영향을 받을 수 있게 된다.

4. 스펀지 반죽의 원재료

스펀지 반죽을 만들기 위한 주재료가 밀가루와 달걀과 설탕이다. 거기에 유지와 넛류가 추가되고 다양한 조화가 전개된다.

1) 밀가루

스펀지에는 일반적으로 박력분이 사용된다. 이것은 스펀지가 부풀음은 부드러운 색감을 얻기 위해서는 밀가루 글루텐을 될 수 있는 한 억제하는 것이 필요 불가결하다. 글루텐을 형성해 버린 반죽으로 만든 스펀지는 탄력이 생겨 고무와 같은 스펀지가 되어 입안에서 질긴 감을 주고 맛이 없다. 그러나 글루텐이 들어있지 않는 스펀지 반죽에서는 구운 제품의 틀을 보존하는 힘이 적게 돼 있으며, 제품의 풍미나 식감에 주는 영향은 부차적이라 할 수 있다.

또 달걀의 거품 올림으로 반죽 중에 들어 있는 기포가 굽는 중에 반죽을 들어올리는 팽창과 부풀음을 보강하는 역할을 한다. 스펀지의 부풀음은 달걀의 열응고력으로는 약하게 유지되기 때문에 식으면 수축해 버린다.

이것이 수축하지 않도록 밀가루 단백질과 전분을 보강하는 것이다. 그런 까닭에 스펀지 반죽이라고 하여도 밀가루의 비율이 적은 가벼운 스펀지는 부드러운 식감을

얻을 수 있다. 그러나 대신 구워진 후에 수축하기 쉽다. 반대로 밀가루가 많은 무거운 스펀지는 처지지 않는 대신에 입안 촉감이 무거운 식감을 준다. 밀가루의 선정은 만드는 제품에 의해 변한다.

예를 들어 비스퀴・아・라・큐엘이나 롤용 스펀지와 같은 가벼운 것에서는 글루텐이 적은 밀가루가 적합하고 앙트르메 받침 반죽 등은 시럽에 가득 적셔 담가 사용하는 것은 어느 정도 글루텐이 나오는 밀가루가 좋은 결과를 얻을 수 있다.

2) 달걀

달걀은 스펀지 반죽에 제일 필수적인 재료이다. 배합의 조정역할을 하고 달걀의 거품올림을 하여 이 거품을 얼마나 잘 유지시켜 굽기까지 보존할 수 있는가 하는 것이 스펀지 제품의 좋고 나쁨을 결정하는 제1의 사항이다.

달걀에는 노른자와 흰자가 들어있고 이 가운데 거품의 주력은 흰자이다.

노른자도 거품을 올리는 전용이 있으나, 노른자에는 지방분이 30%들어 있어 그 때문에 기포력은 상당히 약해져 있다. 다만, 노른자의 성분의 하나인 레시틴에는 유화작용이 있으므로 지방분이 높은 것에도 불구하고 거품을 올릴 수 있게 된다.

공립법의 경우는 노른자와 흰자를 함께 거품을 올리므로 당연히 기포력은 흰자일 때보다 낮게 된다. 그러므로 중탕 등 온도를 높여 가면서 거품을 올린다. 또한 공정 시간이 길게 걸리나 이것에 의해 튼튼하고 부피가 있는 거품을 만들 수 있다.

별립법의 경우는 흰자와 노른자를 따로 거품을 올리기 때문에 공립법보다 안정된 기포를 쉽게 얻을 수 있다. 흰자의 기포력을 좋게 하기 위해서는 유럽에서는 적당량의 건조된 흰자분말을 첨가하여 사용하기도 한다.

스펀지에 있어 달걀은 거품을 올리는 것에 의해 반죽의 안에 다수의 기포를 형성한다.

이 기포가 굽기 중에 데워져 팽창한 반죽을 들어올린다. 또한 달걀은 열에 의해 단백질이 응고하고 들어올려져 팽창한 반죽의 형태를 밀가루와 함께 지키는 역할을 담당한다.

이처럼 스펀지 제품에서는 달걀이 주원료이고 양으로도 제일 많게 되므로 달걀의 품질이 스펀지 제품에 주는 영향은 상당히 크다. 신선하고 농후한 달걀을 사용하면 거품성이 우수하다. 또한 풍미에도 진한 맛이 나오며, 반대로 품질이 떨어지는 달걀

을 사용하면 좋은 제품을 얻을 수 없다. 정말 좋은 스펀지 제품을 만들려고 한다면 무엇보다 먼저 좋은 달걀을 사용 할 필요가 있다.

3) 당류

쇼트페이스트나 파이, 슈, 발효 반죽과 스펀지 반죽이 다른 것은 반드시 설탕이 들어간다는 것이다. 스펀지는 설탕 없이는 만들 수 없는 제품이다.

① 설탕은 스펀지 제품에 단맛을 준다.

② 달걀의 기포를 안정시켜 반죽에 끈기를 주고 거품을 만드는 효과의 측면에서 중요하다.

③ 풍부한 보수성에 의해 구워낸 제품을 촉촉하게 한다.

④ 수분이 당분에 연결되기 쉬우므로 밀가루 전분의 노화를 늦게 한다.

⑤ 설탕의 양은 밀가루와 같은 양이 기본이다.

⑥ 스펀지 제품에 부드럽고 촉촉한 제품을 만들기 위해서는 설탕보다도 흡수성 및 보습성이 우수한 과당이나 환원포도당 등을 사용해도 좋다.
포도당은 설탕의 20~25%, 전화당은 5%, 물엿은 20~25%까지 대처하여 사용이 가능하다. 꿀이나 전화당 시럽은 수분 보유력이 뛰어나고 제품색이 짙게 날 수 있다.

4) 유지

스펀지 반죽에 유지를 넣는 최대의 목적은

① 풍미를 좋게 하기 위해서이다.

② 유지가 반죽에 들어 있는 기포를 작게 하기 때문에 기공이 세밀하고 무겁게 느끼는 구운감이 얻어진다. 이런 스펀지를 의도적으로 만들기 위해서는 최적량의 유지 혼입이 상당하게 효과가 있다. 흰자만으로 만드는 쉬퐁 케이크와 같은 제품은 기포가 과다하기 쉬우므로 소량의 식용유를 넣어 일부러 기포를 없애는 이유이다. 이러한 예를 들어보면 역시 풍미를 생각해 버터를 사용하는 것이 좋다.
유지가 기포를 없애는 작용이 있다는 것은 물론 스펀지 반죽에 있어 마이너스

점이 크다. 일부러 거품을 올린 기포를 굽기까지 살릴 것인가가 스펀지의 기본이라면 유지의 혼입은 스펀지 본래 공정과 상반되는 것이다.

그러므로 기포를 없애지 않고 기술적으로 골고루 혼합하는 것이 중요하다.

버터나 마가린 같은 고형 유지의 경우는 녹여 넣는데, 이때 녹인 유지의 온도를 높게 하는 것이 기포가 잘 없어지지 않는다. 유지를 녹여 반죽의 표면 전체에 뿌리듯이 넣고 손 빠르게 적셔 섞어 합친다. 유지가 혼입된 스펀지 반죽은 바로 틀에 부어 넣고 굽기를 해야 한다.

5) 전분

부드러운 스펀지를 만들기 위해서는 밀가루 글루텐을 억제해야 하는데, 그것을 위해서 밀가루의 일부를 전분으로 바꾸어 사용하는 것이다. 전분을 박력분 대신 12%까지 대처하여 사용할 수 있다. 전분에는 단백질이 대부분 들어 있지 않아서 글루텐의 형성은 되지 않는다. 밀가루와 함께 사용하는 전분에는 밀전분, 옥수수전분, 감자전분 등이 있으나, 미각적으로는 밀가루 전분이 제일 우수하며 감자 전분은 조금 입자가 굵다.

6) 코코아, 초콜릿

초콜릿 맛의 스펀지를 만드는 데에는 보통 밀가루 일부를 코코아 파우더로 바꾸어 배합에 쓴다. 표준으로는 밀가루의 20~30% 정도이고 사전에 밀가루와 함께 체질해 둔다.

코코아 파우더에도 20% 지방분이 들어 있고 이것이 혼입되는 것에 의해 달걀의 기포는 깨지기 쉽게 된다.

그런 까닭에 섞을 때에는 주의가 필요하다. 코코아 파우더를 사용하지 않고 쿠베르츄르 초콜릿을 녹여 반죽에 넣는 배합도 있다. 이때도 초콜릿 30%이상의 지방분이 들어 있으므로 코코아 파우더보다 더욱 취급이 어렵게 된다.

혼입의 방법은 버터와 비슷하다. 초콜릿을 스펀지에 넣는 경우에도 버터와 달리 너무 뜨겁게 하지 않고, 특히 겨울철에는 반죽 자체의 온도가 낮으면 혼입한 초콜릿이 잘 섞이지 않고 굳어져 버리므로 주의해야 한다.

7) 넛류

넛류가 들어간 스펀지는 상당히 풍미가 좋게 된다. 그러나 풍미가 좋게 된 만큼 가격도 올라간다. 이 때문에 고급적인 스펀지이다. 분말상으로 갈은 것을 사용하는 것이 많으나 설탕과 함께 롤러에 갈아 페이스트상으로 한 것, 즉 마지팬을 사용한 것도 있다.

넛류가 들어간 스펀지 반죽은 기포가 깨지기 쉽고 구운 후 무겁게 되므로 공립법보다 별립법 반죽으로 만드는 것이 좋다. 넛류량이 많으면 거기에 따라 스펀지도 무거운 것이 되는데 넛의 독특한 풍미와 입맛을 충분히 보충한다. 사용하는 넛류는 아몬드가 제일 많고 헤즐넛, 호도가 그 다음 순서이다. 넛류를 사용한 스펀지에서는 그 넛을 크림이나 양주를 사용하여 마무리하는 것이 많다.

8) 착향료

스펀지의 착향료로 많이 사용하는 것은 바닐라이다. 바닐라스틱은 갈라 씨를 꺼내 그것을 설탕과 합친 것을 바닐라 슈가라고 한다. 이 바닐라 슈가를 스펀지 반죽안의 설탕과 일부 바꾸어 사용하면 좋다. 레몬을 사용하는 경우도 있다. 이 레몬은 향을 내기 위해 넣는 것으로 산미를 위해서가 아니라 향이 강한 표피를 갈아 넣는다. 이와 같이 오렌지를 이용할 수도 있다.

9) 팽창제

스펀지에 팽창제를 첨가하는 것은 첫째, 달걀의 배합량이 적은 경우이고 기포력의 부족을 보충한다. 둘째, 유지가 들어간 넛류의 혼합량이 많을 경우에 부풀음을 좋게 하기 위해 팽창제를 넣는 것이었다. 사용하는 팽창제는 탄산수소나트륨이나 베이킹파우더가 일반적이다.

10) 우유

수분함량을 조절한다.

11) 소금

맛을 낸다. 사용량에 주의한다.

5. 스펀지 반죽(Sponge)

1) 제품별 제법

프랑스에서는 스펀지를 파트·비스큐이(Part·Biscuit) 또는 간단하게 비스큐이(Biscuit)라 부른다. 독일에서는 비스큐이 맛세(Biscuit masse)라 부른다.

이런 기본적인 스펀지 반죽의 제법이외에도 이것으로 파생된 반죽제법이 몇 가지 있다. 또한 풍미를 변화시키기 위해 밀가루의 대신으로 아몬드 헤즐넛의 분말 또는 페이스트를 밀가루의 일부 또는 대부분을 바꾸어 넣든지 커피, 코코아 그 외 넛트류를 넣는 등 여러 가지 종류의 스펀지 반죽을 만들고 있다.

스펀지 반죽은 달걀에 설탕을 넣고 거품 올려 이것에 의해 밀가루를 혼합하는 것이다.

스펀지 반죽의 만드는 법에는 크게 2가지로 나눌 수 있다. 그것은 달걀의 거품을 올리는 순서에 의하는데, 하나는 공립법이라 부르는 것으로 전란을 거품 올리는 법이다. 이때 중탕하여 열을 가열하면서 거품을 올리는 작업을 핫 스펀지라고 한다.

다른 하나는 별립법이라 불리우는 것으로 달걀을 흰자와 노른자로 나누어 거품을 올린다. 이것들은 열을 가열하지 않고 거품을 올리므로 콜드 스펀지라고 한다.

또한 공립법의 경우 스위스나 프랑스 등에서는 열을 가열하여 만든 스펀지를 제노와즈라 하고 열을 가하지 않고 거품을 올린 스펀지를 비에노와즈라고 구별하고 있다. 스펀지의 제품은 공립법과 별립법 모두 만들 수 있고 각각 장점과 단점이 있으므로 경우에 맞추어 선택할 필요가 있다.

(1) 공립법

① 공립법의 정의

공립법은 달걀을 한번에 거품 올리므로 보다 간단하게 보이지만, 중탕해야 하고 거품 올리는 시간도 길게 걸리므로 작업면에서는 별립법과 큰 차이는 없다.

② 공립법의 장·단점

㉠ 장점

- 전란을 설탕과 함께 데워가면서 거품 올리므로 재료의 친화성이 좋다.
- 설탕의 보수성이 최대로 발휘되어 촉촉함이 좋은 스펀지를 만들 수 있다.

㉡ 단점

- 기포가 너무 굵어 기포력이 떨어진다.
- 짜서 굽는 제품에는 적합하지 않다.

③ 공립법 공정순서

㉠ 볼에 전란과 설탕을 깨서 가볍게 젓어 올린다.

㉡ 이것을 중탕하면서 거품올리는 작업을 한다.

㉢ 반죽을 40℃까지 가열되면 중탕에서 내려 열이 빠질 때까지 젓어 충분히 거품을 올린다.

㉣ 밀가루를 넣고 나무주걱을 사용해 골고루 섞는다.

㉤ 틀에 부어 넣는다.

㉥ 180℃ 오븐에서 30분 정도 굽는다.

(2) 별립법

① 별립법의 정의

별립법은 달걀을 흰자와 노른자로 나누어 각각 거품올린 뒤 합쳐 반죽을 만드는 제법이다.

② 별립법의 장단점

㉠ 장점

- 부피가 큰 제품을 얻을 수 있다.
- 기포가 안정되고 팽창이 좋다.

㉡ 단점

- 시간이 오래 걸린다.
- 작업공정이 복잡하고 기계나 도구사용이 증가한다.

③ 별립법 공정순서

㉠ 별립법

- 달걀을 흰자와 노른자로 분리한다.
- 볼에 노른자와 설탕 전체량의 2/3을 넣고 하얗게 될 때까지 젖어서 거품 올린다.
- 다른 볼에 흰자를 넣고 나머지 설탕 1/3을 넣고 거품의 뿔이 생길 정도로 거품 올린다.
- 거품 올린 노른자에 흰자 1/3정도를 넣고 나무 주걱으로 섞는 다음 나머지 흰자 전부를 넣고 섞는다.
- 밀가루를 넣고 섞은 다음 우유, 녹인 버터, 바닐라오일 등을 넣고 섞은 후에 틀에 넣는다.
- 170~180℃에서 25분~30분간 구어 낸다.
  - 반죽 온도 : 22~24℃
  - 반죽비중
  - 팬닝
    - 팬 용적의 50~60% 정도 채운다.
    - 원형팬 : 데크레이션 케이크, 평철판 : 롤케이크, 각종 양과자류
    - 팬 준비 : 종이 깔기, 기름칠, 버터칠+밀가루 칠
    - 팬에 부어 넣은 후에 즉시 구어야 거품이 꺼지지 않고 부풀음이 좋은 제품이 된다.
  - 굽기
    - 반죽량이 많거나 틀이 높을 경우 : 180~190℃, 25~30분
    - 얇은 스펀지 : 200~220℃
    - 수축 방지책 : 오븐에서 꺼내 바로 두들겨서 쇼크를 준 다음 틀에서 바로 꺼내 식힌다.

② 1단계법(올인법)

㉠ 1단계법(올인법) 정의

이것은 전 재료를 모든 동시에 혼합해 반죽을 만드는 방법이다.

믹서에 유화제, 기포제를 넣을 필요가 있다.

㉡ 굽는 공정

- 철판, 굽는 틀을 용의해 종이를 깔고 반죽을 부어 넣는다.
- 오븐 온도는 160~180℃ 유지가 많은 배합의 반죽은 조금 낮은 온도에서 굽는다.
- 구어졌다는 확인은 표면을 가볍게 눌러본다. 손으로 누른 부분이 원위치로 돌아오지 않으면 안된다. 손으로 눌러서 자국이 남아있을 때에는 아직 구어지지 않았다.

6. 제법상의 요점

달걀에 설탕을 넣고 저어주면 달걀에 들어 있는 단백질이 수분에 녹아져 설탕과 함께 공기를 싸안아 점점 더 정밀한 기포를 만든다.

이 안에 채로 친 밀가루를 분산시키면서 신중하게 혼합한다.

그러므로 적당한 글루텐의 형성이 이루어진다. 틀에 넣은 후 오븐을 가열하면 반죽의 바깥에서부터 점점 따뜻해져 반죽에 들어 있는 적은 기포가 열에 의해 팽창되어 또한 물에 의한 증기가 발생되어 기포의 팽창이 촉진된다.

적당한 크기의 오븐에 반죽을 넣어 적절한 온도로 구우면 반죽에서 나오는 증기가 오도되어지면 전분이 호화 글루텐과 달걀이 굳어져 딱딱한 내상이 되어진다.

반죽의 외측의 온도가 상승함으로써 당분과 단백질(아미노산)에 의한 메일라이드 반응이라는 화학반응과 설탕에 의한 카라멜화가 일어나 갈변하여 향기로운 맛과 향과 쓴맛이 생성된다.

1) 혼합의 순서

기본적인 배합에서는 혼합의 순서는 앞장과 같다. 그것 이외의 재료를 넣는 경우는 각각 혼합의 순서가 있으므로 그것에 맞는다. 먼저 가루류는 원칙적으로 밀가루와 함께 체질하여 넣는다. 그러나 넛류는 설탕과 함께 넣는 경우도 있다. 또한 마지팬 등 페이스트 상태가 되어 있는 것은 사전에 소량의 노른자로 부드럽게 해두어 그것을 남은 노른자, 설탕과 함께 거품 올린다.

유지는 밀가루를 넣기 직전에 넣는다. 유지는 달걀의 기포를 파괴하므로 유지를 혼입한 후 될 수 있는 한 반죽을 많이 섞지 않도록 한다. 밀가루에 글루텐이 나오지 않도록 마지막에 넣으나, 이것도 반죽이 골고루 섞으면 필요이상 젓지 않아도 된다.

달걀의 배합량이 적은 스펀지는 물이나 우유가 들어가는 때도 있으나, 이것은 수분을 더해 반죽을 가볍게 하기 때문이므로 공립법에서 전란을 별립법에서는 노른자를 각각 섞는다.

2) 반죽의 온도

공립법에서는 전란을 거품 올릴 때 열은 가열하는 법을 하지만 이것은 노른자에 들어 있는 지방분이 나쁘게 되어 있는 달걀의 기포성을 개선하기 위한 처리이다.

거품 올리는 작업을 마친 시점에서의 반죽의 온도는 실온에 따르지만 보통 25℃ 전후가 된다. 또한 별립법에서는 달걀에 열을 가열하지 않으므로 거품의 기공이 조밀하게 하기 위해 흰자를 차게 하는 것도 있으며 반죽의 온도는 낮다. 거기에 신경써야 할 것은 녹인 버터를 넣는 경우 버터의 온도가 낮으면 반죽을 섞을 때 딱딱하게 되고 골고루 섞이지 않는다.

그렇기 때문에 조금 뜨겁게 하여 버터를 넣어야 한다.

7. 스펀지의 굽기

스펀지의 굽기는 어떤 형태에 넣느냐에 따라 변한다. 틀에 부어 굽거나 평평한 철판에 부어 시트상으로 굽는다. 짤 주머니를 사용하여 여러 가지 형태로 짜서 굽는 등 각각의 방법에 따라 오븐의 온도, 굽는 시간, 윗불 아랫불의 조절 등이 다르다.

틀에 부을 때에는 천천히 조심스럽게 한다. 시트에 부어 넣을 때도 마찬가지이다. 반죽은 스스로 퍼져 나가도록 카드로 펼치는 작업도 있다. 짤 때에는 더욱 주의가 필요하다. 반죽이 좁은 짤 주머니를 통할 때 어쩔 수 없이 기포가 파괴되기 쉽게 한다. 짤 주머니용의 스펀지 반죽에서는 별립법에 의해 흰자를 튼튼하게 거품을 올려야 하며 짤 때에도 짤 주머니에 많은 반죽을 넣지 않고 소량씩 몇번이고 나누어 짜는 것이 좋은 제품을 얻을 수 있다.

틀에 넣고 굽는 경우 틀의 밑에 종이를 깔고 반죽을 부어넣는 법과 틀에 버터를

칠하고 밀가루를 굽는 법이 있다. 이것은 프랑스에서는 블 파리뉴(buerre farinee)라고 한다. 종이를 까는 법에는 틀에서 빼내기 쉽고 꺼낸 후에도 잘 건조하지 않는 장점이 있는 반면에, 차게 된 후 수축하기 쉬운 단점이 있다.

반대로 측면을 블 파리뉴로 한 경우는 식을 때까지 틀에 넣어 두면 수축하는 것을 방지하는데, 옆에 붙은 면을 칼로 잘라 틀에서 꺼내야 하므로 측면이 깨끗하지 않다.

시트로 구울 때에는 오븐에 넣기 직전에 표면에 분무기로 물을 뿌려두면 표면이 빨리 건조해 껍질이 두껍게 되는 것을 방지할 수 있다.

짜서 굽는 스펀지 제품에는 비스큐이 반죽처럼 굽기 전에 표면에 분당을 뿌리는 것도 있다. 이것에 의해 제품의 표면에 펠루(perle : 진주)라 불리는 아름다운 모양을 낼 수도 있다.

(1) 스펀지의 굽기

① 반죽을 두껍게 굽는 것 일수록 낮은 온도에서 시간을 오래 굽는 것이 원칙이다.

② 틀에 넣고 굽는 스펀지는 온도 170~180℃로 윗불을 조금 강하게 오븐에 넣고 반죽이 부풀고 구운 색이 나올 정도에서 윗불을 낮춘다.

③ 처음부터 밑불은 강하게 구우면 중앙이 너무 부풀게 되고 경우에 따라서는 윗면이 갈라질 수 있다.

④ 시트 상태로 굽는 스펀지에서는 두껍게 굽거나 얇게 굽는가에 따라 다르다.

⑤ 두껍게 굽는 경우, 틀에 넣고 굽는 것이 많지만 얇게 굽는 경우에는 180~200℃ 오븐에 넣는다. 그리고 높은 온도에서 단시간 굽기 한다. 낮은 온도에서 시간을 오래 구우면 건조해버려 바삭거리는 스펀지가 되기 때문이다.

짜는 스펀지는 200~220℃ 오븐에서 윗불을 강하게 굽는다. 스펀지 제품은 구워지면 바로 밑 종이가 붙은 채로 나무상자에 넣고 뚜껑은 덮어 1일 정도 놓아두면 수증기를 흡수하여 촉촉하게 된다.

8. 스펀지의 응용

스펀지의 응용범위는 넓으며 그것에는 몇 가지 종류로 나눠진다.

① 틀에 굽는 것 : 데크레이션 케이크 받침, 토르테류, 알뤼메트류(직사각형으로 잘라 구울 것)

② 시트상에 굽는 것 : 슈니테, 상자케이크, 롤케이크

③ 짜서 굽는 것 : 비스퀴 아 · 라 · 큐엘, 휭가 비스켓, 샤를로트의 케이크

1) 젤리 롤(jelly roll)

(1) 젤리 롤의 정의

일명 롤 케이크이며 스펀지 계통의 반죽에 크림이나 잼류를 칠해 둥근 봉 상태로 말은 과자이다. 젤리란 ① 겔 상태의 단백질 ② 젤라틴, 펙틴, 한천, 알긴산 등의 콜로이드성 응고제를 넣어 굳힌 식품을 뜻한다.

젤리 롤, 초콜릿 스펀지케이크의 배합으로 만들고 달걀, 설탕은 만들고자 하는 제품에 따라 배합량을 200%까지 조정할 수 있다.

(2) 젤리 롤의 종류

젤리롤, 초콜릿 롤, 건포도롤, 생크림 롤 등이 있다.

(3) 젤리롤 제법

배합공정 롤 케이크 반죽의 기초배합

달 걀 100g 100g 100g 설 탕 100g 60g 40g

밀가루 60g 400g 26g

(유지량은 공립법의 경우 설탕의 80%까지, 별립법의 경우 설탕의 50%까지 넣을 수 있다)

반죽하는 방법은 스펀지 롤 반죽과 같다.

① 스펀지 만드는 법과 동일하다.

② 평 철판에 종이를 깔고 반죽을 부어 넣는다.

③ 반죽 두께가 평균적으로 동일하도록 일정하게 펴준다.

④ 밑 철판을 깔고 200~220℃(204~213℃)오븐에서 구어 준다
반죽 두께에 따라 굽는 시간을 조절한다.

⑤ 마무리: 잼, 젤리, 과일류, 기타 충전물 이용, 분당, 설탕, 코코아, 초콜릿을 뿌려 장식한다.

(4) 젤리롤에 있어서 주의할 점

① 오버베이킹, 언더베이킹에 주의한다.

② 수분 손실 및 수축방지 : 구워낸 후 물에 적신 수건을 덮어준다.

③ 잼, 젤리 사용 : 뜨거울 때, 냉각 후 2가지 방법으로 말아 준다.

④ 생크림, 버터크림 사용 : 냉각 후 사용(크림이 녹지 않도록 하기 위해)

⑤ 젤리롤의 이음새 부분은 반드시 밑바닥에 가도록 한다.

(5) 젤리롤의 결점 및 방지책

① 터지는 결점 방지

㉠ 설탕 일부와 물엿을 대처 사용한다.

㉡ 전란 증가, 노른자 감소한다.

㉢ 덱스트린의 점착성을 이용한다.

㉣ 팽창 감소시킨다. 거품 줄인다.

② 케이크, 젤리롤이 축축한 원인

㉠ 수분 과다, 언더베이킹(고운 단시간 굽기)

㉡ 팽창 부족할 때

㉢ 조직이 치밀하고 습기가 많을 때

③ 방지책

㉠ 물 사용량을 감소(수분 감소)한다.

㉡ 믹싱 증가, 팽창을 증가한다.

㉢ 적절한 굽기를 한다.

(6) 굽기 공정

① 엷은 반죽을 전체를 오븐 온도 200℃의 온도로 단시간에 굽는다.

② 윗불로 먼저 표면에 구운 색을 내어 수분의 증발을 억제한다.

③ 밑불이 강하면 밑면에서 구운 색이 나와서 말아줄 때 갈라지기 쉽다.

④ 구운 후 철판으로부터 즉시 나무 위에로 옮겨놓는다.

⑤ 열이 빠진 것은 상자에 넣고 덮든지 하여 축축해지길 기다린다.

⑥ 반죽을 평평하게 펴지 않으면 팔 때 롤의 좌우의 두께가 다르게 된다.

2) 건포도 롤

(1) 정의

건포도를 롤반죽에 섞고 넣은 롤케이크이다. 건포도 배합율은 취향에 따라 조절이 가능하다.

배합공정 철판 1장분

달걀 300g	설탕 150g	밀가루 150g
우유 40㎖	바닐라오일 소량	건포도 40g

▸마무리 재료 : 살구잼 설탕

① 공 정

㉠ 종이를 깐 철판위에 반쯤 파라핀지를 깐다.

㉡ 그 위에 건포도(물로 짤 씻어 수분을 제거)를 뿌린다.

㉢ 스펀지를 공립법으로 반죽해 ②위에 부어서 190~200℃ 오븐에서 구어 낸다.

② 마무리 공정

살구잼을 발라서 파라핀지를 붙인 채 만다.

종이를 빼고 전체에 설탕을 뿌려서 3cm 폭으로 자른다.

* 건포도는 27℃의 물에 담갔다가 사용하면 마르지 않고 씹힘성이 좋다.

3) 롤 케이크

(1) 정의

생크림, 버터크림 등을 내용물로 하여 만든 롤케이크이다.

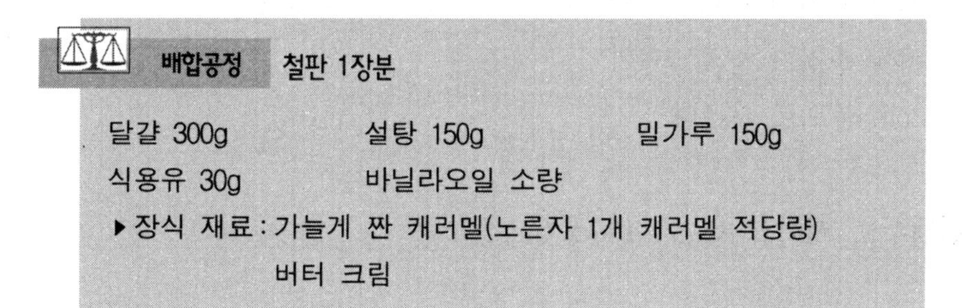

배합공정 철판 1장분

달걀 300g	설탕 150g	밀가루 150g
식용유 30g	바닐라오일 소량	

▸장식 재료 : 가늘게 짠 캐러멜(노른자 1개 캐러멜 적당량)
버터 크림

① 반죽 공정

㉠ 스펀지를 공립법으로 반죽해 종이를 깐 철판에 부어 넣는다.

㉡ 가늘게 짤 캐러멜을 1.5~2cm 간격으로 짜서 대나무 요지로 모양을 낸다(철판의 2/3 정도까지 짠다).

㉢ 190~200℃ 오븐에서 구어 낸다.

② 마무리 공정

버터크림을 안면에 발라서 모양이 없는 쪽부터 말아간다. 3cm 폭으로 자른다.

4) 초콜릿 롤

(1) 정의

반죽에 초콜릿을 녹여 넣거나 코코아를 넣어 만든 롤케이크이다.

배합공정

달걀 280g	설탕 140g	밀가루 100g
코코아 15㎖	우유 20㎖	버터 30㎖
바닐라 오일 소량		

▸마무리 재료 : 버터 크림 코팅 초콜릿(스위트)

① 반죽공정

버터스펀지를 공립법으로 반죽해 190~200℃의 오븐에서 구어 낸다.

② 마무리공정

㉠ 스펀지에 버터크림을 발라서 말은 다음 휴지시킨다.

㉡ 표면에 엷게 버터크림을 칠한 뒤 초콜릿을 코팅한다.

㉢ 코팅 초콜릿을 코팅한다.

㉣ 3cm 폭으로 자른다.

5) 엔젤푸드 케이크(Angel food Cake)

(1) 엔젤푸드 케이크의 정의

천사의 케이크의 이름을 지닌 미국의 대표적인 케이크의 하나이다.

달걀의 흰자를 단단하게 거품올려 만든 것으로 구워낸 단면이 하얀색으로 엔젤(천사)이란 이름이 붙였다. 엔젤푸드 케이크의 마무리는 표면에 버터크림 또는 거품올린 생크림을 사용하여 하얗게 장식한다.

배합공정

흰자 100%	흰자 45%	설탕 50%
설탕 30~42%	주석산 0.5%	주석산 0.5%
소금 0.5%	소금 0.5%	박력분 67%
박력분 15~18%	베이킹파우다 0.1%	녹인 버터 33%

① 배합 결정

흰자, 설탕, 밀가루 사용량을 결정한다.

주석산 크림+소금 합계 1% 이하로 한다.

설탕 : 100-(흰자+밀가루+1)

설탕은 2/3 입상형, 설탕, 1/3은 분당을 사용한다.

(3) 재료

① 밀가루

㉠ 특급 박력분 사용한다(회분함량 0.3 이하, 단백질이 낮은 연질 소맥 사용).

㉡ 전분을 30%까지 박력분과 대처하여 사용할 수 있다.

㉢ 표백이 잘된 밀가루를 사용한다.

② 흰자

㉠ 기름기, 노른자가 섞이지 않을 것(거품이 생기지 않는다)

㉡ 신선하고 고형질 함량이 높을 것이 좋다.

③ 설탕

㉠ 감미, 연화작용을 한다.

㉡ 머랭을 만들 때 설탕의 2/3를 입상형(설탕)사용한다.

㉢ 1/3분당 사용한다.

㉣ 머랭 만들 때

㉮ 설탕량 과다 : 흰자의 공기융합 불안정, 흰자 거품 형성 과다이다.

㉯ 설탕량 부족 : 거품에 힘이 없고 거품량이 적다.

* 머랭이란 : 흰자에 설탕을 넣어 거품 올린 후 짤 깍지로 짜서 구운 과자이다.

④ 주석산 크림 : 0.5% 사용한다.

㉠ 산 작용제로 흰자의 알카리성을 조화시킴

㉡ 흰자를 강하게 한다.(산도를 높여(pH수치 낮춤) 등전점에 가깝도록 한다).

㉢ 거품이 잘생기고 거품, 머랭을 튼튼하게 한다.

㉣ 거품색을 희게 한다(pH가 낮아지면 밝은 흰색).

⑤ 소금 : 0.5% 사용한다.

㉠ 흰자의 거품을 강하게 한다.

㉡ 맛과 향을 낸다.

⑥ 기타 재료

㉠ 오렌지 필(껍질) 10% 첨가 사용 : 흰자 10% 감소한다.

㉡ 레몬즙, 껍질 사용할 때 : 주석산 크림 불필요(동일 역할)하다.

㉢ 당밀 10% 사용할 때 : 설탕 6%, 흰자 4% 감소한다.

※ 당밀 : 사탕수수, 사탕무에서 얻어지는 결정되지 않은 시럽상태의 물질이다.

- 견과류(호도, 잣, 아몬드, 피칸)는 반죽의 10% 사용(견과 1 : 반죽 9)

(4) 공정

① 볼에 흰자를 넣고 거품을 올려 가면서 설탕, 주석산, 소금을 넣고 중속으로 거품을 올린다.

② 밀가루, 베이킹 파우다를 함께 채로 쳐서 ①에 넣고 섞는다.

③ 녹인 버터를 넣고 섞은 다음 틀에 넣는다.

(5) 믹싱방법

주석산을 먼저 넣고 믹싱하는 산 사전처리법, 나중에 넣는 산 사후처리법이 있다

① 산 사전처리법

㉠ 탄력있는 제품, 튼튼한 제품을 만들 수 있다.

흰자+주석산 크림+소금을 넣고 중속으로 믹싱 거품 올린다. : 젖은 피크 상태(1단계)

설탕 2/3를 넣고 거품을 70%(중간 단계)로 올린다(2단계)

1/3 설탕을 넣고 믹싱 후 채로 친 밀가루, 베이킹 파우다를 넣고 혼합한다.

엔젤팬에 물칠을 하고 반죽을 팬에 넣는다.

㉡ 엔젤팬에 기름 칠을 하면 엔젤푸드 케이크의 표면에 색깔이 나서 안된다.

② 산 사후처리법

㉠ 유연한 제품, 부드러운 기공과 조직이 있는 제품을 만들 수 있다.

흰자를 믹싱하여 30% 정도 거품(젖은 상태) 올린 머랭을 만든다.

설탕 2/3 투입하면서 70% 정도 거품을 올린다(중간 피크 상태)

밀가루+분당+주석산크림+소금을 넣고 골고루 혼합한다.

엔젤팬에 물칠을 하고 반죽을 팬에 넣는다.

㉡ 계란 흰자가 가장 거품을 잘 일으킬 수 있는 최적온도는 24℃(22~26℃)이다.

③ 반죽 온도의 영향

낮은 온도(18℃ 이하) : 부피가 작다. 기공과 조직이 조밀하다.

높은 온도(27℃ 이상) : 제품이 거칠다. 기공이 열리고 커다란 기포 형성

(6) 팬닝

① 팬의 60~70%를 넣는다.

② 짤 주머니, 주입기 이용 주입한다.

③ 팬 내부에 물칠한다(기름칠은 안된다 : 껍질 색이 나서 하얀색이 나오지 않으므로).

(7) 굽기

제품 크기, 분할 중량에 따라 다소 차이가 있다.

① 오븐 온도 : 160~180℃(200~219)

② 굽는 시간 : 40~45분(30~45분)

③ 굽기 주의할 점

㉠ 오븐에서 꺼내면 바로 틀에 뒤집어 놓은 채로 식힌다.

㉡ 케이크를 틀에서 빼낼 때 겉껍질은 팬에 붙고 속만 빠진다.

㉢ 케이크틀은 바로 물에 담가 씻는다.

㉣ 오버 베이킹, 언더 베이킹에 주의한다.

7) 카스테라

(1) 카스테라의 정의

카스테라는 스펀지케이크의 하나이다. 에스파냐 지방의 옛 이름인 카스티야(Castilla)지방의 과자 비스코쵸(Bizcocho)를 가리켜 포르투갈에서 가토드 카스티유(가스티야 지방의 과자)라고 불렀다. 이것이 16세기 일본에 전래되어 카스테라로 정착되었다. 카스테라는 공정이 오래 걸리고 또 복잡하다.

(2) 카스테라의 특징

결이 곱다. 먹었을 때 부드럽다. 영양가가 높고 촉촉함이 있다.

(3) 카스테라 배합공정

배합공정

전 란 2000g 200%	설 탕 1000g 100%
굵은 설탕 1000g 100%	꿀 150g 15%
물 엿 330g 33%	미 링 90m 9%
물 90ml 9%	박력분 1000g 100%

만드는 법

① 전란을 거품 올린다.
② 어느 정도 거품 오르면 설탕, 굵은 설탕과 꿀을 넣고 다시 거품 올린다.
③ 물엿과 미링, 물을 넣는다.
④ 밀가루를 넣고 가볍게 섞는다.
⑤ 사전에 나무틀에 종이를 깔아 준비해 둔다.
⑥ 오븐에 넣는다.
⑦ 표면에 가볍게 건조하면 제1차 거품 제거를 한다.
⑧ 다시 오븐에 넣고 표면의 건조상태를 보고 제2거품 제거를 한다. 이 거품 제거를 다시 한번(총 3회) 반복해서 한다.
⑨ 표면에 구운 색이 나면 오븐에서 꺼내 나무상자와 반죽의 사이에 칼집을 넣는다.
⑩ 나무상자를 하나 더 올리고 그 위에 철판으로 뚜껑을 덮는다.
⑪ 다시 오븐에 넣는다.
⑫ 약 40분 정도 되면 오븐에서 꺼내 위의 철판을 벗기고 나무틀에 다시 한번 칼집을 넣는다.
⑬ 상하 반대로 하여 나무틀을 꺼내고 측면의 종이를 떼어 낸다.
⑭ 다시 뒤집어 구운 색이 난 부분을 위로하여 카스테라 칼로 자른다.

거품 제거 작업

카스테라를 굽기하는 공정 중에서도 제일 중요하고 어려운 것이 거품 제거이다. 이것은 굽기 도중에 반죽을 오븐에서 꺼내 표면을 헤라나 주걱 등으로 젖혀서 반죽중의 기포를 세분화하는 것이다. 이 작업에 의해 카스테라 독자의 가는 기공과 부드러움을 만들어 낸다. 거품 제거에는 보통 굽기 중에 세 번 하는데, 이 거품 제거를 하는 시간성과 거품제거 방법을 습득하는 데에는 상당한 경험이 필요하다. 거품 제거에 사용하는 도구도 기술자에 따라 여러 가지가 있다.

제2절 버터케이크(Butter cake)

1. 버터케이크의 역사

버터 등의 유지를 사용해 제조한 것을 버터케이크 반죽이라고 부르는 습관이 있다. 버터케이크는 본래 영국에서 발전한 과자이다. 그렇기 때문에 프랑스나 독일에서도 Cake라는 명칭이 그대로 쓰이고 있다. 파운드케이크, 단디케이크 등 잘 알려진 버터케이크의 많은 것들이 영국에서 생겨난 것이다. 물론 영국 이외의 나라에서도 독자적으로 만들어낸 버터케이크는 많다. 예를 들어 프랑스의 마들렌, 독일의 바움쿠헨, 스위스의 레류겐 등의 제품이 그것이다. 그러나 영국의 버터케이크의 종류가 제일 많고 많이 연구되어 있다.

2. 버터케이크의 정의

유지, 설탕, 달걀, 밀가루 등 4종류를 1파운드(454g)씩 넣어서 만들어지므로 「파운드 케이크라고도 한다.

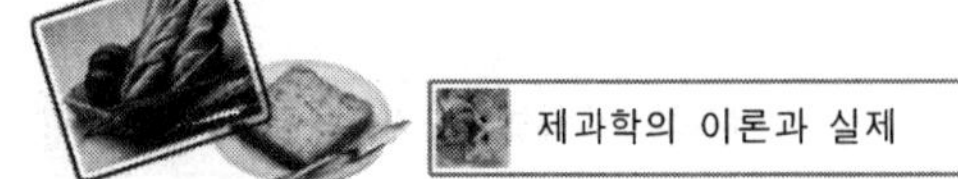

A.R 다니엘의 저서인 「The Baker's Dictionary」에 의하면 버터케이크는 밀가루, 유지, 설탕, 달걀로 만든 반죽을 오븐에 구운 것이라 정의되어 있다.

반죽의 안에 반드시 유지가 혼입이 된다. 유지에 의한 공기팽창을 기본으로 하고 달걀과 팽창제에 의한 증기팽창이 보조된다. 틀에 부어 구워낸다.

3. 버터케이크의 분류

버터케이크의 분류에는 스펀지 반죽과 같이 배합에 의한 분류, 제법상의 분류등 2가지 면에서 생각할 수 있다. 배합에 의한 것은 버터케이크는 과일이 들어가는 것과 들어가지 않는 것으로 분류할 수 있다.

1) 배합에 의한 분류

① 버터케이크

버터케이크의 기본적인 원재료는 밀가루, 유지, 설탕, 달걀이 있다. 이 4가지 재료는 1파운드(454g)씩 동량을 사용하여 구운 버터케이크가 파운드케이크인 것도 유명하다.

이 케이크는 프랑스에서는 Quatre-Quarts라고 부르고 있다. 4가지 재료를 각각 4분의 1씩 넣었다는 의미이다.

4가지 재료의 증감의 조절에 의해 많은 배합이 만들어지고 있다.

② 과일케이크

과일류가 많이 들어간 고급스런 버터케이크는 영국의 전통적인 제품이다. 크리스마스 케이크와 파티케이크, 웨딩케이크 받침용으로도 쓰이고 있다 이외에 단품으로 팔리는 과일 케이크의 종류도 많이 있다.

단디케이크, 시무날케이크가 대표적이다. 밀가루 대신 넛류 분말을 사용하는 케이크도 있다.

밀가루 일부를 바꾸는 것에서 밀가루를 사용하지 않고 넛류만 사용하는 것, 그 배합은 여러 가지가 있다. 그리고 여기에 과일류가 들어가는 배합도 물론 있다.

③ 단디케이크(Dundee cake)

단디라는 스코틀랜드의 동해안에 있는 마을로 이것은 그 마을에서 만들어진 케이크이다.

이 마을에서는 예부터 제조과정에서 생기는 작은 오렌지 필을 이용하여 19세기에 이 과자가 만들어졌다고 한다.

2) 제법상의 분류

크림법(슈가 뱃터법)과 블랜딩법(훌로와 뱃터법)이 잘 알려져 있다. 다른 법은 양자의 장점을 따온 크림(슈가), 블랜딩(후로와 뱃터법)을 시작으로 블랜딩법, 1단계법(올인법), 연속 믹싱법 등 몇 가지 제법이 있다.

4. 버터케이크의 수준

버터케이크는 버터의 양이 많고 내상이 촉촉하고 무거운 느낌을 주고 보존성이 좋다. 버터케이크의 반죽의 배합에 관해서는 고급적이라는 표현이 많이 쓰인다. 이것은 유지나 설탕, 넛류 등 칼로리가 높은 재료의 배합량에 관계하기 때문이다. 이것과는 별도로 라이트, 미디엄, 헤비라는 분류법도 있다.

이것은 반죽 전체에서 차지하고 있는 수분량에 대응하는데 과일 케이크의 경우는 반죽에 혼합되는 과일류의 양을 나타내는 것이다.

일반적으로 버터케이크는 고급배합으로 만들수록 또는 제품의 무게가 무거울수록 고급적이고 높은 가격으로 팔리고 있다.

5. 버터케이크의 배합과 기본

1) 배합작성을 위한 기본원리

버터케이크 뿐 아니라 과자의 배합은 최초의 이론이고 필연적으로 도출된 것이 아니고 오랫동안 기술자들의 시행착오를 거쳐 얻어진 결과적인 산물이다.

그런 까닭에 기본배합이라고 하여도 모든 배합의 중심을 차지하는 절대적인 것보

다도 아마 많은 배합 중에서 제일 단순한 것이다.

배합공정

밀가루 450g 100%　버 터 450g 100%
설 탕 450g 100%　전 란450g 100%

파운드케이크의 배합이다. 파운드 배합에도 여러 가지가 있으나 가장 간단한 것이다. 영국의 제과서적에 의해 나와 있는 규칙을 간단하게 설명해보면 다음과 같다.

① 유지의 배합량은 밀가루 1파운드(454g)에 최저 56g이고 최고는 동량까지이다.

② 유지의 분량과 달걀의 분량의 비율은 1 : 1.25가 되는 것이 최적합이다.

③ 달걀: 동 종량이내의 밀가루의 기포를 줄 수 있다. 즉 밀가루 분량이 달걀을 넘을 경우에는 초과분의 밀가루의 거품팽창을 하기 위해 팽창제의 사용이 필요하다.

④ 밀가루의 달걀에 대한 초과중량 2.5~5%가 최적합이다. 밀가루의 분량이 달걀의 분량보다 많을 경우에는 초과분의 90%의 양의 수분을 보충해주어야 한다. 이 수분은 물, 우유 등이 쓰인다.

⑤ 설탕 : 분량은 반죽 전체의 20%가 적절하다.

⑥ 유지 : 분량은 달걀 분량 및 설탕의 분량을 초과해서는 안 된다.

⑦ 설탕의 분량은 전수분량을 넘어서는 안 된다.

이 법칙은 물리화학의 법칙과 다르다. 많은 제과기술자들의 경험에 의해서 오랫동안에 걸쳐 만들어 낸 것이다. 그런 까닭에 각각의 수치에 대해서는 과학적인 근거를 찾는 것도 의미가 없다. 이 규칙에 맞추어 자신에 맞는 용도에 맞추어 버터케이크의 배합을 만들 수 있기 때문이다. 물론 버터케이크의 배합에 이 규칙이 해당되는 것이, 아니고 이 규칙에 맞는 배합이 아니면 버터케이크를 만들 수 없는 것도 아니다. 이것은 안정된 배합을 작성하기 위한 일종의 안내 점을 나타낸 것이라 할 수 있다. 그러나 무엇이든 먼저 기본부터 시작하는 철칙이 있다. 여기에 이해하기 쉽게 위의 규칙을 숫자로 나타내어 보았다.

2) 배합의 기본

밀가루분량(F)×0.12<유지의 분량(B)<밀가루분량 초과분 수분량(w)

=밀가루 분량(F)-전란의 분량(E))×0.9 팽창제의 분량(p)

=(밀가루 분량-전란의 분량)×0.05

설탕의 분량(s)=(밀가루 분량+유지의 분량+전란의 분량+초과수분량) ÷ 4

밀가루 400g, 버터가 280g의 버터케이크의 배합을 만들면?

전량의 분량=280×1.25=350g

초과 수분량=(400-350)×0.9=45ml

팽창제의 분량=(400-350)×0.05=2.5g

설탕의 분량=(400+280+350+45) ÷ 4=270g

즉 버터케이크의 배합은 다음과 같다.

배합공정

밀가루	400g	100%	버 터	280g	70%
설 탕	270g	67.5%	전 란	350g	87.5%
우 유	45ml	11.25%	B.P	2.5g	0.6%

밀가루 600g으로 전란 500g의 버터케이크를 만들 경우 배합을 만들면?

버터의 분량 500 ÷ 1.25=400g

초과 수분량(600-500)×0.9=90ml

팽창제의 분량(600-500)×0.05=5g

설탕의 분량(600+500+400+90) ÷ 4=397. 5g

배합공정

밀가루 600g 100%	버 터 400g 66.7%	설 탕 397.5g 66.25%
전 란 500g 83.3%	우 유 90ml 15%	B . P 5g 0.83%

위의 규칙에 앞서 「배합A」의 파운드 케이크를 보면 이 배합이 최소한의 원재료를 실로 효율적으로 배분하였고 합리적이며 이상적인 것을 알 수 있다. 규칙을 그대로 적용하면 버터를 360g까지 낮출 수 있는 것이며 그것을 밀가루와 같은 양으로 하고 전란 양을 적게 하는 것에 의해 여분의 수분과 팽창제의 사용을 0%로 억제하고 있다. 즉 풍미에 대해 최대한의 것을 얻을 수 있다.

또한 배합의 작성에 부과하는 중요한 점은 배합을 만들면 반드시 만들어 보아 그 결과를 보고 분량을 조금씩 조정하는 것이다. 원재료의 성질에는 회사의 종류 보존 상태에 의해 미묘한 변화가 있다. 경우에 따라서는 그 차이가 제품에 무시할 수 없는 영향을 주는 것도 있다.

3) 배합의 균형

배합의 균형은 버터케이크를 구성하는 원재료의 분량을 어떤 비율로 하는가이다.

배합A는 합리적인 버터케이크의 배합이지만 규칙과 같은 수치가 아니다.

그러나 풍미의 점에서는 한층 개량되어 있다. 반대로 유지의 양을 최저로 한 배합을 만들면 달걀의 양이 줄고 다른 수분과 팽창제의 양이 늘어난다. 이 반죽을 구우면 버터케이크는 만들어지지만 풍미가 떨어진다.

① 달걀량

달걀량이 많으면 반죽이 고무처럼 입안에서 딱딱하게 되고 표면이 평평하게 되지 않고 부풀음도 나쁘게 된다.

② 수분량

수분량이 많으면 굽기 중에 잘 부풀지만 오븐에서 꺼낸 후 급속도로 처지고 측면과 안면이 수축하여 상하로 오므라드는 형태가 된다. 수분량이 적으면 밀가루 단백질과 열응고력을 충분히 얻을 수 없기 때문에 반죽은 잘 부풀지 않는다. 먹을 때 밀

가루 냄새가 풍기게 된다.

③ 설탕

설탕은 반죽의 부피를 크게 하는 역할을 나타내나 과다하게 되면 식은 후 중앙이 처진다. 또한 반죽의 표면이 끈적거리고 흰 반점이 생기게 된다.

설탕이 적으면 공기팽창에 의한 기존의 안전성이 떨어지기 때문에 부풀음이 나쁘게 된다. 또한 보습성이 나쁘게 되고 여분의 수분이 밑바닥에 뭉쳐 밑부분이 덜 구워지게 된다.

④ 유지

유지가 과다하면 제품이 묵직하고 식감도 기름기가 가득하게 된다.

유지가 적게 구워낸 반죽은 기공이 거칠고 광택이 부족하다. 또한 식감도 딱딱하게 된다.

4) 과일등의 배합

과일류는 반죽 중에 최대한 좋아하는 만큼 넣을 수 있다. 그러나 이 경우 과일류가 밑으로 처지지 않도록 반죽을 강하게 해야 하므로 밀가루나 달걀을 적정량 추가하거나 반죽을 보강한다. 또한 과일이 밑으로 가라앉지 않는 반죽의 강도를 얻기 위해서는 반죽의 pH가 낮은 것이 좋다. 그런 까닭에 과일이 밑으로 처짐으로써 원하는 과일 케이크가 만들어지지 않을 때에는 구연산이나 크림타과 등을 첨가하여 pH를 올리면 만들 수 있다.

과일케이크에 과일 배합량은 천차만별이다. 사용하는 과일은 건포도, 오렌지필, 레몬필, 체리, 잘게 자른 넛류, 생강 등이 있다. 이러한 종류는 물 또는 럼주에 적셔 놓은 것을 버터케이크 반죽에 혼합하고 있다. 그 혼합량은 케이크에 따라 다르지만 배분은 대부분 다음과 같다.

배합공정

제 품	반죽비율(%)	과일비율(%)
표준적인 과일 케이크	80	20
크리스마스 케이크	45	55
생일 케이크	50	50
웨딩 케이크	55	45

6. 버터케이크의 원재료

버터케이크에 사용하는 원재료는 밀가루, 유지, 설탕, 전란 등 4가지가 주로 이것의 필요에 따라 우유, 물, B.P가 첨가되어진다. 또한 제품을 개량하기 위해서는 과일이나 넛류, 코코아나 각종 향 및 향신료, 꿀, 물엿이 추가된다. 원재료에 대해 각각의 역할과 적성을 생각해보자.

1) 밀가루

버터케이크에 있어 밀가루의 역할은 먼저 제품을 튼튼하게 하고 형태를 주는 것이다. 이것은 밀가루 안의 단백질과 전분의 열응고에 의한 것으로 달걀의 배합량이 많은 반죽과 달리 버터케이크에서는 밀가루가 몸체를 형성하는 주원료가 된다. 그런 까닭에 버터케이크에서는 이 밀가루의 특성을 조절하는 것이 좋은 제품을 만드는데 중요한 점이라 할 수 있다.

버터케이크에 어떤 밀가루가 적합할 것인지는 다른 재료의 배분에 의해 변하게 된다. 그것은 결국 굽는 과자와 같이 밀가루에 들어 있는 글루텐의 문제에 귀착된다.

버터케이크의 경우 글루텐이 강하면 제품이 딱딱하게 되고 반대로 약하면 터지게 된다.

과일케이크에서는 글루텐이 약하면 굽기 중에 과일이 밑으로 가라앉기 쉽다.

유지가 밀가루의 50% 이하로 들어가지 않는 저급 과일케이크에서는 공정상의 밀가루 글루텐이 나오기 쉽고 제품도 딱딱하게 되기 쉬우므로 글루텐이 적은 밀가루, 즉 박력분만을 사용하는 것이 좋다.

유지가 많이 들어가 버터케이크라면 구워낸 제품이 확실한 형태를 지니도록 조금 글루텐이 강한 밀가루를 사용하는 것이 좋은 결과를 얻을 수 있다. 그러나 이 경우도 글루텐이 과다하게 되면 부드러운 식감을 얻을 수 없고 중앙이 부풀어 올라 갈라지게 되고 모양이 나쁜 제품이 되어 버린다.

파운드케이크나 프랑스 마들렌 등에서는 의도적으로 글루텐을 만들어 중앙을 부풀게 하는 것도 있으나 이러한 제품은 유지가 상당히 들어 있으므로 식감은 부드럽다.

윗면이 평평하게 굽고 싶을 경우는 역시 글루텐이 많이 들어가지 않도록 박력분에 강력분 20~30% 섞은 밀가루를 사용하는 것이 좋다.

2) 유지

버터케이크를 만들 때 제일 중요한 점은 유지의 공기팽창인 것이다. 어떤 방법으로 버터케이크의 반죽의 제일 처음 공정은 유지를 젖어 공기를 반중 중에 포집시키는 것에 의해 만들어진 제품의 좋고 나쁨이 결정된다.

그런 까닭에 유지의 품질은 대단히 중요하다. 크림성이 나쁜 유지를 사용하면 좋은 반죽을 만들어도 나쁜 결과를 얻을 수 있다.

그러므로 이러한 유지가 적절한가 아닌가는 이 고형유지로 B형의 결정을 지닌 것이 가장 크림성이 우수하다. 풍미의 점에서는 물론 버터가 단연 우수하지만 크림성은 가공유지에 비교해 조금 떨어진다. 그래서 버터에 소량의 쇼트닝을 넣으면 둘 모두 장·단점이 합쳐져 풍미가 좋고 크림성이 우수한 유지가 되어진다. 이 혼합의 비율은 쇼트닝이 과다하면 버터의 풍미가 떨어지고 버터의 양이 조금 많으면 크림성 개선의 효과가 떨어진다.

버터 80%에 대해 쇼트닝은 20%가 적당하다. 유지의 역할은 거품포집만이 아니라 반죽중에 골고루 분산한 유지의 입자는 버터케이크의 기공의 조밀감을 주고 입안 녹음이 좋고 독특한 식감을 낸다. 이 효과는 유지의 배합량에 좌우한다.

3) 당류

버터케이크에 있어 당류의 역할은 스펀지 배합과 거의 같다.

① 단맛을 준다.

② 반죽의 부풀음을 좋게 한다.

③ 깨끗한 구운색을 준다.

④ 제품을 튼튼하게 한다.

⑤ 전분의 노화를 늦추고 신전성을 높인다.

달걀의 거품포집이 보조적인 버터케이크에서는 설탕은 달걀에 대한 역할은 보조적이 된다. 그러나 이것은 반죽중의 기포의 형성과 안정에 기여하고 있다. 더욱 중요한 것은 설탕의 보수성으로 설탕이 반죽중의 수분증발을 방지하여 제품의 촉촉함을 유지시킬 수 있다.

사용하는 설탕의 종류는 보습성이 뛰어난 일반 설탕이 쓰인다. 풍미를 변화시키기 위해서는 다른 당을 사용하면 버터케이크에 특징이 있는 미각을 줄 수 있다. 설탕 이외의 당류에 많이 사용되는 것에는 꿀, 물엿, 전화당 등이 있다. 특유의 풍미를 지닌 꿀 등은 보습성을 더욱 높이기 위한 목적으로 설탕 대신 바꾸어 반죽에 첨가한다.

4) 달걀

버터케이크에는 전란을 사용하면 된다. 이것은 달걀의 역할이 거품올림보다 풍미를 좋게 하고 밀가루와 같이 몸체를 형성하는 요소가 되는 중요성이 있는 것으로 기포성을 추구하기 때문이다. 버터케이크의 반죽에는 달걀은 수분의 주된 공급원이 된다. 달걀에 의해 얻어지는 수분은 밀가루 전분을 팽윤시켜 알파화시키고 글루텐 형성을 돕고, 설탕을 녹이고, 증기를 발생시켜 반죽을 부풀게 한다.

또한 버터케이크의 반죽에는 유지가 다량 들어 있으므로 수분은 분리를 일으키기 쉽다. 이때 노른자 중에 들어있는 레시틴이 유화제 역할을 내고 유지는 수중유적형의 에말존이 되어 반죽 중에 분산되는 것이다.

5) 과일류

버터케이크에 섞는 과일류에 중요한 것은 반죽에 넣기 전에 물기를 잘 빼는 것이다.

그렇지 않으면 과일류를 굽기 중에 케이크 밑바닥에 가라앉는다. 과일의 종류는 특별히 이 과일을 넣어야 한다는 규칙은 없다. 건포도, 오렌지, 레몬, 필, 체리, 넛류 등 좋아하는 것을 선택해 사용하면 된다. 또한 과일은 스스로 가공하여 그것을 첨가

할 수도 있다.

6) 스파이스류

버터케이크 특히 과일케이크에는 계피, 그로브, 넛메그, 올스파이스 등이 들어가는 것이 많다. 이것들도 물론 풍미를 끌어올리기 위한 것이다. 또한 스파이스에는 방부효과가 있어 제품의 장기 보관을 가능하게 한다.

7. 버터케이크의 제법

버터케이크 제품의 결정의 중요한 요소가 유지의 거품 올림이다. 버터케이크의 제법도 유지의 거품 올림을 어떻게 하는 것인지가 제일 중요한 점이 된다. 버터케이크 제법은 유지의 거품 올림의 순서에 따라 몇 가지 방법으로 나누어지는데, 그 중에서 잘 알려져 있는 것이 크림법(슈가 뱃터법), 블랜딩법(훌로와 뱃터법 Flour Batter Process), 1단계법(올인법 All In One Methode)이 있다. 크림법과 블랜딩법의 방법의 차이는 어떤 단계에서 버터를 넣는 점에 차이가 있다.

1) 크림법(슈가 뱃터법·Sugar Batter Process)

(1) 정의

크림법은 현재 일반적으로 행해지고 있는 제법으로 일명 슈가 뱃터법이라고 한다.

만드는 법은 먼저 버터와 설탕을 크림상태로 만들어 잘 섞는다. 여기에 달걀을 조금씩 넣으면서 섞은 후 밀가루와 그 외 재료를 섞는다. 달걀은 전란과 노른자 또는 노른자와 흰자를 나누어 흰자를 머랭을 만들어 넣을 때도 있다.

버터케이크 반죽은 주로 유지의 크림성(공기포집 성질)을 이용해 만든다. 스펀지케이크처럼 부풀움이나 탄력성이 적다. 그렇기 때문에 베이킹파우더를 이용해서 반죽의 팽창을 돕게 한다. 크림법은 버터케이크의 제법으로서도 제일 많이 이용되는 방법이다.

(2) 크림법의 장 · 단점

① 부피가 큰 제품을 얻을 수 있다.

② 작업이 간단하고 마무리가 깨끗하다.

③ 다량의 반죽의 제조에 적당하다.

(3) 크림법(Sugar Butter Process)공정

① 공립 크림법

유지 ┐
　　 ├ +달걀+밀가루
설탕 ┘

유지와 설탕을 충분히 휘핑한 후 4~5회로 나누어 달걀을 넣는다. 넣은 후 밀가루를 섞어 혼합한다.

② 별립 크림법

(유지+설탕)+노른자 ┐
　　　　　　　　　　├ +밀가루
흰자+설탕 ┘

유지와 설탕을 충분히 휘핑한 후 그 안에 노른자를 조금씩 넣는다. 다른 용기에 흰자와 설탕을 넣어 머랭을 만든다. 2가지 반죽을 합친 것에 밀가루를 섞는다.

㉠ 볼에 부드러운 버터를 넣고 설탕을 여러 차례 나누어서 거품기로 저어 섞는다.

㉡ 이것을 공기가 잘 포집되어 하얗게 될 때까지 거품을 올린다.

㉢ 달걀을 깨어서 하얗게 된 ㉡에 조금씩 넣고 이 상태에서 잘 저어서 섞는다.

㉣ 바닐라 오일을 넣어 섞는다.

㉤ ㉣를 섞은 후 채로 친 밀가루를 넣고 나무주걱으로 자르듯이 전체를 균일하게 혼합한다.

㉥ 파운드 틀에 맞는 기름종이를 짤라 넣고 반죽을 조심스럽게 부어 넣고 사이 틈새까지 넓게 펴고 표면을 평평하게 한다.

㉦ 180℃ 오븐에 넣고 약 40분 전후에서 구어 낸다.

(4) 장 · 단점

① 장점

작업능률이 좋다.

② 단점

유지가 적은 배합이면 달걀이 분리하기 쉽다. 또한 밀가루를 넣은 후 혼입이 지나치면 글루텐이 과다하게 나올 가능성도 높게 된다.

배합공정 크림법(슈가 뱃터법의 배합)

버 터 400g 57%	설 탕 500g 71%
전 란 500g 71%	밀가루 700g 100%
B . P 10g 1.4%	우 유 70m 10%

버터와 설탕을 넣고 하얗게 될 때까지 충분히 거품을 올린다. 이 작업을 잘 하는 것이 버터 케이크를 성공시키는 중요사항이 되며 버터를 크림성을 만들기 쉬운 정도로 하는 것이 중요하다. 겨울에 버터가 딱딱하게 되었을 때는 오븐 근처에 놓아두면 버터가 포마드 상태가 된다. 한편 버터가 녹아진 상태가 되면 크림성을 잃고 다시 차

게 하여도 원래대로 돌아가지 않는다. 크림상으로 한 버터와 설탕에 전란을 조금씩 수회 나누어 넣고 가벼운 상태가 될 때까지 잘 섞어 혼합한다. 전란은 한번에 넣으면 버터가 분리하므로 반드시 수회 나누어 넣는다. 또한 그 전란은 차지 않도록 해야 한다. 함께 체질한 밀가루와 B.P를 넣고 나무주걱을 사용하여 잘 섞어 합친다. 우유를 넣고 혼합하여 부드러운 반죽을 만든다.

그 후 너무 혼합하면 필요 없는 글루텐이 생기게 되므로 주의한다. 만들어진 반죽은 바로 틀에 넣고 구워낸다.

2) 블렌딩법(훌로와 뱃터법·Flour Batter Process)

(1) 블렌딩법의 정의

훌로와 뱃터법은 크림상태로 만든 버터에 밀가루를 넣고 잘 섞어 가면서 설탕과 달걀 등의 재료를 첨가하는 방법이다.

이 방법은 믹서를 사용하는 경우 유지와 밀가루의 크림용과 전란과 설탕을 거품 올리는 2대의 믹서가 필요하다. 그러한 의미에서 순서가 조금 복잡하고 시간이 걸린다.

또한 유지가 많은 배합에서는 글루텐이 과도하여 구워낸 반죽이 처지거나 밀가루가 남게 되는 일이 일어나기 쉽다. 그러나 반대로 유지가 적은 배합에서는 이 방법이 위력을 발휘한다. 처음에 유지와 밀가루를 섞어 크림으로 만들어 전란의 수분이 밀가루에 흡수되어 분리가 일어나기 어렵게 된다. 그런 까닭에 블렌딩(후로와 뱃터)법은 유지의 배합량이 적고 비교적 저가격의 버터케이크에 잘 맞는 제법이라 할 수 있다.

① 장점

버터와 밀가루를 잘 섞어서 보다 탄력이 적은 가벼운 케이크가 된다.

② 블렌딩법(훌로와 뱃터법 · Flour Butter Process) 공정

㉠ 밀가루┐
유지┘ +설탕+달걀

밀가루와 유지를 충분히 휘핑한 것에 설탕을 넣고 섞는다. 나중에 달걀을 섞

는다.

㉡ 밀가루 ┐
유지 ┘ +(달걀+설탕)

밀가루와 유지를 충분히 휘핑한다. 다른 용기에 달걀과 설탕을 거품 올려 2가지 반죽을 혼합한다.

㉠ 볼에 부드러운 버터를 넣고 거품기로 크림상태를 만든다.
㉡ ㉠에 채로 친 밀가루를 넣고 섞은 후 충분히 하얗게 될 때까지 저어 섞는다.
㉢ 설탕과 달걀은 혼합한 것을 ㉡과 조금씩 이겨 나간다. 설탕과 달걀을 교환해 넣으면 설탕과 달걀을 거품 올려 섞는 방법도 있다.
㉣ 바닐라 오일을 넣는다. 반죽의 강약은 우유로 조절한다.
㉤ 남은 밀가루를 채로 쳐서 넣고 나무 주걱으로 섞어 혼합한다.
㉥ 파운드 틀에 넣고 180℃ 오븐에서 약 40분 전후로 구워낸다.

배합공정 블렌딩법(훌로와 뱃터법의 배합)

버 터 400g 57%　밀가루 A 350g 50%
설 탕 500g 71%　전 란 500g 71%
밀가루 B 350g 50%　B·P 10g 1.4%
우 유 70ml 10%

버터와 밀가루 A를 볼에 넣고 가벼운 크림상태가 될 때까지 충분히 섞어 혼합한다.

최초에 유지와 합친 밀가루는 유지에 대해 동량 또는 조금 적게 한다. 이 방법은 슈가뱃터법과 같이 버터를 부드럽게 해 두지 않으면 크림성이 잘되지 않는다.

다른 볼에 전란과 설탕을 넣고 60~70% 정도 거품을 낸다. 이것은 크림상의 버터, 밀가루가 섞여 혼합하기 쉬운 상태가 되기 때문이다. 거품을 올린 전란, 설탕을 소량씩 수회 나누어 버터 밀가루에 넣고 혼합한다. 함께 체질한 밀가루 B와 B.P를 넣고 나무주걱으로 섞어 혼합한다. 우유를 넣고 혼합이후 부드러운 반죽을 만든다. 틀에 넣고 구워낸다.

3) 크림/블렌딩법(슈가/훌로와 뱃터법)

이 방법은 기본적으로 블랜딩법의 변화된 것이라 할 수 있다. 다만, 공정을 단순화시키기 위해 달걀을 거품 올리지 않고 설탕은 최초의 단계에서 밀가루, 유지와 함께 크림 올린다.

배합공정

버 터 400g 57%	밀가루 A 400g 57%
설 탕 500g 71%	전 란 500g 71%
밀가루 B 300g 43%	B · P 10g 1.4%
우 유 70ml 10%	

버터, 밀가루, 설탕을 볼에 넣고 거품기로 가볍게 크림상으로 만든다.

전란을 조금씩 수회 나누어 넣고 혼합한다. 함께 체질한 밀가루와 B.P를 넣고 나무주걱을 사용하여 잘 섞어 합친다. 우유를 넣고 섞고 부드러운 반죽을 만든다. 틀에 부어넣고 구워낸다.

(3) 1단계법(올인법 · All in one Methode)

① 정의

1단계법(올인법)은 액체의 쇼트닝처럼 유화성이 강한 특수유지(유화 기포제 첨가)를 사용해 믹서로 혼합한다. 전 재료를 한번에 섞는 방법이다.

② 장점

전 재료를 한번에 넣고 믹서로 거품을 올리는 방법으로 작업성이 좋다.

간단하게 가벼운 버터케이크 반죽을 만들 수 있는 편리한 방법이다.

③ 굽기 공정

스펀지에 비하면 반죽이 무겁고, 중간까지 불이 잘 통하지 않으므로 160~170℃ 온도에서 시간을 충분히 굽는다. 윗불을 처음부터 강하게 하면 충분히 반죽이 부풀지 않고 덜익게 되기 쉽다.

또한 완전히 구어지지 않은 것을 충격을 주거나 움직이면 오븐 속에서 처지기 쉬

운 원인이 된다.

굽기 온도가 낮은 경우 제품의 표면에 흰 반점이 생긴다.

반죽의 중앙에 유지를 짜놓으면 부풀기 쉽고 중앙을 갈라지게 할 수 있다.

8. 반죽과 온도

버터케이크 반죽을 할 때 고려해야 할 것이 온도의 문제이다. 이 온도라는 것은 반죽 자체의 온도와 작업장의 온도이다. 왜 온도가 문제가 되느냐 하면 저온에서 작업을 하면 유지가 딱딱하게 되고 크림성이 잘되지 않아 좋은 거품올림이 되지 않기 때문이다.

또한 특히 크림법(슈가뱃터법)에서는 유지가 적정하게 부드럽게 되어 있지 않아도 전란을 혼합할 때 분리하기 쉽다. 반죽의 온도도 같으며 힘들여 유지를 부드럽게 해 작업장을 적정온도를 지켜도 달걀이 차면 유지는 굳어져 버리기 때문이다. 특히 버터케이크는 유지의 거품포집이 생명이므로 유지는 크림성이 쉬운 조건에서 작업을 하도록 신경을 써야 한다.

9. 혼합순서

버터케이크에 넣는 밀가루, 유지, 설탕, 달걀 이외의 여러 가지 재료를 각각 순서에 맞추어 혼합하는 것이 좋다.

① 가루류(분말, 넛류, 전분, 팽창제, 코코아, 스파이스등)은 밀가루와 함께 체질하여 동시에 넣는다.

② 추가의 수분(물, 우유 등)은 밀가루가 모두 섞인 후 제일 나중에 넣는다.

③ 물엿, 물, 전화당 등은 전란을 섞은 후 넣는다.

④ 바닐라 등 향은 제일 나중에 밀가루에 섞어 합치기 직전에 넣는다.

⑤ 과일은 반죽 제조 공정의 제일 나중에 넣는다. 블렌딩법(훌로와 뱃터법)은 2번째 밀가루와 함께 넣으면 좋다. 이 방법으로 만들면 과일이 밑으로 가라앉지 않는다.

10. 버터케이크의 굽기

1) 오븐팽창

버터케이크 반죽을 틀에 넣고 오븐에 넣어 굽기를 마치기까지에는 다음과 같은 일이 일어난다.

① 반죽의 온도가 급속하게 상승해 유지가 녹아 오일상태가 된다.

② 동시에 수분이 증기로 변하고 반죽을 들어올린다.

③ 유지 및 달걀에 의한 거품 포집으로 반죽 중에 들어 있는 공기가 팽창하여 반죽에 세밀한 기공을 준다.

④ 달걀 및 밀가루의 단백질, 전분이 열응고하여 내상이 형성된다.

⑤ 표면이 건조하여 설탕이 카라멜화하고 구운 색이 나서 딱딱한 껍질이 형성된다.

버터케이크의 굽기의 중요한 것은 ④의 껍질 형성까지 될 수 있는 한 늦추어 반죽의 중심부까지 완전히 열을 통과시켜 최대의 부피를 얻는 것이다. 그렇기 때문에 오븐 온도, 습도, 굽는 시간을 잘 조절하는 것이 중요하다.

2) 오븐의 온도

오븐의 온도는 굽는 제품의 용량에 따라 변하여야 한다. 즉 용량이 많은 케이크는 비교적 낮은 온도에서 굽고, 적은 케이크는 반대로 조금 높은 온도에서 굽는다.

이것은 반죽의 용량이 적으면 중심까지의 열이 빨리 통하고 표면에서 건조가 빨리 일어나므로 높은 고온에서 단시간에 굽지 않으면 껍질이 필요이상 두껍게 되기 때문이다.

또한 중심까지 불이 통하는 데에는 시간이 걸려 용량이 많은 반죽은 높은 온도에서 구우면 완전히 구워지기 전에 표면이 타게 된다.

이처럼 버터케이크의 굽는 온도는 어느 정도 폭을 지닐 필요가 있으나, 일반적으로는 170℃~200℃가 기준이 된다. 윗불과 아랫불의 조절은 굽기 시작할 때에는 밑불을 강하게 하고 반죽이 부풀어 오르면 윗불을 강하게 하여 구워낸다.

3) 오븐의 습도

오븐내의 적당한 습기가 존재하는 것은 껍질 형성을 억제하고 필요불가결한 요소이다. 껍질은 반죽의 건조와 더불어 설탕의 캐러멜화에 의해 만들어지므로 표면을 건조시키지 않으면 껍질도 천천히 형성된다. 껍질이 천천히 형성하면 반죽의 중심까지 시간이 오래 걸려 불이 통과하게 되므로 케이크는 최대의 부피를 얻을 수 있다. 1회에 굽는 오븐의 안에 넣는 반죽이 많으면 많을수록 오븐의 습도는 높게 된다. 반대로 소량 구울 때에는 필요한 습기가 반죽에서 발생하는 수증기만으로 얻을 수 없다. 다른 방법으로 습도를 공급해 주어야 한다.

4) 굽는 시간

굽는 시간은 오븐의 온도 및 제품의 크기와 밀접한 관계가 있다. 오븐의 온도가 높을수록 굽는 시간은 짧게 되고 제품을 크게 하려면 굽는 시간이 걸린다. 각각 적합한 시간이 있다. 그 적절한 시간을 구체적인 수치로 명기할 수 없다. 그것은 반죽의 상태나 양, 오븐의 성능 등에 따라 큰 폭으로 변한다. 얼마만큼 구울까는 외관으로 판단하는 것은 곤란하다. 윗면의 중앙을 손으로 가볍게 눌러보아 충분한 탄력을 느낄 때까지 구워야 한다.

굽는 시간이 너무 걸리면 표면이 건조하게 되고 껍질이 두껍게 된다. 또 굽는 시간이 지나치면 설탕의 캐러멜화가 외측에서 내측으로 급속하게 진행되어 케이크의 내부까지 색이 나게 된다. 설탕은 150℃에서 캐러멜화 되므로 상당히 저온의 오븐에서는 굽는 시간이 상당히 걸리고 색이 진하게 난다.

오븐 온도가 높은 경우에는 표면의 구운 색이 빨리 난다. 그 결과 적당한 시간보다 빨리 오븐에서 꺼내게 되어 틀에서 꺼내면 중앙이 덜 익게 된다.

5) 굽기시 주의할 점

① 설탕의 배합량이 많을수록 낮은 온도에서 길게 굽는다. 꿀, 물엿, 전화당 등은 설탕보다 색이 나기 쉽고 이것들의 재료를 넣은 반죽에서는 굽는 온도와 시간에 한층 주의를 요한다.

② 낮은 온도에서 장시간 걸려 굽는 경우에는 오븐 내에 적절한 습도와 온도가 필요하다.

③ 고온에서 굽는 경우 구운 색이 빨리 나므로 도중에 윗면에 종이를 씌워 그 이상 색이 나지 않도록 주의한다.

④ 굽는 시간을 길게 하는 제품에는 옆면 껍질이 두껍게 되지 않도록 틀의 안쪽에 종이를 포개어 넣는다. 또는 그 종이에 물을 묻혀두면 효과적이다.

⑤ 파운드 케이크 등 윗면이 깨끗하게 갈라지게 하고 싶을 때에는 굽기 직전 중앙에 칼집을 넣고 그 위에 소량 버터를 짜준다.

⑥ 굽기 중에는 옮기거나 쇼크를 주지 않도록 한다.

6) 버터케이크의 실패와 원인

버터케이크의 실패 원인을 알고 대응책을 준비하는 것이 중요하다. 버터케이크의 실패는 대표적으로 두 종류의 유형이 있다. M은 구운 후 케이크의 중앙부분이 수축하므로 옆으로 자른 단면이 M자형과 닮아 있다고 하여 붙여진 명칭이다. 이것에 비교해 X는 측면이 내측으로 수축하여 곡선이 되어 있으므로 그 단면이 X자와 비슷하여 유래된 것이다. MX이외의 실패 원인이 있다. 케이크의 윗면이 이상적으로 부풀어 오르거나 부피가 충분히 나오지 않거나, 과일 케이크의 과일이 밑으로 가라앉거나 하는 실패가 있다. 이것들의 실패에는 각각의 원인이 있다. 그 원인의 3가지 요소를 잘 생각해보면

① 사용한 원재료에 문제가 있다.

② 배합의 균형의 문제가 있다.

③ 기술자의 작업에 문제가 있다.

이상이 버터케이크의 실패와 그 원인의 대책은 다음의 표에 잘 나타나 있다.

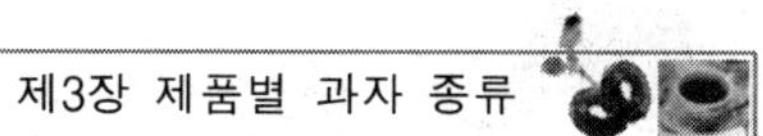

버터케이크의 실패와 원인

실패의 유형	재료에 의한 원인	배합에 의한 원인	작업공정에 의한 원인
M형 중앙이 처진다.	밀가루 글루텐이 약하다	설탕이 많다. B.P가 많다. 수분이 과다하다.	유지에 거품을 올림이지나치다. 달걀의 거품올림이 지나치다. 굽기가 불충분하여 내부가 완전히 구워지지 않았다. 굽기중 틀을 움직여 반죽에 충격을 주었다.
X형 측면이 수축하여 곡선이 되었다.	밀가루 글루텐이 약하다.	달걀의 양이 부족하다. 설탕이 적다. B.P가 적다. 수분이 과다하다.	
중앙이 너무 부풀었다.	밀가루 글루텐이 너무 강하다.		밀가루를 넣고 반죽을 너무 이겼다. 고온, 습기 부족의 오븐에 구웠다.
부피가 나오지 않는다.	유지의 크림성이 나쁘다.	설탕량이 부족 B.P량의 부족	유지의 거품이 부족하다. 밀가루를 넣고 섞음이 부족하다. 반죽의 온도가 너무 낮다.
껍질이 너무 두껍다.	밀가루 글텐이 약하다.	설탕의 양이 과다하다.	오븐 온도가 과다하다. 온도가 낮은 오븐에서 장시간 구웠다.
구워낸 케이크가 처진다.	밀가루 글루텐이 약하다.	설탕이 과다하다. 유지가 과다하다. 달걀량이 적다.	혼합횟수가 부족하다.
꺼낸 케이크가 딱딱하다.	밀가루 글루텐이 강하다.	설탕과 유지 양이 부족하다.	밀가루를 넣고 반죽을 너무 섞어 혼합하였다. 너무 오래 구웠다.
과일케이크에서 과일이 밑으로 처졌다.	밀가루 글루텐이 약하다.	밀가루가 부족하다. 설탕이 과다하다. B.P가 과다하다. 달걀이 적다.	반죽을 거품올리기 위한 작업 공정이 과다하다. 반죽의 혼합부족. 과일의 수분이 빠지지 않았다. 굽기시간이 너무 길었다.

11. 버터케이크 종류

1) 과일이 첨가되지 않는 버터케이크

① 파운드 케이크(Pound Cake)

버터, 설탕, 달걀, 밀가루 등 4가지 재료를 동일하게 넣어 만든 케이크이다.

② 마블 케이크(Marble Cake)

코코아를 첨가한 케이크이다.

③ 만델라 케이크(Madeira Cake)

만델은 아몬드의 독일어명으로 아몬드를 첨가한 케이크이다.

④ 잔트 쿠헨(Sand Kuchen)

파운드 케이크의 독일어명이다.

⑤ 생강 케이크(Ginger Cake)

생강을 넣은 영국의 유명한 케이크이다.

⑥ 슬래브 케이크(Slub Cake)

또한 영국에 대표적인 두꺼운 판 상태로 구운 직사각형의 대리석 모양으로 만든 케이크이다.

2) 과일 첨가 버터케이크

① 과일 케이크(Fruit Cake)

여러 가지 과일을 넣은 버터케이크이다.

② 프람 케이크(Pulum Cake)

과일 프람을 넣은 버터케이크이다.

③ 단디 케이크(Dundee Cake)

오렌지 필을 넣은 버터케이크이다.

④ 계피 케이크(Simnel Cake)

계피가루를 첨가한 케이크이다.

⑤ 체리 케이크(Cherry Cake)
체리를 첨가한 케이크이다.

3) **파운드케이크(pound cake)**

(1) 정의

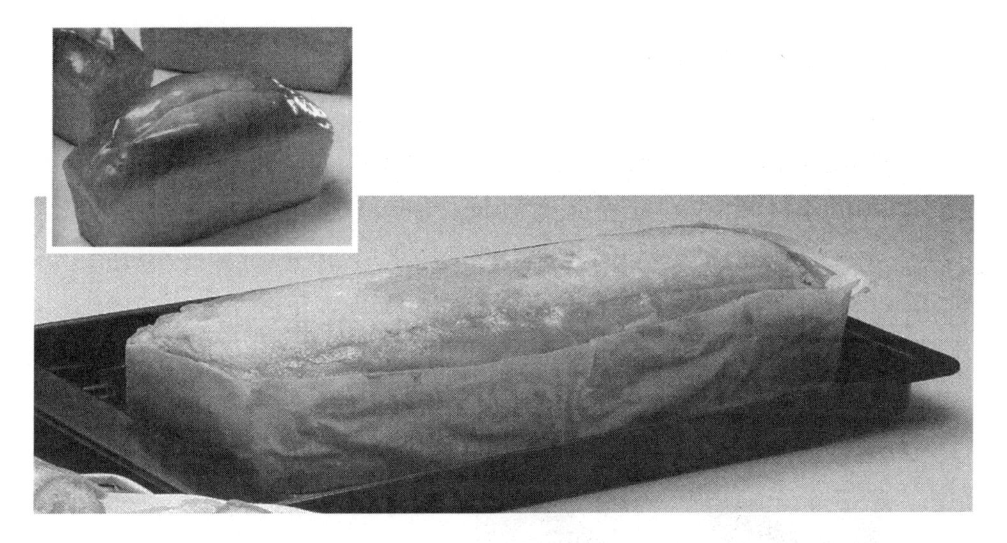

본래는 밀가루, 유지, 설탕, 달걀을 각각 1파운드(454g)씩 같은 양을 배합으로 둥근틀에 만든 케이크이다. 기본 배합이 1파운드 단위이기 때문에 붙여진 이름으로 프랑스에서는(Cake)라 하고 독일에서는 발상지의 이름을 따서 영국풍이란 의미로 잉글리셔 쿠헨(Englischer kuchen)이라 부른다. 최근에는 여러 가지 배합률을 응용하여 만든다.

(2) 파운드 케이크(Pound Cake)의 배합공정

배합공정 기본배합A

버 터 100% 450g	설 탕 100% 450g
전 란 100% 450g	밀가루 100% 450g
바닐라오일 0.1% 0.45cc	유화제 0~4%0~40g
B·P 0~3% 0~30g	

배합공정 응용배합B

버 터 90g	설 탕 95g	밀가루 120g
베이킹파우다 2g	건포도 40g	브랜디 20㎖
아몬드 슬라이스적당량		

(3) 공정

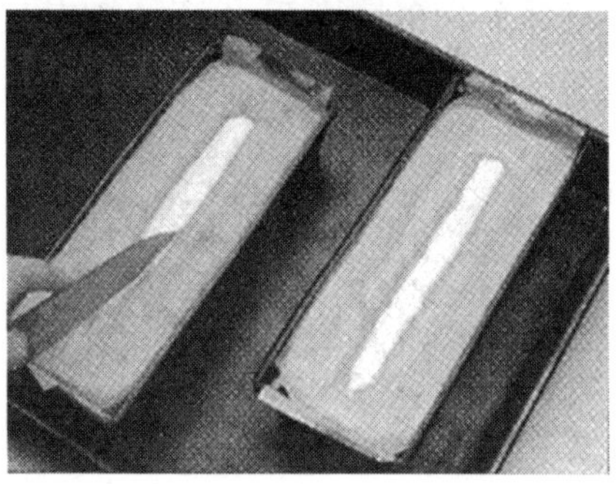

① 믹싱

크림법, 블렌딩법, 올인법 모두 만들 수 있다.

② 반죽 온도

20~24℃

③ 반죽 비중

0.8~0.9

④ 팬닝

㉠ 이중팬 : 옆면과 밑면위 급격한 껍질 형성 방지, 두꺼운 껍질 방지하기 위함이다.

㉡ 일반팬 : 식빵틀과 비슷하다.

⑤ 분할

㉠ 반죽은 틀의 70%까지 채워넣는다.

㉡ 반죽량은 1g당 2.4cm³

⑥ 굽기

㉠ 온도 : 170~180℃(평철판 사용 180~190℃)

⑦ 파운드케이크의 윗면이 터지는 원인

㉠ 오븐 온도가 높아 껍질 형성이 빠를 때

㉡ 설탕 입자가 용해되지 않고 남아 있을 때

㉢ 팬넣기 후에 장시간 실온에서 방치되었을 때

㉣ 반죽의 수분 부족

4) 과일 버터케이크

과일류를 첨가한 버터케이크이다.

배합공정

버 터 170g 42.5%	쇼트닝 170g 42.5%	설 탕 200g 50%
흑설탕 40g 10%	달 걀 380g 85%	B · P 30g 7.5%
박력분 340g 85%	강력분 60g 15%	과일믹스 1400g 350%

배합공정 과일믹스

건포도 350g	체 리 1500g	오렌지필 700g
호 도 1300g	사 과 1000g	설 탕 1000g
흑설탕 500g	넛메그 30g	올스라이스 10g
계 피 30g	럼 주 900ml	브렌디 900ml

✻ 건포도, 체리, 오렌지 필, 호도, 사과는 잘게 자른다.

건포도, 체리, 오렌지 필, 호도, 사과, 레몬, 설탕, 흑설탕, 스파이스류와 함께 잘 섞어 혼합한다. 이것에 양주를 넣고 1개월 이상 담가둔다. 반죽에 넣을 때에는 물기를 잘 빼야 한다.

만드는 법

① 버터, 쇼트닝, 설탕, 면봉으로 으깬 흑설탕을 믹서에 넣고 비타를 사용해 중고속으로 섞는다.

② 버터가 포마드상태가 되면 전란을 수회 나누어 넣고 전체가 섞일 때까지 젓는다.

③ 적당량의 캐러멜로 착색한다.

④ 체질한 밀가루와 B.P를 넣고 가볍게 혼합한다.

⑤ 과일 믹서를 넣고 나무주걱으로 잘 섞어 합친다.

⑥ 철판에 나무틀을 깔고 반죽을 부어넣고 윗면을 평평하게 한다. 이 나무틀에는 물로 적신 종이를 감아둔다. 밑에 까는 종이도 물에 적셔둔다.

⑦ 160~170℃ 오븐에 넣고 1시간 정도 구워낸다. 구워내면 반대로 뒤집어 철판에서 꺼낸다.

⑧ 다시 반대로 뒤집어 나무틀을 빼내고 윗면에 럼주를 붓으로 듬뿍 적시도록 칠한다.

⑨ 밀폐하여 1일간 놓아둔다.

⑩ 다시 한번 럼주를 붓으로 칠해 듬뿍 적셔 잘라 나눈다.

3) 레이어 케이크(layer cake)

(1) 레이어의 정의

레이어란 층을 쌓아 만드는 미국의 케이크이다.

반죽형 케이크의 대표적인 것이라 할 수 있으며, 흔히 버터케이크라고도 한다.

(2) 종류

전란을 사용하는 옐로우 레이어 케이크와 흰자만 사용하는 화이트 레이어 케이크가 있다.

배합공정

① 배합

제 품	옐로우레이어케이크	화이트레이어케이크
유화 쇼트닝	30~70%	30~70%
*달걀(전란)	쇼트닝/1.1(33~70%)	*흰자 쇼트닝/1.43(42.9%~100.1%)
설 탕	110~140%	110~140%
*우 유	* 설탕+25-전란	* 설탕+30-흰자
밀가루	100%	100%
베이킹 파우더	2~6%	2~6%
*주석산 크림	-	* 0.5%
소 금	1~3%	1~3%
바닐라향	0.5~1%	0.5~1%
물, 탈지분유	변화	변화

② 제조 공정

	옐로우 레이어 케이크	화이트 레이어 케이크
반죽 온도	22~24℃	22~24℃
비중	0.75~0.85	0.75~0.85
팬닝	틀의 60%	틀의 55~60%
제법	크림법	크림법
굽기	180~200℃	180~200℃

③ 배합률 조정공식

㉠ 엘로우 레이어 케이크의 전란은 쇼트닝/1.1

㉡ 전체 액체량 조절=계란+우유=설탕+25

㉢ 우유=분유 10 %+물 90 %

(3) 화이트 레이어 케이크

① 전란 사용할 때=쇼트닝/1.1

② 흰자 사용 : 전란/1.3 쇼트닝/1.43

③ 우유=설탕+30-흰자

주석산 크림(주석산 칼슘, 타르타르산) 사용 이유

㉠ 흰자의 구조와 내구성 강화된다.
㉡ 흰자의 색상를 더욱 희게 만든다.(색을 하얗게 한다)
㉢ 알카리성인 흰자를 중화시켜 pH를 나누어 거품을 잘 나게 하고 튼튼하게 한다.
㉣ 배합의 0.5% 사용한다.

4) 데블스푸드 케이크(Devils food Cake)

(1) 정의

미국식 초콜릿 케이크이다. 유럽식과 달리 분유와 쇼트닝을 많이 사용하고 베이킹파우다를 배합한다. 엘로우 레이어 케이크에 코코아를 첨가한 케이크로 devil,s는 악마의 뜻이다. 초콜릿색과 풍미를 갖고 있어 하얀 엔젤푸드 케이크와 대조적이기 때문에 붙여진 이름이다.

(2) 재료 사용범위

재 료	데블스푸드 케이크	초콜릿 케이크
박력분	100%	100%
설 탕	100%	110~180(120)
유화쇼트닝	100%	30~70(60~66)
전 란	쇼트닝/1.1(60)	쇼트닝/1.1(66)
중 조	천연코코아/0.07	-
더취 코코아	(20)	-
B . P	2~6(5)	2~6(5)
탈지분유	변화(12)	변화(11.4)
물	변화(108)	변화(102.6)
소 금	1~3(2)	1~3(2)
향	0.5~1.0(0.5)	0.5~1(0.5)
초콜릿	-	24~50(32)

(3) 배합률조정

배 합	데블스 푸드 케이크	초콜릿 케이크
전 란	전란/1.1	전란/1.1
우 유	설탕+30+(1.5/코코아)-전란	설탕+30+(1.5/코코아)-전란 * 분유 10%+물 90%
중 조	천연 코코아/7% 더취코코아 중조 사용 불필요 * 중조1 : 베이킹파우다의 3배능력 * 중조사용시 3배 B·P를 감소	초콜릿중의 코코아 천연7% 중조 사용 더취코코아 중조 사용 불필요 * 더위 : 원래 사용량 사용 * 천연 : 중조 사용량 3배 감소
초콜릿		코코아 62.5%(5/8) 코코아 버터 쇼트닝 : 초콜릿 중의 유지함량의 1/2감소

※ 데블스푸드 케이크에 코코아를 사용하고 초콜릿케이크는 초콜릿을 사용한다.

① 초콜릿 성분

카카오 버터 37.5%(3/8 지방), 코코아 62.5%(5/8)

② 코코아의 종류

㉠ 천연 코코아

산성 코코아로 약품(중조)으로 중화하지 않은 자연 그대로의 코코아이다. 천연 코코아에는 7% 중조를 첨가 사용한다.

중조 첨가 사용 이유

① 반죽의 pH를 높여 알카리화한다
② pH가 높아야 색이 진하다.
③ 향이 강하다.

㉡ 더취 코코아

알카리로 중화(중조 7% 첨가) 처리한 가공 코코아로 알카리 용액으로 처리한 코코아(네덜란드에서 코코아에 7% 중조를 넣어 중화해서 사용, 제품이 좋게 된 것에서 유래된 것, 더취는 네덜란드의 약칭이다.)

ⓐ 시중 판매되는 일반 코코아

ⓑ 색과 풍미를 좋게 한다.

ⓒ 체내의 소화를 좋게 한다.

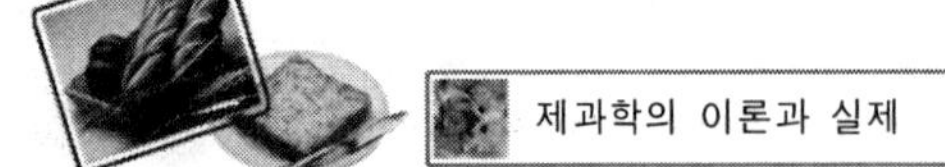

③ 카카오버터

초콜릿 속에 존재하는 지방 성분으로 초콜릿 사용할 때 지방분의 배합을 감안하여 쇼트닝 사용량을 1/2 감소하여 사용한다.

5) 브랜드 케이크

(1) 정의

포도를 원료로 해서 만든 브랜디 술을 첨가하여 만든 케이크이다.

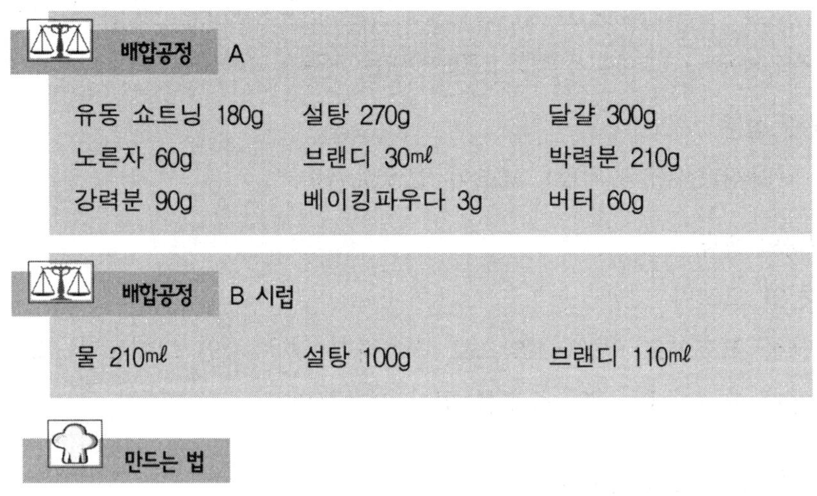

배합공정 A

유동 쇼트닝 180g	설탕 270g	달걀 300g
노른자 60g	브랜디 30㎖	박력분 210g
강력분 90g	베이킹파우다 3g	버터 60g

배합공정 B 시럽

물 210㎖	설탕 100g	브랜디 110㎖

만드는 법

① A를 반죽한다.

- 유동 쇼트닝, 설탕, 달걀, 노른자, 브랜디를 합쳐 섞는다.
- 36℃ 정도 열을 가열하여 믹서로 비중 0.37까지 거품을 올린다.
- 가루류와 베이킹파우다를 합쳐 섞는다.
- 녹인 버터를 넣는다. 반죽을 만들어서 틀에 부어넣는다.
- 160℃의 오븐에서 구어 낸다.

② B를 반죽한다.

③ 마무리 공정

7×18cm로 자른다. 따뜻한 B(시럽)를 붓으로 칠한다. 차게 된 다음에 포장한다.

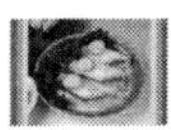

제3절 비스킷 반죽(영 Sponge, 프 Biscuit, 독 Biskuit)

1. 비스킷 반죽(쇼트페이스트)의 정의

비스킷 반죽은 한마디로 요약하면 쇼트페이스트 반죽을 말한다.

원래 비스킷이라 하여도 보통 사용하는 명칭을 나타내는 범위는 상당히 넓다.

비스킷 반죽은 영어이지만 영국에서 비스킷은 기본적인 타르트의 밑에 까는 반죽을 나타낸다. 타트는 프랑스어 타르트와 어원이 같은 단어로 일반적으로는 원형의 밑부분에 비스킷 반죽을 깔고 필링하여 구운 과자를 말한다.

이 비스킷 반죽은 원래 여러 가지 종류가 연구되어 풍미가 뛰어난 쿠키제품이 만들어진 것이다. 그런 까닭에 비스킷 반죽의 기본을 습득해두면 그 응용에 따라 자기 고유의 쿠키를 만들 수 있다.

2. 비스킷의 역사

비스킷이란 단어는 나라에 따라 다른 의미를 지니고 있다. 프랑스어로는 「비스큐이 biscuit」란 옛날에도 군대나 배를 타는 선원들의 식량으로 딱딱하게 구운 빵이었다. 어원적으로 말하자면 비스(bis)는 2회라는 의미의 접두어이고 퀴(cuit)란 굽다는 동사 큐일(Cuir)의 과거분사이다. 즉 비스킷은 비스콕투스(biscotus) 2번 굽다에서 비롯된 말로 바삭바삭한 과자를 가리킨다. 그러나 지금은 부드러운 스펀지를 일컫는 말이다. 또한 비스킷만에서 출항하는 선원들이 지니고 있었으므로 비스퀴라 부르게 되었다고 한다. 즉, 선원이나 군대의 휴대식에서부터 보존에 적합하게 지방을 적게 하고 충분히 구운 것이다. 영국에서도 비스킷이란 얇게 구운 건조과자를 의미하고 있다.

한편, 영국에서는 비교적 빨리 비스킷을 기계로 대량생산하게 되었으므로 더욱

값싼 이미지가 강조되었다. 그러나 오늘날에는 여러 가지 비스킷, 쿠키가 만들어지게 되어 꼭 싼 것, 고급품이라는 구별이 없어지게 되었다. 우리나라에서 비스킷이라고 할 때에는 수분과 지방의 함량이 낮은 밀가루 위주의 건과자를 말한다.

3. 비스킷(쇼트페이스트)의 배합

1) 기본배합

예날부터 비스킷의 기본 배합은 밀가루 2, 유지 1, 설탕 1이다.

독일의 제과서적에서는 비스킷 반죽(파이)의 기본으로 1:2:3 설탕, 유지, 밀가루의 비율로 만들어져 있다. 이것은 기본배합이라기보다는 표를 배합의 비율이다.

영국에서는 비스킷 반죽의 기본배합을 서적에서 찾아보면 밀가루 100%에 대해 유지 50%, 설탕 20% 수분이라는 비율이 있다.

이것에 기준하여 각국에 의한 비스킷 반죽의 비율이 다른 것이 아니다. 그만큼 비스킷 반죽의 배합비율의 폭이 크다라고 할 수 있다.

그러므로 비스킷 반죽을 만들 때 어느 비율을 기준으로 할 것인가는 각기 좋아하는 취향에 따른다고 할 것이다.

비스킷 반죽을 만들 때 필요한 원재료는 밀가루와 유지와 수분이다. 이 비율의 변화에서 출발해보자.

① 밀가루

물에 넣는 것은 반죽을 페이스트 상으로 뭉쳐 성형할 수 있도록 함과 동시에 성형할 때 밀가루 중의 전분을 알파화시켜 식감을 좋게 하기 위해서이다. 또 한편으로는 밀가루에 물을 넣고 이기는 것에 의해 글루텐이 형성되는 것도 제품에 좋은 쇼트네트성을 얻기 위해서는 이 글루텐의 조절이 제일 중요하다. 글루텐 생성을 억제하면 할수록 제품의 쇼트네성이 늘어나 잘 부서지기 쉽게 된다. 또 유지가 혼합되는데 유지에는 글루텐 형성을 억제하는 것과 합계 형성된 글루텐을 연결시켜 글루텐에 신장성을 주는 움직임도 있다.

즉 쇼트페이스트를 늘리기 쉽게 한다.

② 유지

비스킷 반죽 중의 밀가루입자와 연결에 대한 밀가루의 흡수성을 적게 하는 힘을 지니고 있다. 그러므로 유지가 들어가는 것에 의해 일정한 경도의 비스킷 반죽을 만들 경우 수분의 양이 적은 것이 좋은 것이다.

들어가는 수분이 적으면 적을수록 밀가루의 글루텐도 형성이 더욱 어렵게 된다. 이처럼 비스킷 반죽에 있어서 유지가 나타내는 역할은 매우 중요하다.

비스킷 반죽을 만드는데 필요한 원재료에는 밀가루와 유지수분이 있다. 설탕은 용도에 따라 반죽에 넣는 경우와 넣지 않는 경우가 있다. 유지가 들어가면 그것에 의해 제품이 바삭바삭한 식감을 느끼게 하는 즉 쇼트네트가 생기기 때문에 유지가 들어가지 않는 반죽은 비스킷 반죽이라 할 수 없다.

밀가루로 비스킷 반죽을 만드는 데에는 본질적으로는 유지의 첨가는 필요하지 않다.

수분을 넣는 것으로 반죽을 뭉쳐진다. 그러나 이것은 비스킷 반죽이 아니다.

③ 물

밀가루에 물을 넣고 이기면 무슨 현상이 일어날까?

밀가루의 주성분은 전분질과 단백질이다. 전분질은 물을 넣고 이기는 것에 의해 적당한 경도의 힘에 의해 형태를 변화시키고 그 형태를 지키려는 성질을 지니고 있다. 이것을 가연성이라 한다.

단백질은 물을 넣고 이기는 것에 의해 글루텐이라는 그물망상을 형성하고 힘을 주어도 원상태로 돌아오려는 성질을 지닌다. 이것을 탄력성이라 한다. 물이 첨가되어 이겨진 반죽은 이러한 성질의 조화로 여러 가지 특성을 지니게 된다. 물론 이것은 밀가루와 수분의 비율에 의해 변화되어, 예를 들어 밀가루 100%에 대해 물 50% 정도의 비율이라면 반죽은 딱딱한 페이스트상태가 되지만, 그 반대의 비율일 경우 이번에는 물성이 많은 흐물흐물한 반죽이 될 것이다. 이것은 페이스트 반죽이라 할 수 없다.

밀가루를 넣는 것은 수분만이라면 페이스트 반죽상이 되는 비율은 물로 밀가루 종류에 따라 변하는 것이지만 밀가루 100%에 대해 수분 50~60%정도이다.

그러나 이 배합비율만으로 반죽은 밀가루 중의 글루텐 형성을 방해하는 것이 없

으므로 이기면 이길수록 글루텐 조직이 만들어지고 그것은 성형하여 구운 제품은 쇼트네트성이 없을 것이다. 이렇게 제품은 먹어보면 이빨은 좋아질지 모르나 풍미를 즐기는 것은 없을 것이다.

그러므로 이것을 비스킷 반죽이라고는 말 할 수 없다.

유지의 혼합이 중요한 의미를 지닌다. 유지에는 밀가루 중의 글루텐 형성을 방해하는 성질이 있기 때문이다. 더욱이 유지에는 반죽중의 조그마한 기포를 유지하는 움직임이 있고 그 때문에 유지가 들어간 페이스트로 반죽을 만들 제품에는 그 유지의 양에 대응하여 쇼트네트가 죽어지게 된다. 그런 까닭에 밀가루와 수분과 유지 이 세 가지 원재료가 비스킷(쇼트페이스트)을 만들기 위한 기본재료가 되는 것이다.

2) 원재료의 비율

밀가루는 비스킷 반죽으로 뭉치게 하기 위한 필요한 수분량은 밀가루의 50~60%이고 이 숫자는 밀가루의 종류, 즉 흡수율에 의해 변한다.

이 페이스트 반죽에 유지를 넣는 것에 의해 비스킷 반죽이 만들어지는 것으로 유지가 들어가면 들어갈수록 반죽의 쇼트닝성을 증대시켜 한편 필요한 수분량을 줄인다.

지방 100%의 유지 라드나 쇼트닝을 사용한 경우 밀가루 100%에 대해 유지 50% 비율로 쇼트페이스트를 만들 때 필요한 수분량은 약 30%이다.

배합공정

밀가루 100% 1000g 유 지 50% 500g 냉 수 30% 300ml

여기에서 비스킷 반죽에 사용하는 밀가루의 글루텐의 형성은 억제하는 것이 비스킷 반죽의 목적이라면 글루텐의 양이 적은 밀가루 즉 박력분이 적합하다.

또 위의 비율을 기준으로 밀가루량을 그대로 놓아두고 다른 원재료의 비율을 변화시키는 것에 의해 여러 가지의 비스킷 반죽을 만들 수 있다.

이러한 기본적인 것을 비교해 보자.

3) 재료 변화에 의한 비스킷 반죽

① 소금을 넣는다.

표준배합 중에는 맛을 내는 요소가 없으므로 소금에 의해 맛을 낸다.

양은 사용하는 유지의 종류에 의해서도 변화하게 되지만, 밀가루에 대해 1% 전후가 적당하다. 소금에는 밀가루 글루텐을 강화시키는 움직임이 있으므로 반죽과 배합에 있어서도 소금을 넣고 난 후 너무 섞지 않도록 하는 것이 중요하다.

② 유지에 변화를 준다.

비스킷 반죽에는 제과에 여러 종류의 유지를 사용할 수 있으나, 어떤 비스켓 반죽을 만드는가에 의해 제일 적절한 성질을 지닌 유지를 선택할 필요가 있다. 유지분 10%의 유지 안에는 쇼트닝보다는 라드를 사용하는 것이 풍미에는 좋게 된다.

또한 풍미를 좋게 하는데 에는 버터를 사용하는 것이 제일 좋으나, 버터는 유지분 100%가 아니고 당질과 단백질이 들어있고 또한 수분이 약 16% 포함되어 있으므로 그 양만큼 표를 배합해서 물을 줄일 수 있다.

한편, 쇼트닝은 풍미가 없으나 쇼트네트성이 뛰어나고 상온에서 작업하기 쉽고 또한 유화성이 우수하므로 향이나 허브 등을 추가하여 풍미를 보충하면 가격성의 점에서 생각해보면 좋다. 단독으로 사용하기보다는 버터나 다른 유지와 적절한 혼합에 의해 서로의 장점을 살려 사용할 수 있다.

③ 유지량을 늘린다.

버터 등 풍미가 우수한 유지를 사용한 경우는 배합중의 그 비율을 높이는 것에 의해 보다 좋은 풍미를 지닌 좋은 제품을 만들 수 있다.

그러나 유지를 증가하면 상대적으로 물의 첨가량이 줄고, 밀가루 중의 글루텐 형태가 더욱 억제하는 것이 되므로 제품의 쇼트네트성을 그것에 의해 증대하게 된다. 쇼트네트가 증가하면 할수록 반죽의 취급이 어렵게 되고 만들어진 제품이 부서지기 쉬우므로 입안에서 잘 녹는 제품이 좋다고 하여도 유지가 많으면 좋다고는 할 수 없다.

반대로 유지의 양을 줄일 경우에는 당연히 물의 양도 증가시키는데, 이 경우에는 쇼트네트가 감소해 제품은 딱딱하게 된다. 그러나 보형성이 좋게 되므로 수분에만 필링을 넣는 타르트의 밑 반죽에는 어느 정도 유지량은 줄이고 수분이 많은 배합이 적합하다.

하나의 배합 예를 나타내면 밀가루 100%에 유지 45%의 경우 물의 양은 40% 소금은 1~1.5 정도가 된다.

④ 물을 우유로 바꾸어 사용한다.

배합중의 물을 그대로 우유로 바꿀 수 있다. 우유 중의 수분은 약 88~90%이고 나머지가 단백질, 지방 및 당질이다. 이 가운데 비스킷 반죽상태에 특히 영향을 주는 것은 당질이며 이것은 유당이다. 유당은 비스킷 반죽을 구울 때 좋은 구운 색을 내게 한다.

물로 만든 비스킷 반죽과 우유로 만든 비스킷 반죽을 비교할 경우 풍미나 영양 이외의 다른 점은 이 구운 색이다.

⑤ 설탕을 넣는다.

비스킷 반죽에 있어 설탕의 역할에는 단맛을 주는 점 이외에 2가지 점이 있다.

하나는 제품에 좋은 구운 색을 내는 점에 있고 다른 하나는 유지와 같이 글루텐 형성을 억제하는 것에 있다. 비스킷의 제품에서 좋은 구운 색을 내는 것은 상당히 중요한 것이나, 구운 색이 옅은 하얀색의 비스킷을 보면 누구라도 맛있게 느껴지지 않는다.

먹어도 맛이 없을 뿐 아니라 볼 때 맛있게 만드는 것을 과자 만들기에서 무시할 수 없는 점이다. 비스킷 반죽에 구운 색을 내는 재료에는 여러 가지가 있으나, 그 중에서 설탕을 열에 가해 캐러멜화하는 것에 의해 내는 구운 색은 식감을 촉진시킨다. 여기에서 주의하여야 할 점은 사용하는 설탕의 종류에 있다.

일반적으로 비스킷에 사용하는 설탕은 흡수성이 작은 설탕이 좋다.

역시 배합에 맞는 설탕의 종류는 사용할 필요가 있다. 설탕은 밀가루 글루텐 형성은 억제하는 것과 구운 색은 내는 것이 중요한 역할이다. 이것은 설탕의 배합에 의해 제품의 쇼트네트라는 점에서도 큰 영향을 준다. 설탕이 들어간 비스킷 반죽에도 유지는 반드시 배합에 들어가기 때문에 이 쇼트닝성을 겸하여 한층 쇼트네트가 높아지게 된다.

반대로 밀가루에 대한 유지의 배합량이 많고 또한 설탕의 배합량도 많은 비스킷

반죽에만 쇼트네트가 과다하게 되고 제품으로 부서지기 쉬운 점이 나오기 때문이다.

설탕이 들어간 비스킷 반죽에는 배합의 조절이 더욱 중요하게 된다. 설탕에도 유지와 같이 밀가루 흡수율은 내리는 작용이 있고 설탕이 들어간 비스킷 반죽에서는 수분량이 적게 되나, 너무 수분량이 적게 되면 밀가루 전분이 알파화되어 남게 되므로 그 제품은 밀가루와 비슷한 성질이 된다. 표준배합에 설탕을 첨가한 경우 유지의 양을 변화시키면 설탕의 양도 유지와 동량 밀가루 양의 $\frac{1}{2}$이 될 때 물의 양은 거의 반 정도까지 낮추게 된다.

혼합하는 것에 의해 더욱 물의 혼합량이 내려가고 그 경우 구어낸 제품이 밀가루와 같이 남게 되므로 적절한 수분은 반드시 넣는 것이 좋다.

⑥ 달걀을 넣는다.

비스킷 반죽 배합에 달걀을 넣는 것은 여러 가지 의미를 지닌다. 먼저 풍미가 좋게 된다. 다음은 영양가를 늘인다. 또한 가격도 높게 된다. 전란의 수분은 74%~75%이다.

달걀 한 개 55kg일 때 그 안의 약 41%가 물이 된다.

즉 밀가루 300g, 유지 150g, 설탕 150g의 비스켓 반죽 배합에서는 물 대신에 전란을 1개 추가하면 필요한 수분량을 맞춘 것이 된다.

본래 물 대신 사용한다면 전란은 사용할 필요가 없다. 흰자만으로 충분하다.

흰자에는 수분이 88%로 많고 작업의 공정에서 흰자가 남았을 때에는 이것을 물 대신 비스킷(쇼트페이스트)에 사용할 수 있다. 물론 흰자는 물과 성분량이 다르나 물의 대신 흰자를 사용한 비스킷 반죽에서는 제품의 상태도 그만큼 변화하게 된다. 흰자의 성분 중 수분을 제외한 남은 대부분은 단백질이다. 이 단백질은 열을 가하는 것에 의해 응고하는 작용을 지닌다. 그런 까닭에 물 대신 흰자를 사용한 비스킷 반죽에서는 구운 제품이 조금 딱딱하게 된다. 또 물 대신 노른자를 사용하면 어떨까? 노른자의 수분은 약 50%이다. 전란 한 개당 노른자를 20g로 한다면 그 1/2인 약 10g이 수분이 된다.

밀가루 300g에 유지와 설탕이 각각 150g씩의 비스킷 반죽이라면 어떤 특색이 있을까?

㉠ 맛이 좋게 된다.

㉡ 반죽이 황색으로 물들어져서 보았을 때 식욕을 촉진시킨다.

노른자에 단백질이 들어있고 열에 의해 응고하는 작용은 지니는데 그 성질은 흰자만큼 강하지 않고 반죽을 구웠을 때 딱딱함에는 그리 큰 영향이 없다. 그것보다는 노른자에 들어있는 레시틴의 작용에 의해 유지가 유화하기 쉽게 되므로 비스킷 반죽 안에서 밀가루와 수분이 직접 접촉해 비율이 적게 되고 그만큼 글루텐의 형성이 방해되어 제품은 보다 쇼트네트가 늘어나게 된다.

그런 까닭에 노른자가 들어가 비스킷 반죽에서는 흰자의 비스킷 반죽보다도 쇼트네트가 뛰어난 제품을 얻을 수 있게 된다.

⑦ 팽창제를 넣는다.

비스킷 반죽에 팽창제를 넣으면 제품을 구울 때 팽창을 좋게 하기 때문이다.

팽창이 좋게 되는 것은

㉠ 불의 통합이 좋게 된다.

㉡ 제품이 바싹거리는 식감을 줄 수 있다.

반대로 말하면 불의 통합이 나쁜 비스킷 반죽 또는 쇼트네트성이 부족한 비스킷 반죽에서는 팽창제를 첨가하는 것에 의해 결점을 보완할 수 있다. 쇼트네트가 부족한 비스킷 반죽에는 반죽에 쇼트네트를 주는 재료 주로 유지의 배합량이 적으므로 이것은 가격을 낮게 할 수 있는 방법으로 제품의 가격을 내리기 위해서는 원료의 가격을 내리는 것이 된다.

원료 중에서도 가격의 증감에 큰 영향을 주는 것을 유지의 량과 종류이므로 특히 비스킷 반죽의 경우에는 유지를 버터에서 쇼트닝으로 바꾸거나 또는 배합량을 줄이는 것이 가격을 낮추는 것이 된다. 유지의 배합 량이 줄이면 줄일수록 반죽의 쇼트네성도 줄게 되므로 구운 제품을 딱딱한 풍미가 나쁜 것이 된다.

여기서 팽창제를 넣으면 제품의 부풀음이 좋게 되고 쇼트네성의 부족을 보충할 수 있다.

그런데 유지의 배합량에 어느 정도 적게 되면 팽창제가 필요한가는 일정한 법칙이 있는 것이 아니고 만드는 사람 스스로 판단하는 것이다.

일반적인 기준으로는 설탕이 들어가지 않는(또는 적은 양) 비스킷 반죽에서는 유지의 배합 량이 밀가루의 반 이하일 때 또는 설탕이 많이 들어간

페이스트와 유지와 설탕은 점차 배합량이 밀가루 배합량보다 적을 때 이 경우에는 팽창제의 첨가가 필요하다.
다음은 불이 통하는 점이다. 이것은 예를 들어 배합 중에 넛류가 다량으로 혼합된 경우에 팽창제로 소량 넣으면 제품은 바싹 구워지게 된다.
넛류가 들어간 비스킷 반죽에서는 수분에 대한 밀가루의 비율이 상대적으로 낮다.
또 넛류에 들어있는 지방이 굽기 중에 반죽 안에서 흘러나오므로 구운 제품은 쇼트네성이 생기지만, 반죽 자체가 무겁고 불통함이 나쁘게 되는 단점도 지닌다.
이 단점은 마가롱 등에서는 반대로 살려 표면을 바싹하게 건조 굽기 하여 안은 반쯤 익은 반죽으로 남게 하는 것인데, 비스킷 반죽에서는 역시 자체가 바삭 구워지지 않으면 제품으로서의 가치가 없으므로 팽창제를 넣어 불의 통함은 좋게 한다. 비스킷 반죽 제품에 사용하는 팽창제의 경우 한 종류의 팽창제를 단독으로 사용할 수 있고 그 종류 이상의 팽창제를 겸용하는 것이 많다. 또한 수 종류의 팽창제를 고려하여 배합 조정한 베이킹파우더는 단독으로 사용할 수 있고 그 종류이상의 팽창제를 겸용하는 것에 많다.
또한 수 종류의 팽창제를 고려하여 배합 조정한 베이킹파우더는 취급이 간편하여 상당히 편리하다. 팽창제를 사용할 경우에는 신경을 써야 할 점을 그 혼합방법이다.
팽창제가 반죽 안에 골고루 섞이지 않는다면 구울 때 팽창에 차이가 생겨 형태가 나쁜 제품이 된다. 팽창제를 골고루 섞는 것은 역시 밀가루와 함께 2회 이상 체질한 후 사용할 필요가 있다.

4. 비스킷 반죽의 제법

비스킷 반죽을 만드는 법은 3가지가 있다. 손으로 문질러 만드는 법, 블렌딩법, 크림법 등이 있다. 각각 그것을 만드는 데에는 장점과 단점이 있으므로 어떤 제품을 만드는 것에 따라 제일 효과적인 방법을 선택할 필요가 있다.

1) 손으로 문질러 만드는 법(후로와 뱃터법)

(1) 정의

이 방법에서는 밀가루와 유지를 손으로 문질러서 부슬거리는 상태로 하고 그것에 다른 재료를 넣어 반죽을 뭉친다.

(2) 장 · 단점

장점으로는 유지의 가루는 입자 주위에 밀가루가 붙어 그 밀가루가 수분을 흡수하여 반죽의 구조가 되므로 밀가루와 수분 부분과 유지의 부분이 반죽 중에 분산하여 존재하게 된다. 이 때문에 반죽은 정형하여 구울 때에는 밀가루 부분과 유지의 부분과의 층이 형성되어 부풀음이 좋게 된다. 그 결과 상당히 바삭거리는 식감을 얻을 수 있다. 이 방법은 밀가루가 유지의 외측에 붙어 있으므로 수분과 밀가루가 직접 연결되어 글루텐이 나오기 쉬운 상태가 되어 있다. 그런 까닭에 이 방법을 채택할 때에는 수분을 넣은 후에는 반죽을 너무 이기지 않도록 주의할 필요가 있다.

또한 설탕을 넣은 경우에는 수분과 함께 혼합하는데, 이 때문에 반죽 안에 골고루 분산하기 어렵고, 더욱 그 배합량이 많게 되면 수분이 녹지 않으므로 설탕의 배합량이 많은 비스킷 반죽에는 적합하지 않는다.

(3) 공정순서

① 밀가루와 주사위 모양으로 만든 버터를 스켓파로 자르듯이 하면서 섞는다.

② 될 수 있는 한 버터를 가늘게 자른다.

③ 버터와 밀가루를 양손으로 문질려 부슬거리는 상태로 한다.

④ 부슬거리는 상태가 되면 그것은 우물상태로 하여 설탕을 녹인다. 물은 그 안에 부어 넣는다.

⑤ 손으로 빠르게 혼합 섞는다.

⑥ 반죽을 뭉친다.

2) 블렌딩법(후로와 뱃터법)

(1) 정의

유지와 동량의 밀가루를 넣어 부드러운 크림상태가 될 때까지 섞어 합쳐 다시 남은 밀가루와 다른 재료를 넣고 반죽을 뭉쳐 만드는 방법이다.

(2) 장 · 단점

이 방법이라면 밀가루와 유지가 완전히 섞이기 때문에 나중에 수분을 넣었을 때 글루텐이 형성하기 어렵고 최대한 쇼트네트가 얻을 수 있다. 이러한 이유에서 너무 이긴 반죽의 고화가 적고 기계에 의한 믹싱에서도 적합하다.

그러나 이 방법에서는 밀가루와 유지를 크림상으로 하기 때문에 밀가루에 대하여 유지량이 증가하면 할수록 반죽이 부드럽게 되고 수분의 첨가량은 적게 된다.

그 결과 글루텐이 필요 이상 억제되어 구운 제품이 너무 부풀지 않을 가능성이 있다.

또한 밀가루의 입자와 유지의 입자가 밀접하게 연결되어 있으므로 밀가루의 흡수가 나쁘게 되고 전분의 알파화가 충분히 이루어져 밀가루가 담겨 있는 제품이 되기 쉬운 결점도 있다.

(3) 블렌딩법에 의한 비스킷 반죽법

① 버터와 같은 양의 밀가루를 넣고 거품기로 섞는다.

② 잘 혼합하여 크림상으로 만든다.

③ 설탕을 녹인 물을 넣는다.

④ 수분과 반죽이 섞일 때까지 혼합한다.

⑤ 남은 밀가루를 넣는다.

⑥ 골고루 섞어지면 반죽을 뭉친다.

3) 크림법(슈가 뱃터법)

(1) 정의

유지에 설탕을 넣고 하얗게 될 때까지 저어 거품올려 만드는 법이다.

(2) 장 · 단점

이 제법의 장점은 작업성이 좋은 점과 설탕과 유지를 섞어 합칠 때 공기를 포집하므로 제품의 부풀음이 좋게 되고 입안에서 식감이 좋다는 점이다. 다만, 이 방법에는 설탕의 배합 량이 적은 비스킷 반죽에서 이 장점은 충분히 살릴 수 없다.

(3) 공정

먼저 유지와 설탕을 크림상으로 잘 저어 합치고 다시 수분을 넣고 제일 나중에 밀가루를 넣고 반죽을 뭉친다.

① 버터에 설탕을 넣는다.
② 충분히 저어 합친다.
③ 물을 넣는다.
④ 분산하지 않도록 잘 저어 혼합한다.
⑤ 밀가루를 넣는다.
⑥ 골고루 되도록 반죽을 뭉친다.

5. 비스킷 반죽의 굽기

비스킷 쿠키의 굽기는 고온의 오븐에 넣어 단시간에 굽는 것이 기본이다.
비스킷 쿠키의 안에서 굽기 중에 일어나는 물리적 변화는 다음과 같다.

① 수분이 증발한다.
② 밀가루 전분이 알파화된다.
③ 설탕이 녹고 다시 캐러멜화된다.
④ 유지가 녹아 조직이 변한다.
⑤ 달걀이 열 응고한다.

이것들의 변화는 당연 반죽의 외부에서 내부로 향해 일어난다.

오븐의 온도가 높으면 내부의 변화가 일어나기 전에 외측이 타져버린다. 또한 굽는 시간이 너무 걸리면 녹은 유지가 반죽 바깥에 흘러나오게 된다. 수분이 적은 비스킷 반죽에서는 온도가 낮고 굽는 시간이 걸리면 반죽 중에 수분이 증발하여 밀가루 전분이 충분히 알파화되지 않고 생 밀가루가 남아 있게 구워진다.

설탕의 배합량이 많은 비스킷 반죽이 타지기 쉬우므로 성형할 때 얇게 성형하여 단시간에 굽도록 한다. 반대로 설탕이 들어가지 않는 비스킷 반죽이 두껍게 성형하여 촉촉하게 구워내는 것이 좋다.

1) 마들렌(Madeleine)

(1) 정의

비스킷 반죽을 조개모양으로 구운 소형 과자이다. 프랑스의 대표적인 과자 중의 하나이다.

배합공정 마들렌 형틀12개

버터 180g	설탕 180g	달걀 160g
노른자 20g	레몬과피, 과즙 1/3개	밀가루 180g
베이킹파우다 3g		

① 반죽공정

㉠ 버터와 설탕을 잘 저어 섞는다.

㉡ 달걀, 노른자를 조금씩 넣어 섞는다.

㉢ 레몬과피, 과즙을 넣는다.

㉣ 밀가루, 베이킹파우다를 넣어 섞는다.

㉤ 틀에 균일하게 반죽을 넣고 170℃ 오븐에서 구워낸다.

 제4절 쿠키(Cookies, 영·Biscuit, 프 Four sec)

1. 쿠키의 정의

수분함량이 적은 건과자이다. 영국의 플레인 번(bun) 등으로 화학팽창제나 이스트 발효를 이용하여 부풀린 과자, 미국의 작고 납작한 비스킷 또는 케이크, 프랑스의 푸르세크, 독일의 게베크에 해당하는 과자이다. 미국에서 말하는 쿠키는 영국에서는 비스킷이라 불린다는 설도 있다. 쿠키는 밀가루 위주 비스킷류와 수분과 지방함량이 비스켓보다 높은 건과자 그리고 마카롱, 머랭, 퓌이타주까지를 모두 포함한다. 쿠키는 수분함량 5% 이하의 과자이다.

2. 쿠키(cookies)의 어원

쿠키의 어원은 네덜란드어 koekje로 이것은 작은 케이크의 의미이다.

영국에서는 필링이나 아이싱을 적게 한 번스 반죽 제품을 쿠키라 부른다. 미국에서는 밀가루, 설탕, 쇼트닝, 달걀 등의 주원료에 바닐라, 계피, 초콜릿, 레몬 껍질 맛을 낸 적고 평평한 비스킷류를 쿠키라 한다.

쿠키는 네덜란드어 쿠쿠에서 나온 단어로 프랑스에서는「퓨티 블 섹」-제조된 한 입 과자라 부르고 있다. 이것은 차과자로 출발하였으며 보존보다 맛을 중요시하여 버터가 많은 반죽으로 만들었다. 프랑스에서는 비스퀴라고 하면 스펀지 반죽이거나 아이스크림 종류의 비스퀴 그랏세를 나타내는 것이 많다. 쿠키와 비스킷은 질적인 것에서 다른 것만이 아니라 단순히 언어의 차이라 생각해도 좋다.

3. 쿠키의 분류

제법에 따라 반죽형쿠키, 거품형쿠키, 냉동쿠키로 분류된다.

성형에 따라서는 반죽을 늘리는 것, 짜는 것, 둥굴게 하는 것으로 나누어진다.

배합에 의해서는 하드 비스켓, 소프트 비스켓, 슈가 비스켓, 버터 비스켓, 꿀 비스켓, 치즈 비스켓 등이 있다. 또한 2번 굽기하는 라스크나 휭가 비스켓은 밀가루를 사용하지 않고 넛류와 설탕, 달걀 흰자로 만드는 마카롱과 같은 것이 있다.

1) 반죽에 의한 종류

(1) 반죽형 쿠키

재료가 혼합에 수분량이 많은 상태의 반죽을 말한다.

① 드롭 쿠키(짜는 쿠키)

계란 사용량이 많아 반죽형 쿠키 중 수분량이 제일 많은 부드러운 쿠키, 소프트 쿠키라고도 한다.

② 스냅 쿠키(밀어펴는 쿠키)

드롭보다 계란 사용량이 적은 쿠키이다. 바삭바삭한 상태로 저장 보관이 가능하고 슈가 쿠키라고도 한다.

③ 쇼트브레드 쿠키(밀어펴는 쿠키)

스냅 쿠키와 비슷하나, 쇼트닝(유지)사용량이 많은 쿠키이다.

(2) 거품형 쿠키

① 스펀지 쿠키(짜는 쿠키)

거품올려 만든 스펀지 반죽을 철판에 짜서 모양을 유지하도록 실온에서 말린 다음 구워내는 쿠키이다(레이디휭거 쿠키).

② 머랭 쿠키(짜는 쿠키)

계란 흰자를 설탕과 믹싱하여 거품 올린 반죽을 짜서 구운 쿠키이다.

종류로는 ㉮ 냉제 머랭, 온제 머랭, 이탈리안 머랭, ㉯ 굽지 않는 머랭, 건조 머랭, 굽는 머랭, ㉰ 헤비 머랭, 라이트 머랭으로 나누어진다.

2) 제법에 따른 분류

짜는쿠키, 밀어펴서 틀로 찍어내는 쿠키, 냉동 쿠키(아이스쿠키)가 있다.

(1) 짜는 쿠키의 정의

반죽을 짤 주머니에 넣고 짤 깍지를 사용하여 짜서 만든 쿠키이다.

(2) 짜는 쿠키의 장 · 단점

① 장점

㉠ 손이 빠르고, 작업성이 좋아 많은 쿠키를 만들 수 있는 방법이다.

㉡ 드롭 쿠키, 스펀지 쿠키, 머랭 쿠키 등이 있다.

② 주위점 및 단점

㉠ 드롭형, 거품형 쿠키를 짤 주머니, 주입기로 일정하게 짠다.

㉡ 간격을 일정하게 하여 굽기 도중의 팽창률을 고려한다.

㉢ 장식물, 톱핑물은 짠 후 바로 또는 껍질이 형성되기 전에 올려 놓는다.

㉣ 젤리나, 잼은 소량 사용한다.

(3) 밀어펴서 틀로 찍어내는 쿠키

조금 딱딱한 쿠키 반죽을 만들어서, 작업대 위에서 이것을 엷게 늘려 펴서 이것을 적당한 틀로 찍어낸 쿠키이다.

① 종류

스냅 쿠키와 쇼트브레드 쿠키 등이 있다.

㉠ 스냅 쿠키(Snap)

설탕과 당밀을 다량 배합하여 만든 반죽을 둥근 형틀로 찍어내어 구운 과자이다. 구운 직후 따뜻할 동안에 밀대등에 올려 오므라들게 하여 굽은 모양을 내기도 한다.

배합재료에 따라 코코넛 스냅, 생강 스냅, 레몬 스냅이라 이름 붙인다.

배합공정

설 탕 1400g	버 터 450g	당 밀 900g
물 470g	탄산나트륨 60g	생 강 30g
올스파이스 30g	소 금 7g	밀가루 2800g

㉡ 쇼트 브레드(Short bread 프, sable)

다량의 버터, 설탕, 밀가루로 만든 반죽을 1cm 두께로 늘이고 동그랗게 성형한 뒤 구멍을 찍어구운 쿠키로 바삭바삭한 맛이 특징이다. 마지팬이나 아몬드 가루를 섞기도 한다.

㉮ 종류

아몬드 쇼트 브레드, 초콜릿 쇼트 브레드가 있다.

대표적인 것은 스코틀랜드의 스카치 쇼트 브레드이다.

옛날 스코틀랜드에는 갓 시집온 신부가 시댁(신혼집)에 들어갈 때 머리위에 이 쿠키를 얹고 부수며 축복해 주는 풍습이 있었다. 그래서 쇼트 브레드는 부서지기 쉽게 만들었다. 최근에는 위스키 안주로 쓰이고 새해를 맞이하며 먹는 풍습이 남아있어 대량 소비되고 있다.

배합공정

밀가루 1814g	버 터 907g	설 탕 454g
마지팬 57g		

만드는 법

재료를 섞어 반죽한다. 약 6cm 둥근형틀로 찍어내서 굽는다. 그리고 곧바로 구부러지게 성형한다.

크림상태가 되지 않도록 버터, 설탕, 마지팬을 섞고 여기에 밀가루 1/2를 넣고 섞은 뒤 나머지 밀가루를 천천히 섞어 1시간 뒤에 사용한다. 이렇게 만든 기본 반죽을 2cm 두께로 늘려 철판위에 얹어 구멍을 내고 180℃에서 굽는다.

주의할 점

㉮ 반죽은 균일한 두께로 밀어 펴야 한다.
㉯ 반죽을 만든 후 밀어 펴기 전에 충분한 휴지
㉰ 과도한 덧가루 사용을 피한다.
㉱ 천, 면포위에 덧가루를 뿌려 밀어펴기 한다.
㉲ 성형후 남은 반죽은 소량씩 섞어 사용한다.

(4) 냉동 쿠키(아이스박스 쿠키)

특별히 딱딱하게 반죽하여 이것을 적당한 형태로 늘려 성형하여 1일밤 동안 또는 냉장 냉동한 후 엷게 적당한 크키로 잘라 철판위에 올려 구운 쿠키이다.

주의할 점

㉮ 진한 색상를 피하고, 반죽 전체에 고르게 분배시킨다.
㉯ 쿠키반죽은 썰기 전에 냉동시키고, 예리한 칼을 사용하여 모양을 만든다.
㉰ 쿠키 껍질색이 골고루 나도록 오븐의 윗불 조정에 유의한다.
㉱ 쿠키를 여러 가지로 모양을 낼 때는 모양을 만들기 전에 냉동시킨다.

2) 공정 유의 사항

① 믹싱이 지나치면 쿠키가 딱딱해진다(글루텐 발전을 최대로 억제).
② 철판에 일정 모양, 크기, 간격을 일정하게 하여 굽는다.
③ 철판에 일정량의 기름칠을 한다(기름칠 과다 : 퍼짐이 크다).
④ 약 196~204℃ 온도에서 짧게 굽는다.
⑤ 퍼짐율 $= \dfrac{\dfrac{\text{시험품의 쿠키의 평균폭}}{\text{시험품의 쿠키의 평균두께}}}{\dfrac{\dfrac{\text{기준품의 쿠키의 평균폭}}{\text{기준품의 쿠키의 평균두께}}}{100}}$

3) 반죽형 쿠키의 결점

(1) 쿠키의 퍼짐이 크다.

① 반죽의 되기가 너무 묽다.

② 설탕 사용량이 지나치게 많다.

③ 팬에 기름칠이 많다.

④ 오븐 온도가 너무 낮다.

⑤ 유지의 사용량이 많거나 부적당한 경우

⑥ 알카리성의 반죽일 때

(2) 쿠키의 퍼짐이 적다.

① 너무 높은 오븐의 온도

② 과도한 믹싱

③ 한 번에 설탕을 전부 넣고 믹싱한 경우

④ 너무 고운 입자의 설탕 사용

⑤ 산성인 반죽

(3) 딱딱한 쿠키

① 유지 사용량이 부족

② 글루텐 발전이 지나친 반죽

③ 강력분, 너무 강한 밀가루 사용

(4) 쿠키가 팬에 달라 붙는 경우

① 너무 묽은 반죽

② 계란 사용량 과다

③ 불결한 팬

④ 너무 약한 밀가루 사용

⑤ 팬에 부적절한 금속 재질 사용

⑥ 반죽내의 설탕 반점

(5) 쿠키의 껍질이 갈라질 경우

① 굽기의 부적절(오버 베이킹)하다.

② 급속 냉각

③ 수분 보유력이 부족하다.

④ 저장이 나쁠 경우

(6) 쿠키에 반점, 구운색이 어둡다.

① 중조 사용 과다

② 중조가 골고루 섞이지 않았다.

(7) 속결이 거칠고 향이 약하다.

① 낮은 오븐 온도

② 암모늄계열 팽창제 사용 과다

③ 알카리성 반죽 사용 과다

4) 넛류 가루를 사용한 여러 종류의 쿠키

한입과자 소재로서는 쇼트페이스트를 사용한 것, 파이를 사용한 것, 슈를 사용한 것 등이 있다. 이것들의 제품은 모두 밀가루가 원재료이다. 즉 밀가루의 단백질이나 전분의 성질을 이용하여 이겨 반죽을 만들고 그것을 구운 것이다. 그것에 대해서 밀가루를 전혀 사용하지 않거나 소량만을 사용한 반죽이 마카롱 반죽이다.

(1) 정의

흰자, 설탕, 견과를 섞어 작고 둥글게 짜내어 굽는다. 견과중에 아몬드를 가장 많이 사용하고 그밖에 헤이즐넛, 호도, 코코아도 이용한다. 발상지는 이탈리아이고 원형은 꿀, 아몬드, 흰자로 만든 마카롱이다. 이것이 프랑스에 전해진 시기는 메디치가의 카트린이 프랑스 앙리2세와 결혼한 이후이다. 카트린이 데려간 요리사가 퍼뜨렸

으며 그 뒤 프랑스 곳곳에 퍼져 그 지방의 명과로 남게 되었다. 그 중에서 낭시지방의 마카롱, 즉 마카롱 드 낭시가 가장 유명하다.

(2) 마카롱(Macaroon)

일반적으로 밀가루가 적거나 들어가지 않는 반죽에서는 가연성이나 탄력성을 형성하는 요소가 적으므로 어떤 형태를 만들어 구어 내는 작업과정이 생략된 것이 많다.

대부분은 철판의 위에 짤 주머니로 잘 반죽을 굽는다. 구운 직후에 성형하는 제품도 많다. 튀일, 시가렛 등이 이 종류에 들어간다. 구운 직후에 성형하는 것은 반죽 중에 들어있는 설탕의 성질은 이용한 것, 즉 설탕은 열에 의해 용해되어 차게 되면 응고하므로 구워낸 제품은 뜨거울 때 바로 작업하여 구불리거나 롤 상태로 만들 수 있다.

이것들의 반죽 가운데 기본이 되는 것은 마카롱 반죽이다.

튀일 반죽이나 시가렛 반죽은 머랭을 사용하는 것이 있다.

밀가루 대신 넛류 가루를 사용한 것은 상당히 많으나, 한편 이것은 사용하는 넛류의 종류 등에 의해 상당히 다채로운 종류를 만들 수 있다.

(3) 마카롱의 역사

마카롱은 상당히 심플한 과자이고 그만큼 역사도 크게 오래 되었을 뿐만 아니라 라루스 백과사전에도 17세기에는 모든 프랑스에 잘 알려져 있었다고 기록되어 있다.

A.다니엘 편에 의한(Bakers' dictoonary)의 정의에서는 마카롱이란 "아몬드(마지팬) 및 설탕, 흰자를 혼합한 것이다."

원래 위의 정의는 일반적인 것이고 실제에는 그렇지 않는 것도 있었다.

예를 들어 전란을 사용한 마카롱이나 노른자만 사용한 마카롱도 있었고, 또한 아몬드 대신에 다른 넛류를 사용한 마카롱도 있었다.

마카롱은 그 이름에서 알 수 있듯이 원래는 프랑스 제품인데, 독일이나 다른 지방에서 같은 종류의 과자가 있고, 독일에서는 마크로네라 부르고 있다.

모두 프랑스에서 들어가 그 지역에 정착한 것이다. 프랑스의 마카롱은 그대로 독립된 과자를 형성하고 있으나, 마크로넷은 단독제품 이외에 다른 과자로 쓰이며 디스플레이용 대형공예과자의 재료로도 많이 사용되고 있다.

프랑스에 있어 마카롱은 프티푸르 세크의 하나로서 단품으로 취급하는 것이 많고 필링해 합쳐서 양으로 판매하고 있다. 종류도 풍부하고 여러 가지 풍미의 마카롱이 만들어지고 있으나, 아몬드, 설탕, 흰자만으로 만드는 것이 기본이고, 다른 마카롱 등의 조화된 것은 그 응용이다. 이 3가지 재료 가운데 분설탕과 분말 아몬드는 풍미를 만들고 흰자는 단백질의 응고에 의해 결합제 역할을 나타내고 있다.

(4) 마카롱의 기본재료

① 아몬드

아몬드는 새로운 것을 사용한다. 보통은 분말상으로 한 것을 사용하지만, 분말아몬드는 풍미가 변화하는 것이 빠르기 때문에 될 수 있으면 통째로 아몬드를 잘 건조시켜 사용 직전에 갈아 분말화하는 것이 바람직하다.

② 설탕

보통 설탕을 사용하지만, 드라이제품에는 결정이 큰 설탕을, 고급제품에는 결정이 작은 설탕을 분류해 사용하는 것이 기본이다.

③ 흰자

되도록 신선한 달걀을 사용해야 한다. 냉동흰자나 건조흰자의 사용은 풍미의 점에서 나쁘다. 또한 건조하기 쉽고 부서지는 제품이 되는 것이 결점이다.

기포성이 약한 경우에는 탄산암모늄은 흰자의 0.2% 정도 넣는 것에 의해 점도가 증가하여 작업하기 쉽게 된다. 같은 효과는 흰자 중의 수분을 줄이는 것에 의해 얻을 수 있으므로 냉장고에 넣거나 중탕하여 약한 불로 데워서 사용하면 효과적이다.

④ 넛류

아몬드, 헤즐넛, 호도, 피칸넛, 마카다미아넛, 잣 열매, 코코넛, 가슈넛 등 정말로 여러 가지 넛류가 과자에 사용된다. 이렇게는 갈아서 분말상태의 것을 사용하나, 잘게 자른 것, 얇게 슬라이스한 것등이 많이 사용된다. 물론 둥근 통째로 사용할 수도 있다. 모두 밀가루 대신으로 사용하는 것은 언제나 넛류에는 베타 전분이 적고 글루텐이 들어 있지 않으므로 수분은 넣고 혼합하여도 그것만으로는 반죽이 뭉쳐지지 않는다. 그것을 구워도 수분을 증발시켜 넛류가 건조하거나 타지게 된다.

그런 까닭에 이것들의 제품에 있어 배합중의 넛류의 양은 그것이 제품을 성립시

키는지 하는 점을 밀가루이므로 반죽에 영향을 주며 상당한 폭을 지니게 할 수 있는 이유이다.

넛류의 종류에 따라 유지의 함유량이 상당히 다르고 또 둥글기 때문에 분말까지의 가늘게 될수록 유지가 밖으로 나오기 쉬우므로 배합은 만들 경우 그 점에 유의할 필요가 있다.

⑤ 설탕

설탕의 역할은 단맛을 주는 이외 몇가지 점이 있다.

그 대표적으로는 열에 의해 용해와 냉각에 의해 응고되는 성질에 유래된 점이 있다. 예를 들어 설탕은 냄비에 넣고 불에 올리면 설탕은 발로 녹아 캐러멜화된다.

이것에 넛류를 혼합하여 냉각하면 설탕이 굳어져 고소함과 씹힘성 있는 과자가 만들어진다. 제일 간단한 것이 누가이다.

즉 넛류와 설탕이 있으면 제품이 만들어지게 된다. 넛류를 사용한 반죽에 대해서는 설탕의 이 성질이 많거나 적거나 간에 제품의 형성에 기여하고 있다고 할 수 있다.

한편, 이 성질이 제품에 손해가 되는 경우도 있다.

설탕이 많은 반죽에서는 굽기 중에 덩어리가 만들기 쉽고 덩어리진 것은 다시 원상태로 돌아오지 않는다. 설탕에는 구울 때의 불의 통함을 좋게 하는 역할이 있다. 반죽 중에 들어있는 설탕이 넣어지면 열을 전하는 움직임이 있다. 또한 설탕이 들어간 반죽에는 어떤 반죽도 같겠지만 구운 색이 나기 쉽다.

넛류를 주체로 한 쿠키에서는 설탕의 배합량이 많은 것이 있고 그러한 반죽에서는 특히 너무 오래 구어 태우지 않도록 주의해야 한다.

⑥ 달걀

풍미의 점을 제외하면 달걀의 역할은 단순 명쾌하다. 즉 "반죽의 연결"이라는 점이 된다. 또한 머랭으로 사용하는 제품에서는 반죽에 증기를 넣어 식감을 부드럽게 하는 효과가 있으나 이 경우에도 역시 연결 역할을 겸하는 것이다.

넛류에 사용하는 쿠키에서는 배합중의 수분을 전부 달걀로 하기도 하지만, 이것의 반죽에서는 수분은 가용 고형분을 녹이는 것 외에 반죽의 정도를 조절하는 것도 주요한 역할이다. 반죽으로 뭉치게 하는 달걀의 결합제로서의 역할은 노른자와 흰자

에 들어 있는 단백질에 의한 것이다. 즉 넛류 제품에 사용되는 달걀은 전란이거나 노른자 흰자라도 좋으나, 흰자가 제일 점성이 풍부하고 열을 가했을 때 응고력도 크게 되므로 많이 사용한다.

또한 흰자는 다른 과자 반죽을 만들 때에 여분이 남게 되므로 이것을 이용하고 있는 것이다. 그리고 흰자는 전란이나 노른자에 비해 맛이 담백하므로 넛류 자신의 고소함과 풍미를 살리는데 적합하다.

⑦ 유지

유지는 반죽을 부드럽게 하고 구운 후 바삭하게 한다.

유지가 들어간 반죽은 잘 늘어나고 작업이 편리하게 된다.

또한 좋은 유지를 사용하면 당연히 풍미가 좋게 된다.

⑧ 물, 우유, 생크림

이것들은 모두 수분을 보충하는 요소이다. 물보다는 우유, 우유보다는 생크림이 풍미가 진하게 나온다. 우유와 생크림은 제품에 구운 색에도 영향을 준다. 모두 반죽에 짜기 쉽고, 딱딱함 정도를 조절하는 역할이 중요하며 다른 점은 부가적인 역할이 된다.

⑨ 밀가루

밀가루는 반죽중의 상당량의 유지가 들어있지 않는 한 밀가루 배합비가 높을수록 구운 제품이 딱딱하게 되므로 결합제로서 추가하는 것이라야 넛류의 10~30%의 범위가 좋다.

(5) 마카롱의 종류

마카롱을 먹었을 때 입안 촉감이 다른 것에 의해 딱딱하게 느끼는것과 부드럽게 느끼는것의 2종류로 크게 나눌 수 있다. 이 두종류는 배합 및 제법의 면에서도 다르다. 그 종류를 비교하기 쉽도록 하기 위해서 제일 간단한 배합의 마카롱을 설명해본다.

① 딱딱한 종류의 마카롱

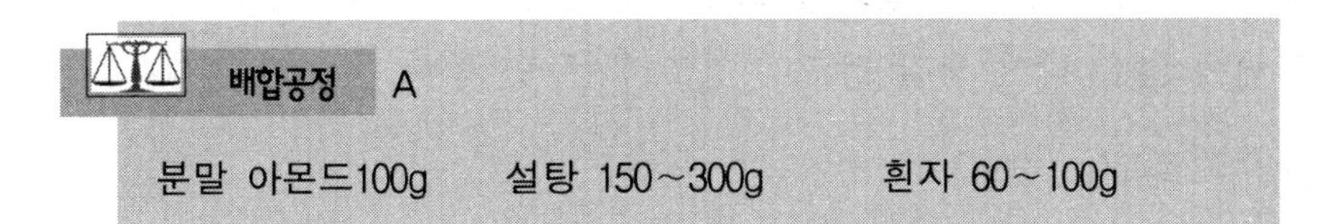

일반적으로 딱딱한 종류의 마카롱은 설탕이 많고 수분으로는 흰자만 사용하여 만든다.

설탕도 만들어진 제품의 건조도를 지키기 위해 결정도가 큰 것 또는 그것을 분해한 분설탕이 좋다. 흰자의 양은 반죽의 딱딱함에 맞추어 조절한다.

만드는 법

만드는 법은 설탕과 흰자를 잘 혼합해두고 분말아몬드를 넣어 부드러운 반죽을 만든다. 설탕의 배합량이 많아 흰자에 녹지 않을 경우 중탕하여 약한 불로 녹여도 좋다.

분설탕 정도의 결정도라면 녹지 않을 경우 중탕하여 약한 불로 녹여도 좋고 녹지 않았어도 굽기 중에 녹아버리므로 걱정할 필요는 없다.

반죽이 너무 딱딱했을 경우에는 흰자를 보충하여 부드럽게 한다. 반대로 너무 부드러우면 중탕에 올려 열을 가열해 수분을 증발시킨다. 이때 주의할 점은 수분이 적당하게 증발하게 하는 것이다. 딱딱한 마카롱은 굽기에는 반죽 등의 수분이 수증기가 되어 전체를 팽창시키는 것이 중요하기 때문이다. 굽기 전의 성형은 짤 주머니를 사용해도 좋고 손으로 둥글게 하여도 좋으며, 또는 면봉으로 눌러 틀에 찍어 내는 것도 좋다.

각각의 성형방법에 따라 반죽의 정도는 변화하게 되는 것이다. 성형은 종이를 깐 철판위에서 하는데, 이것은 구운 후에 종이가 붙지 않게 하고, 종이가 붙을 경우 뜨거운 물을 묻혀 떼어내면 된다. 현재에는 베이킹시트가 만들어져 간단하게 떼어지도록 돼있어 편리하다.

이 마카롱 반죽은 딱딱하므로 보통은 손으로 둥글려 성형하지만, 짤 경우에는 별모양 또는 둥근 모양의 깍지를 사용하는 것이 좋다.

굽기는 용도에 따라 120~160℃의 오븐에서 장시간 중심부까지 잘 굽는다. 반죽이 충분히 부풀어지면 뚜껑을 열고 건조굽기를 한다.

만일 표면에 얇은 막이 생길 정도로 건조시켜두면 좋다.

② 부드러운 종류의 마카롱

입안에서 부드러운 마카롱은 배합에도 흰자만이 아니라 전란이나 노른자도 사용할 수 있다. 또 버터나 생크림 꿀 등의 재료를 넣을 수도 있으며 보다 고급적인 마카롱을 만들 수 있다.

얇게 늘린 반죽이나 파이 위에 올려 굽는 등 제품으로서 다양한 변화를 주는 것도 가능하게 된다.

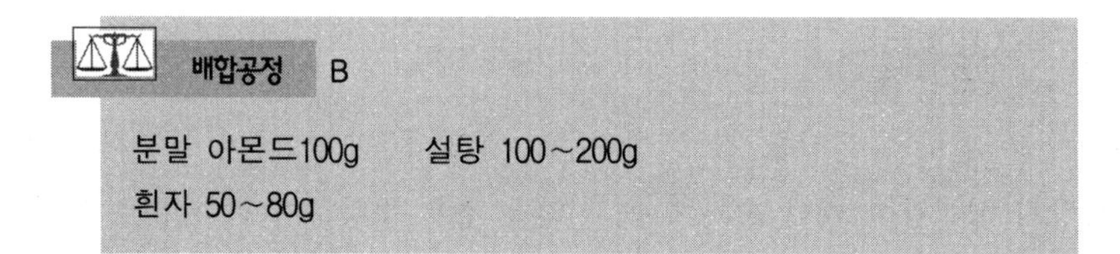

배합공정 B

분말 아몬드100g　설탕 100~200g
흰자 50~80g

만드는 법

설탕을 적게 넣어 구운 제품은 건조가 요구되므로 설탕으로 충분하다. 또한 달걀은 흰자만이 아니라 노른자나 전란도 많이 사용한다. 이때의 노른자나 전란의 양은 흰자의 경우와 같아도 좋다. 만드는 법은 딱딱한 종류의 마카롱과 거의 같으나, 설탕의 양이 적기 때문에 중탕할 필요는 없다. 딱딱한 종류의 것은 흰자와 설탕은 거품 올려 머랭은 사용하는 것이 있지만 부드러운 종류에는 일반적으로 달걀과 설탕은 거품을 올리지 않는다.

조금 부드러운 반죽이므로 보통은 짜서 성형을 하고 별 모양으로 사용하는 것도 많다.

이 경우 굽기 전에 조금 건조시켜두면 짜는 모양이 잘 나오게 된다. 또한 다른 성형의 경우에도 이러한 것에 의해 형태가 찌그러지지 않게 된다. 굽기는 용도에 맞추어 160~230℃의 오븐에서 단시간에 굽도록 한다. 중심까지 바삭하게 구울 필요는 없고 교면에 구운 색이 나면 된다. 중심부의 달걀의 단백질이 열 응고를 일으키는 온도는 75~80℃까지 열을 가열하는 게 좋다.

③ 머랭을 사용한 가벼운 마카롱

딱딱한 종류의 마카롱 중에서도 보다 가벼운 식감을 얻기 위해 흰자와 설탕은 거품 올린 머랭을 사용하는 경우도 있다. 이 제품에는 머랭과 다른 재료와의 혼합하는 방법이 주요 요인이 된다. 설탕은 녹기 쉬운 분설탕을 사용하여 머랭은 사용할 양만큼 나누고 나머지 분말 아몬드와 함께 섞어 체질한다. 머랭의 거품상태는 다른 재료와 혼합할 때는 나무주걱에 반죽이 조용히 흘러내리는 것이 기준이다. 이 상태 즉 이 제품에 사용되는 머랭은 이탈리아 머랭으로 마카롱의 내부가 건조하는 것은 당연하다.

④ 마지팬을 사용한 마카롱

마카롱은 분말아몬드 대신에 마지팬을 사용해 만들 수 있다. 이 경우 분말 아몬드의 것과 다른 점은 식감이 부드럽게 되는 것 이외에는 별 차이가 없다.

마지팬은 모든 아몬드의 반량의 설탕이 들어 있으므로 분말 아몬드에 비교하면 유지의 산화가 일어나기 어렵고 따라서 보존도 용이하다. 다만, 배합에 있어 주의할 점으로는 같은 배합이라도 유럽에서 만든 것과는 풍미가 다른 제품이 만들어질 가능성이 있다는 것이다.

로마지팬을 사용해 마카롱을 만들 때에는 먼저 마지팬을 아몬드와 설탕으로 환산할 필요가 있다. 대부분 로마지팬 1kg에 아몬드 560g, 설탕 280g, 수분 160g을 기준으로 함을 기억해 두면 좋겠다.

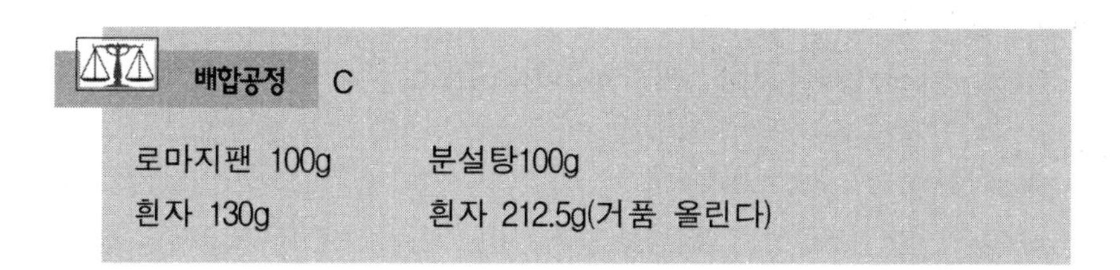
배합공정 C

로마지팬 100g　　분설탕100g
흰자 130g　　흰자 212.5g(거품 올린다)

이상의 배합으로 만든 마카롱은 분말 아몬드 100g, 설탕 200g, 흰자 60g을 마카롱에 해당한다.

로마지팬으로 만든 마카롱은 무겁게 되기 쉬우므로 위의 배합과 같이 흰자의 일부를 거품 올린 반죽 중에 공기를 포함하도록 한다.

또한 마지팬 안의 수분량은 보존의 상태에 따라 변화하므로 흰자의 양도 필요에 따라 증감하는 것이 좋다.

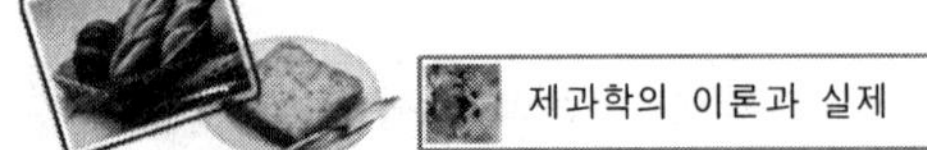

■■■ 딱딱한 종류와 부드러운 종류의 마카롱의 비교

공정 \ 종류	딱딱한 종류의 마카롱	부드러운 종류의 마카롱
배합	설탕이 많고, 흰자가 사용된다.	설탕이 적고, 노른자, 전란도 사용된다.
제법	120~160℃낮은 온도에서 시간을 걸려 굽는다. 설탕과 흰자로 머랭을 만들고 넛류를 넣는 경우도 있다.	160~230℃의 높은 온도에서 구워낸다. 머랭으로 만들지 않는다.
입안촉감	건조하고 입안에서 가볍게 부서진다.	촉촉하고 부드럽다.
조화	넛류의 변화, 초콜릿, 차, 스파이스 등의 첨가에 의한 것 등만으로 변화의 폭이 작다.	잼, 마말레이드, 버터, 생크림 등 변화의 폭은 딱딱한 마카롱보다 넓다.

(6) 마카롱의 광택에 관하여

마카롱의 광택에는 식품 첨가용의 아라비아 고무로 같은 양의 분설탕과 설탕과 함께 물에 녹여 10~15% 정도의 용액을 한 것을 사용한다.

마카롱이 구워지면 뜨거울 때 붓을 사용하여 칠하거나 몇 번이나 반복하여 칠하면 기포가 들어가 하얗게 되므로 주의를 요한다.

대량으로 광택을 내야 할 때에는 스프레를 사용하면 편리하다. 마카롱이 식은 뒤에 광택을 내는 경우에는 몇 번이고 반복해 칠하고, 칠한 후 낮은 온도의 오븐에 넣고 건조시킬 필요가 있다.

(7) 갈아 섞어 넣는 반죽

넛류를 주체로 하여 갈아 섞어 넣는 반죽은 기본적으로는 마카롱 반죽을 발전시킨 것이다.

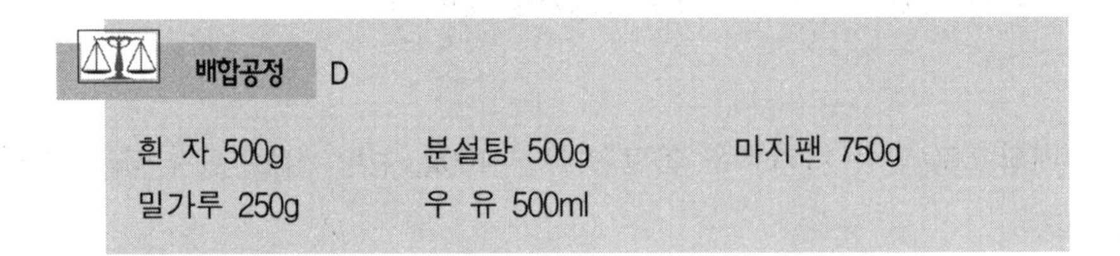
배합공정 D

흰 자 500g　분설탕 500g　마지팬 750g
밀가루 250g　우 유 500ml

배합C에 없는 것 중 배합D에 넣는 것은 밀가루와 우유 2가지이다. 배합D에 넣는 것은 분설탕의 양이 줄어져 있으나, 밀가루와 딱 맞게 바뀌어져 있다. 양방의 배합에 있어 현저하게 다른 점은 수분의 양이다. 배합C에 비교해 배합D의 수분량은 약 3배에 가깝다.

그러나 그것들을 빼면 양자는 크게 다르지 않는다. 즉 배합D는 배합C를 기본으로 하여 분설탕의 일부를 밀가루로 바꾸는 것과 함께 수분을 많게 하여 늘어나기 쉽도록 하고 반죽의 점도와 딱딱함은 조절한 것을 만들 수 있다. 이것은 물론 상당히 전형적인 예지만, 다른 종류의 반죽도 거의 비슷하다고 할 수 있다. 머랭을 사용하는 배합에는 반죽은 가볍게 하는 동시에 부피를 늘리는 것에 의해 제품의 수를 많게 할 수 있는 효과가 있다.

또한 넛류를 분말상태로 하지 않는 제품에서는 머랭을 한 것이 다른 재료와 혼합하기 쉬운 점이다. 배합의 조정에 대해서는 이러한 반죽만 자유로 바꿀 수 있는 것은 아니다.

그러나 이와 같은 경우 밀가루의 글루텐의 영향을 무시할 수 없으므로 이것에 대한 처리가 필요하게 된다. 여기에 버터를 넣으면 글루텐을 억제할 수 있고 또한 넛류를 줄이는 것에 의해 풍미의 저하를 개량할 수 있다. 그러한 상태와는 하나의 요소의 변화를 끌어내는 문제점을 보충하는 공정을 연쇄적으로 하는 것과 다음으로 새로운 배합을 만들어 내는 것이 가능 하게 된다.

배합D는 반드시 기본배합은 아니나 갈아 섞어 넣는 하나의 전형이다. 그런 까닭에 이것은 여러 가지 조화의 출발점으로 할 수 있다.

배합 D를 근간으로 줄기를 내는 작업은 하나면 된다. 이와 같은 반죽의 다른 하나의 특징은 구운 직후에 성형할 수 있다는 점에 있다. 이 특징을 살려 롤로 말거나, 둥근 형태, 컵 형태로 해서 여러 가지 변형을 할 수 있다. 다만, 이 제품은 아주 얇게 구워내기 때문에 상당히 빨리 식어지며, 식으면 변형되지 않으므로 수량을 많이 만들 때에는 식지 않도록 주의할 필요가 있다.

■■■ 배합D를 앞의 배합C와 비교

배합C(%)		배합D(%)
로마지팬	100	100
분설탕	100	67
흰자	42.5	67
밀가루	33	33
우유	67	67

 제5절 머 랭

1. 머랭의 정의

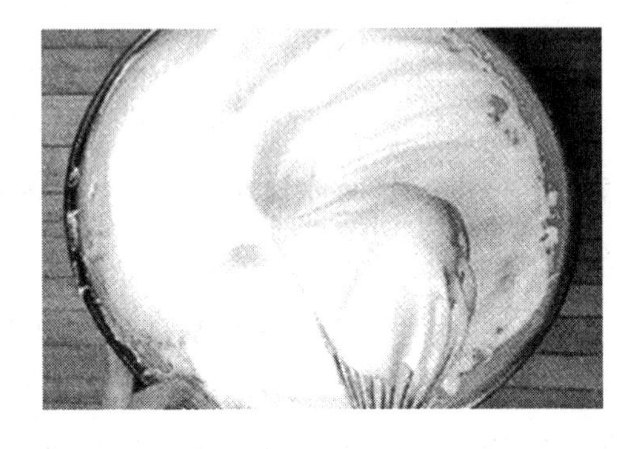

머랭(meriongue)이란 흰자에 설탕을 넣고 거품을 올린 것이다. 기본적인 재료에는 설탕과 흰자 2가지가 있을 뿐이다.

소재에서도 과자에서도 단순하다. 그러나 단순하기 때문에 연구가치가 없는 것은 아니다. 어쩌면 그 반대로 단순하게 보이는 것일수록 실제 깊이가 깊고 넓다고 볼 수 있다.

머랭은 그저 단것이라는 이미지가 강해 머랭을 가볍게 생각해선 안 된다. 머랭은 종류가 다양하다. 머랭에 조금 풍미도 내는데 넛류를 넣어본다. 넛류를 조금씩 증가시켜보면 이것이 다른 반죽이 된다. 머랭의 흰자와 넛류량이 같은 비율의 반죽이다. 또한 반죽이 안정을 좋게 하기 위해 밀가루를 증가해 가면 이번에는 버터케이크 반죽이 된다. 더욱 밀가루를 늘리면 쇼트페이스트의 반죽까지 발전될 수 있다. 이처럼 과자의 반죽이라는 것은 그것만큼 독립된 존재가 아니고 서로 교류되는 사이에서 엄밀하게 연결되어 있다.

2. 머랭의 종류

머랭은 제조 공정에 의해 크게 3가지로 나눈다.

① 차가운 머랭

② 따뜻한 머랭

③ 뜨거운 시럽의 머랭

이 세 가지의 배합에 관해서는 조금씩 다르다. 차가운 머랭보다 따뜻한 머랭이 설탕이 많이 들어가고 시럽 머랭에서는 당연히 배합에 약간의 물이 들어간다.

또한 용도도 각각 다르다. 차가운 머랭은 예를 들어

따뜻한 머랭은 거품이 잘 오르므로 세공용에 적합하다. 시럽의 머랭은 일반적으로는 이탈리아 머랭이라 부르고 크림이나 무스등 구운 과자에 쓰이는 것이 많다. 이처럼 다채로운 머랭이나 이것이 달걀 흰자와 설탕이라는 2가지 재료만으로 만들어지는 것을 생각해보면 상당히 놀라운 일이다.

머랭에는 굽지 않는 머랭, 건조시키는 머랭, 굽는 머랭이 있다. 굽는다고 하여 다른 반죽처럼 고온에서 굽는 것이 아니고 저온에서 건조 굽기하는 것이다. 차가운 머랭과 따뜻한 머랭을 함께 건조시키는 경우도 있으며, 굽는 경우도 있고 굽지 않고 사용하는 것도 있다. 그것에 비교해 이탈리안 머랭은 대부분 굽지 않고 사용한다.

건조시키는 머랭은 굽기에 의해 색을 내고 싶지 않는 경우에 사용한다. 즉, 장식용의 하얀 머랭이나 깨끗하게 착색된 머랭이다. 이 머랭에서는 제품 후 어느 정도 보관할 수 있는 것이 많으므로 머랭을 습기가 많지 않은 재료로 산이나 전화당 등을 넣어야 한다. 거품올림을 좋게 하기 위해서는 탄산수소암모늄을 첨가한다. 굽는 머랭에서는 바슈란이나 머랭샨티 등은 사용되고 마른 상태로 짠 것을 둥근형 과자의 받침에 사용하는 것도 많다.

3. 머랭의 과학

머랭은 흰자가 지니는 거품성이라는 특징이 있으며 하얀 상태를 만들어낸다. 그것만이라면 설탕을 첨가할 필요는 없다. 그런 까닭에 먼저 이 흰자의 기포성이라는 점을 알아보자.

흰자를 빠르게 저어주면 최초 큰 기포가 생기고 다시 저어주면 거품은 다시 가늘게 된다. 이와 동시에 전체가 하얗게 되고 부피도 늘어난다.

프랑스어 머랭은 거품올린 상태를 "눈과 같다"(아라네쥬)라는 단어가 있듯이 아마 외관이 그렇게 보이는 것이라 흰자의 기포성을 주는 것은 그 안에 들어있는 단백질이다.

흰자 중의 단백질은 물의 표면장력을 약하게 하는 작용이 있고 그 때문에 기포가 만들어지기 쉽게 되어 있고 이것에 의해 만들어진 기포는 역시 흰자 중의 단백질의 「공기에 접촉하면 딱딱한 막을 형성한다」라는 성질에 의해 안정되게 된다.

흰자에는 농후 흰자 및 수양 흰자라는 2종류가 있고, 신선한 계란에는 양쪽 모두

들어있다. 기포성이라는 점에서 말하면 수양 흰자 쪽이 물의 표면장력의 주변에 기포가 생기기 쉽다. 그러나 점도는 낮고 안전성이 떨어진다. 그것에 비해 농후 흰자의 쪽도 기포성은 떨어지나 거품올린 기포는 안정되어 있다. 신선한 흰자에서는 농후 단백질이 많으나, 시간이 지나면서 수양난백의 비율이 많게 된다. 그런 까닭에 신선한 달걀보다 오래된 흰자가 거품 올리기 쉬우나 안정성은 없다고 할 수 있다.

흰자의 기포성을 높이는 첨가물에는 여러 가지가 있으나, 잘 쓰이고 있는 것은 크림타타 즉 주석산칼륨이다. 흰자는 보통 상태에서 약 알칼리성이지만 중성이 약산성으로 되면 기포력이 높게 된다. 그 때문에 미량의 산을 넣고 pH를 내리게 된다. 알칼리성을 약하게 하는 목적이므로 꼭 크림타타가 아니라도 좋다. 구연산이나 레몬과즙이라도 상관없다. 다만, 제품에 따라서는 산을 사용할 수 없는 것도 있다. 산을 넣는 머랭은 습기를 받기 쉬우므로 그것을 피할 때에는 탄산수소암모늄을 추가해도 좋다. 그 경우의 첨가량은 흰자에 대해 0.2% 정도가 기준이다.

1) 설탕

거품 올린 흰자만으로는 맛이 없다. 거기에 설탕을 넣어 단맛을 주게 된다.

머랭의 식감은 놀라울 정도의 단순한 발상이였을 것이다. 그러나 이 설탕을 넣는 것은 실로 머랭의 상태를 높여 큰 영향을 주는 것이다. 설탕에는 물을 감싸는 성질인 보수성이 있다. 흰자를 넣은 설탕도 연결되어 젓는 것에 의해 만들어진 기포의 표면이 마르는 것을 방지하는 역할을 해낸다.

이 때문에 기포는 처지지 않게 된다. 즉 설탕은 머랭의 기포의 안전성을 높이는 작용을 하고 있다. 그러나 한편으로는 설탕에는 흰자에 들어있는 단백질의 기포를 만들려고 하는 성질을 억제하는 움직임이 있고 기포성은 조금 나쁘게 된다. 머랭은 거품 올릴 때 처음부터 설탕을 전부 넣지 않고 조금씩 몇번 나누어 넣어 나쁘게 되므로 그것은 보충하는 방법이다. 머랭을 만들 때 열을 가열하면서 거품 올리는 것이 잘 알려져 있다. 이것은 흰자는 온도가 높은 것이 기포성이 좋게 되는 성질에 의한 것으로 일반적으로 액체는 온도가 높을수록 표면장력이 약해지기 때문이다.

종합해보면 설탕이 적은 배합에서는 신선한 흰자를 잘 차게 하여 거품 올리는 것이 좋고, 설탕이 많은 배합에서는 오래된 달걀흰자를 데워가면서 거품 올리는 것이 좋다고 할 수 있다.

2) 유지

유지는 거품을 없애는 존재고 게포제의 주원료의 하나가 되어 있다. 흰자에 대해서도 같고 머랭에 유지가 정말 소량이라도 혼합하면 흰자의 기포성을 현저하게 방해하게 된다.

배합에 유지를 넣지 않는 것은 물론 사용하는 도구 등에 유지가 붙어 있지 않도록 세심한 주의가 필요하다. 노른자에도 지방분이 들어있고 레시틴에 의해 유화되어 있으므로 소포제 효과를 조금 나타내고 있고, 달걀을 깰 때 혼합되지 않도록 신경 쓰면서 작업해야 한다. 물을 넣으면 거품은 나쁘게 되고 그 기포는 시간을 두면 없어진다. 즉 인성이 나쁘게 된다.

우유에는 약간의 지방분이 들어있어 기포성·안전성을 저하시킨다.

흰자의 단백질을 보강시키는 목적으로 건조흰자를 많이 사용한다. 생 흰자에 소량 첨가하여 사용한다.

4. 머랭의 제법

머랭을 만드는 데에는 3가지 방법이 있다.

각각 배합과 용도가 다르지만, 물론 흰자와 설탕은 거품을 내는 머랭의 근본원칙은 변하지 않는다. 기본적인 머랭의 배합은 다음과 같다.

1) 차가운 머랭

차가운 머랭은 기본 머랭이라 하고 프랑스어로는 meriongue ordinaire(보통 머랭)이라 부르고 있다. 따뜻한 머랭에 비교해 설탕량의 비율이 적고 용도는 상당히 넓다.

배합공정 A

흰 자 100g 설 탕 200g

이 배합에서 설탕은 150g까지 줄일 수 있다. 그 이하가 되면 머랭의 안전성이 나쁘게 되므로 전분 등으로 보강할 필요가 있다. 전분을 머랭에 넣으면 구운 후 확실한 머랭이 되지만 결국에는 밀가루 맛이 나고 맛이 떨어진다.

만드는 법

① 흰자에 먼저 설탕 40~50g 정도를 넣고 천천히 흰자를 가볍게 섞고 조금씩 혼합을 강하게 하여 60% 정도까지 거품을 올린다.

② 다음은 혼합을 계속하면서 남은 설탕을 여러 번 나누어 넣고 확실한 딱딱한 머랭을 만든다.

③ 믹서를 사용할 경우는 처음 저속으로 시작하여 어느 정도 거품 오르면 중속으로 바꾼다. 너무 혼합속도가 빨라도 기포가 크고 기공이 굵은 머랭이 되어 버린다.

④ 만들어진 머랭반죽은 종이나 실리콘 종이 위에 짤 주머니를 사용하여 용도에 맞는 형태로 짠다. 종이 위에 짜도 좋으나 그렇게 되면 구운 후 종이가 붙어서 작업성이 나쁘다. 기름을 칠한 철판 위에 직접 짜서 구워도 좋지만 머랭에 부착한 기름이 날짜가 지남에 따라 산화하여 제품의 풍미를 잃게 하는 경우도 있다. 특히 보존성이 필요한 제품에는 절대로 피하는 것이 좋다.

⑤ 굽기는 건조한 오븐에 넣고 약한 불로 2시간 정도 안까지 구워지도록 한다. 시간이 너무 지나도 머랭의 안의 기포가 합쳐져서 크게 되고 제품이 처져 버리는 경우도 있다.

2) 따뜻한 머랭

프랑스에서는 Muringue sur le feu라 부르고 있다.

차가운 제품보다 설탕이 많은 배합이 일반적이다. 열을 주는 것은 배합량이 많은 설탕을 녹이기 위한 것과 기존력의 저하를 보충하기 위해서이다. 이 방법으로 만들 머랭 반죽은 기공이 세밀하고 무겁고 맛이 강한 것이 된다. 반죽 자체가 열을 지니고 있기 때문에 표면이 건조하기 쉽고 별모양으로 짜 것은 형태가 무너져 간다. 그러므로 세공품이나 단풍의 머랭 쿠키 등에 적합한 머랭이다.

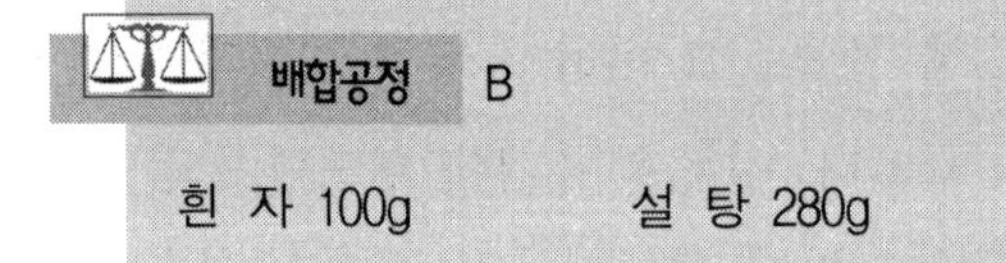

배합공정 B

흰 자 100g　　설 탕 280g

만드는 법

① 흰자와 설탕 50g을 볼에 넣고 중탕으로 열을 가열하면서 깨가면서 천천히 혼합한다.

② 차츰 혼합을 강하게 하고 남은 설탕은 수회 나누어 넣는다.

③ 반죽은 온도가 50℃ 정도가 되면 중탕에서 내리고 열이 빠져 나갈 때까지 젓기를 계속해 확실하게 거품을 올린다. 반죽의 온도의 기준은 볼을 잡은 손이 뜨겁게 느끼거나 또는 손가락을 넣고 느낄 정도면 좋다.

④ 열을 가하면 흰자의 단백질이 변성하여 구운 제품이 부서진다.

⑤ 오븐 종이 위에 짜고 저온의 오븐에 넣고 장시간 건조시킨다.

3) 뜨거운 시럽 머랭

일반적으로는 이탈리아 머랭이라고 불리우는 머랭 반죽이다. 이 머랭은 앞의 2가지 머랭과는 제법과 용도에 있어서 크게 다르다. 흰자를 거품을 올려가면서 뜨겁게 끓인 시럽을 부어 넣기 때문에 흰자의 일부가 열 응고를 일으켜 만들어진 기포는 상당히 단단하게 된다.

또한 불의 통합이 나쁘고 보통은 구운 제품에 사용하지 않는다. 뜨거운 열을 비교적 장시간 가열하는 것이 되므로 반죽 살균효과는 좋고 그런 까닭에 무스나 냉과는 가열하지 않는 제품에 적합하다. 버터크림 등 크림류를 가볍게 하기 위해서도 가끔 사용되고 있다.

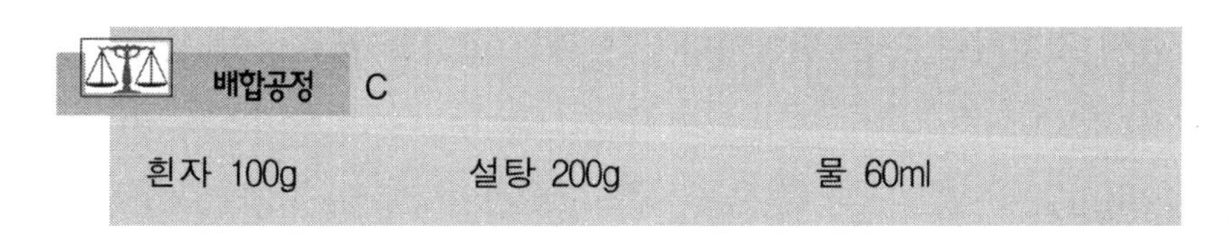

배합공정 C

흰자 100g　　설탕 200g　　물 60ml

만드는 법

이 머랭을 만들 때에는 손작업이라면 2 사람이 할 필요가 있다. 믹서라면 혼자할 수도 있다.

① 볼에 흰자와 소량의 설탕(흰자의 양 20% 정도)을 넣고 처음에는 천천히 그리

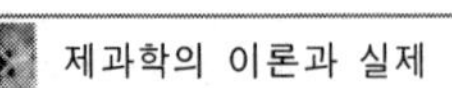

고 차츰 강하게 저어 거품을 올린다.

② 동 냄비에 남은 설탕과 물(설탕의 1/3정도)을 넣고 불에 올린다. 이 시럽이 115℃까지 끓었을 때 흰자가 70% 정도 거품 오르도록 시간을 맞추는 것이 중요하다.

③ 시럽이 끓어 졸여지면 거품을 건 머랭의 안에 가늘게 실상으로 부어 넣어가면서 계속 거품 올린다. 이때 주의하지 않으면 부어 넣는 시럽이 거품기의 날개에 붙어 거품 올린 핀자가 섞이지 않을 때 엿 상태로 굳어지게 되기 때문이다.

④ 시럽을 전부 넣으면 그대로 머랭의 뜨거운 열을 빠져나갈 때까지 젓기를 계속한다.

시럽을 끓이는 온도는 만든 머랭의 온도에 맞추어 최저 110℃에서 125℃까지 변한다. 이것은 즉 머랭에 넣는 수분량은 내리는 것이 되고 비교적 가벼운 이탈리안 머랭이 된다.

끓이는 온도가 그 반대라고 할 수 있다. 만들어진 머랭에 양주나 과일 퓨레 등을 넣을 경우는 수분이 적은 것이 좋고 건조한 넛류를 넣을 경우는 수분이 많은 것이 적합하다고 할 수 있다.

이 머랭은 거품의 안정성이 상당히 좋으므로 반죽이나 크림에 혼합하거나 또는 별모양 깍지로 짜서 케이크의 장식용에 사용하면 잘 어울린다. 또 제품의 표면에 칠해 뜨거운 오븐이나 버너 등으로 가볍게 구운 색을 낼 수도 있다.

5. 머랭의 조합

머랭은 함께 조합하는 다른 반죽이나 크림과의 조화를 생각하여 맛이나 향을 내는 것이다.

① 향료를 넣는다.

머랭 자체에는 특징적인 향이 없으므로 바닐라를 시작으로 여러 가지 향료 사용으로 향을 낼 수가 있다. 오렌지나 레몬껍질로 향을 내도 좋다.

② 커피를 넣는다.

인스턴트커피분말은 머랭 반죽에 대해 3~4% 정도 사용한다. 그때 소량의 위스키로 커피를 녹여 사용하면 좋다.

③ 초콜릿을 넣는다.

머랭 반죽에 대해 4~7%의 비타 초콜릿을 중탕하여 녹여 넣는다. 또한 그 반량분은 코코아를 넣어도 좋다.

④ 프랄리네 페이스트를 넣는다.

아몬드 또는 헤즐넛, 호도, 프랄리네 페이스트를 머랭 반죽의 20% 정도 넣는다. 이것들의 페이스트는 녹기 어려우므로 소량씩 넣고 섞으면 좋다.

⑤ 양주를 넣는다.

여러 가지 양주를 머랭 반죽에 첨가할 수 있으나, 양은 양주의 맛이나 알코올 도수에 따라 변한다. 함께 조합하는 반죽이나 크림의 종류도 어떤 양주를 사용할까 하는 기준이 된다.

위의 것들은 머랭을 구운 후에 습기가 차기 쉬운 요인은 되지 않는다. 그러나 아래의 것은 구운 후 습기가 차기 쉬운 요인이 되기 쉬우므로 딱딱함을 필요로 하는 제품에는 사용하지 않는 것이 좋다.

⑥ 과즙, 시럽, 퓨레, 잼을 넣는다.

이들 소재를 넣으면 상당히 농후한 맛의 머랭을 만들 수 있게 된다. 이탈리안 머랭을 넣는 경우에는 시럽의 끓여 졸이는 온도가 높게 하거나 또는 젤라틴 등의 안정제를 사용하여 보강한다.

⑦ 설탕의 풍미는 변한다.

머랭에 사용하는 설탕은 보통 설탕이나 분설탕이 일반적이지만 이것을 개성적인 풍미를 지닌 다른 설탕, 예를 들어 굵은 설탕으로 바꿔서 사용하면 풍미가 변한 머랭을 만들 수 있다. 그러나 전부의 설탕을 변화시키면 풍미가 강하게 되므로 기본적으로는 보통의 설탕을 사용하였고 일부를 다른 것으로 변화시키는 것이 좋다. 그 비율은 메이플 슈가라면 100%, 브라운 슈가 등 굵은 설탕의 경우는 20%가 기준이다.

6. 머랭의 응용

머랭의 특징을 잘 살린 것을 알아보자

1) 쇼콜라 S

제일 간단한 것은 맛이나 향을 부가한 한번의 머랭 제품으로 이것은 응용이라기보다 조화에 포함되는 것이다. 그 중에서 특히 유명한 것은 스위스의 명과 쇼콜라 S가 있다.

이 제품은 이탈리안 머랭에 초콜릿(또는 코코아)을 넣는 것으로 상당히 단순한 과자이다. 초콜릿 혼입량이 많기 때문에 기술적으로 그리 쉽지 않다.

초콜릿의 유지분이 다량 포함되어 머랭의 기포를 없애기 쉬운 재료의 하나이다.

그렇기 때문에 머랭의 혼합을 잘하지 않으면 반죽은 금방 볼륨을 잃게 되고 잘 혼합했다고 생각해도 구워보면 형태가 부서져버린다. 대단히 형상이 나쁜 반죽이다. 이 제품에 사용되는 것은 이탈리아 머랭이다. 쇼콜라 S 입안까지 바삭바삭 구워내는 제품이 아니고 표면이 딱딱하고 안의 반쯤 구워진 상태라 불의 통합이 나쁜 것은 문제가 되지 않는다. 그것보다는 머랭의 기포가 튼튼해져 처지지 않는 것이 중요하다. 또한 배합의 조정이 바르지 않으면 역시 실패한다. 이 제품에는 굽지 않고 건조시키는 종류도 있으나 여기서는 굽는 종류의 2가지를 소개한다.

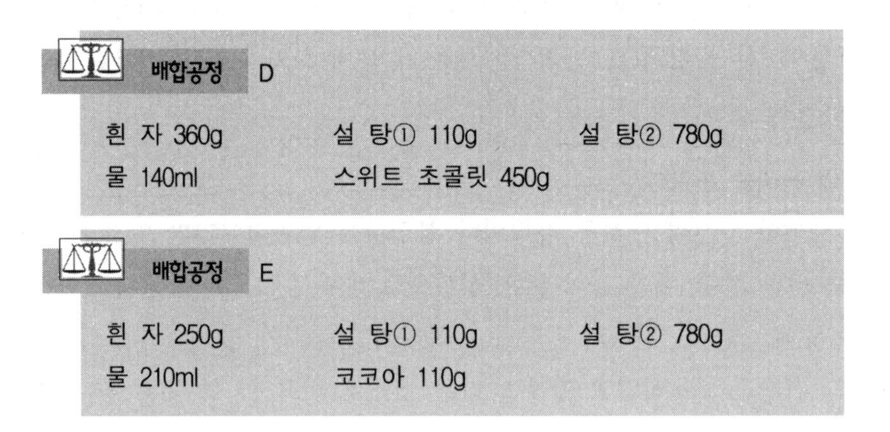

배합공정 D

흰 자 360g	설 탕① 110g	설 탕② 780g
물 140ml	스위트 초콜릿 450g	

배합공정 E

흰 자 250g	설 탕① 110g	설 탕② 780g
물 210ml	코코아 110g	

만드는 법

만드는 방법은 모두 흰자와 설탕①을 거품 올리고 설탕②와 물로 만든 시럽(120℃)을 부어넣어 이탈리안 머랭을 만들고 거기에 녹인 초콜릿 또는 코코아를 섞는다.

제6절 슈(프 Pate a Chou 영 Cream)

1. 슈의 정의

슈 반죽을 프랑스 말로 파트 아 슈(Pate a Chou)라고 한다.

슈는 양배추 의미로 구운 후 부풀어 오른 슈 껍질의 형태가 양배추를 닮았다 하여 이름이 붙여졌다고 생각된다.

또한 독일어로는 구워진 후 부풀어진 부분이 동굴이 생기게 되므로 Wind Beutl(공기봉지 바람, 봉지의 의미) 맛세(반죽) 라고 부른다.

영어로는 슈 페이스트(Choux Paste) 크림 퍼프 페이스트리(Cream Puff Paste)라 부르고 있다. 퍼프는 부풀었다는 의미이다.

또한 슈 반죽의 큰 특징은 반죽을 만드는 단계에서 불을 통하는 것으로 이 특징은 다른 반죽에는 볼 수 없는 파트 슈르르푸(Pate Sutlefeu) 프랑스어로 한 번 더 불에 올려 만든 반죽이라고 부르고 있다.

독일에서는 이것과 같은 뜻으로 부류(Bruh, 찌는)맛세 또는 브란도(Brand 구운) 맛세라고도 한다. 꼭 불에 올려 불을 통하려는 것이어서 이렇게 불리어지게 되었다.

2. 슈의 종류

슈는 과자 중에서 대중적이며 그 종류도 다양하다. 반죽의 변화나 형태의 내용물 다른 반죽과 조합 등을 할 수 있다. 슈 반죽은 많은 과자의 반죽 중에서도 카로리누 만드는 순서가 특수하다.

반죽의 과정에서 밀가루의 전분을 완전히 알파화하는 것이 다른 과자에서 볼 수 없는 제법이다. 슈의 종류에는 슈, 에클레르, 스완, 파리 프레스토 등이 있다.

슈 반죽은 평평하게 구워 타르트등 자르는 과자에 사용하거나 또는 베니에 등과

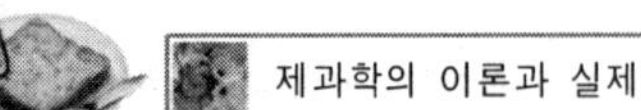

같은 튀김과자에 사용하거나 뇻기와 같이 삶아서 요리처럼 내기도 하는 등 여러 가지 처리의 방법이 있다. 기본적으로는 오븐 안에서 공간이 생기도록 구워 안에 내용물은 짜 넣는다. 그런 까닭에 볼륨은 내는 것은 슈에 있어 중요한 것이다.

3. 슈의 팽창

슈의 팽창은 굽기 중의 수증기의 힘에 의해 부풀어지는데, 이것은 고무풍선을 부풀리는 것과 비슷하다. 풍선의 고속처럼 반죽이 일어나기 때문에 탄력성과 점성이 뛰어날 필요가 있고, 그것을 얻기 위해서 밀가루의 전분을 알파화시키는 것이다. 이때 부풀어진 슈반죽의 내부는 완전히 기밀상태가 되지 않으므로 발생한 증기는 외부로 빠져나가 버린다.

또한 식으면 수증기도 식어 물로 되돌아가므로 공기를 빼 풍선처럼 슈가 수축하게 된다.

이 수축을 방지하는 것이 밀가루안의 단백질(글루텐)과 달걀의 안의 단백질의 열 응고이다. 그런 까닭에 슈의 굽기에 있어 충분히 불을 통하여 단백질의 열 응고를 완전히 하는 것이 중요하고 그렇게 하지 않으면 오븐에서 꺼낸 후 납작하게 수축해 버린다.

불을 완전히 통하는 것은 반죽 안의 수분을 될 수 있는 한 증발시키는 의미에서도 필요한 것으로 습기를 많이 포함한 슈는 굽는 시간이 지나치면 딱딱하게 되어 맛도 나쁘게 된다.

유럽의 슈는 바삭하게 구워져 있고 우리의 슈는 부드럽게 굽는다.

슈는 좋은 재료를 사용해 잘 만드는 것이 전제이고 각각 좋아하는 취향에 맞추어 제품을 만들면 좋다.

4. 슈의 기본적 배합

슈반죽에 사용되는 원재료는 기본적으로 물, 유지, 밀가루, 달걀, 4가지이다.

이것에 소금, 설탕과 함께 조미료나 탄산수소나트륨 등의 팽창제 또 누가 마지빵 등이 들어가는 것도 있으나 이것들은 맛을 좋게 한다.

또는 부피를 증가하는 목적에 사용되는 것도 있고 없어도 슈를 만들 수 있다.

슈 반죽의 주원료는 버터(유지), 밀가루, 달걀 등의 배합으로 버터 양이 적은 것부터 물 대신, 우유, 와인을 사용하는 것이 있다.

반죽을 만들 때 불을 통하는 것은 밀가루에 들어있는 전분을 호화상태로 만들기 위해서이다. 이 반죽을 오븐에 넣고 구우면 먼저 표면에 껍질이 생긴다.

그 후 반죽에 들어 있는 공기의 열팽창과 뜨거운 열이 있기에 수분이 수증기로 변해서 밖으로 나오고 싶은 압력이 탄력이 있는 껍질이 팽창하기 때문에 반죽이 부풀어서 표면이 약한 부분이 압력을 받아서 균열이 생긴다.

그렇기 때문에 구어낸 후 슈 껍질에는 독특한 공동과 균열이 생기게 된다.

반죽을 만드는 방법이 나쁘면 균열이 잘 생기지 않고 동공이 생기지 않으므로 없으며 부풀음이 나쁜 슈 껍질이 된다.

1) 4가지 재료의 역할

(1) 물

슈 반죽에 있어 물의 역할에는 다음과 같은 것이 3가지가 있다.

① 밀가루 전분을 알파화시킨다.

② 반죽 중에 유지를 골고루 분산시킨다.

③ 굽는 중에 증기가 되어 반죽을 들어올려 팽창시킨다.

밀가루의 전분을 알파화시키기 위해서는 수분과 열이 필요하다. 이 수분은 싸고 무미무취이고 취급하기 쉽다. 또한 단백질과 같은 고형분이등의 여분의 성분들이 들어있지 않으므로 열 변성할 염려도 없다.

④ 반죽 중에 유지를 골고루 분산시킨다.

슈반죽에는 먼저 처음에 물과 유지를 함께 불에 올리는데 이것에 의해 끓는 물에 유지가 완전히 녹아지므로 그 후 다른 재료를 섞더라도 전체에 유지가 골고루 섞이게 된다.

⑤ 굽는 중에 증기가 되어 반죽을 팽창시킨다.

굽는 중에 반죽을 팽창시키는 것은 주로 증기의 힘에 의한 것이다. 그 증기는 물과 달걀에서 발생한다. 액체는 기화하는 것에 의해 팽창하여 체적이 늘어나는데 그

것이 슈반죽을 안에서 들어올리는 힘이 되어 움직이게 된다.

(2) 유지

슈에 있어 유지의 제일 중요한 역할은 밀가루 중의 글루텐의 형성을 방지하는 것이다. 글루텐은 구운 슈의 형태를 유지하는데 없어선 안 될 필수적 요소이지만, 너무 많으면 도리어 제품을 나쁘게 하는 원인이 되기도 한다. 즉 글루텐이 충분히 형성되어진 슈반죽은 끈기가 있어 구워도 부풀지 않고 딱딱하게 되어 버린다. 유지는 글루텐 형성을 방지하는 역할과 함께 쇼트네트를 효과적으로 나타내기 위해서는 유지와 물을 함께 끓여 잘 녹여두는 것이 바람직하다. 유지에는 여러 가지 종류가 있으나, 크림성이나 고형성을 요구되지 않는 점을 생각해보면 원칙으로 슈에 사용하는 유지는 어떤 종류라도 좋다. 실제 슈는 버터로 만들거나 라드, 식용류로도 만들 수 있다. 슈는 물론 과자이기에 먹을 수 있는 유지가 아니면 안되고 먹어서 맛있어야 한다. 그렇다면 역시 버터가 제일 우수한 것이 된다. 실제로 버터와 비교해 어떤 유지도 풍미가 떨어지므로 버터이외의 유지를 사용하는 것은 좋지 않다.

만일 버터 이외의 유지를 사용한다면 정제 라드, 올리브유가 좋을 것 같다.

(3) 밀가루

밀가루의 역할은 어떤 과자에 있어서도 똑같다. 즉 제품에 형태를 주는 것과 먹었을 때 입안의 촉촉한 식감을 주는 것인데, 이 2가지 성질은 밀가루중의 전분과 단백질의 움직임에 의한다. 전분은 수분과 열을 추가하는 것에 의해 알파화되고 호화상태가 된다. 또한 단백질(글루텐)은 수분과 함께 이겨져서 그 물 구조로 만들고 끈기가 있는 상태가 된다. 이 글루텐은 굽기에 의해 고화하므로 그것이 입안을 텅빈 상태로 팽창된 슈반죽의 형태를 유지하기 때문이다.

슈용 밀가루에는 강력분과 박력분 어느 것을 사용해도 좋다.

이 두 개 배합중 유지의 비율이 많은 경우에는 적절하게 변화시키는 것이 좋다.

즉 유지의 혼합량이 많으면 글루텐을 억제하는 힘이 강하게 되므로 글루텐이 많은 밀가루 즉 강력분을 사용한다. 반대로 유지가 적으면 박력분을 사용해도 좋다. 또 슈뿐 아니라 밀가루를 포함할 때에는 덩어리가 남지 않도록 체질하여 사용하는 것이 좋다.

(4) 달걀

슈반죽에는 달걀은 전란을 사용한다. 노른자만 또는 흰자만으로도 만들어지나, 꼭 그럴 필요성은 없다고 본다. 슈에 있어 달걀이 나타내는 역할은 풍미를 좋게 하는 것과 함께 반죽의 딱딱함을 조절하여 굽기 중에 수분을 발산시켜 부풀은 슈의 형태를 밀가루와 함께 만들어지는 것이다. 이 목적을 위해서는 전란을 사용하는 것이 좋다. 물론 배합에 규정된 양의 전란을 사용한다. 그러나 반죽이 딱딱한 경우에 조절용으로 남은 흰자를 사용하는 것도 좋다.

2) 부재료

(1) 우유

물대신 우유를 사용할 수도 있다. 그 경우에 물을 사용했을 때와 비교하면

① 구운 색이 나기 쉽다. 이것은 우유에 들어있는 유당의 활동에 의한 것이다.

② 풍미가 좋게 되고 영양가가 높게 된다.

(2) 설탕

슈 반죽에 설탕을 넣는 것은 단맛을 내기 위한 목적보다는 좋은 구운 색을 내기 위해서이다. 그런 까닭에 배합량으로는 밀가루의 5~10% 정도가 좋다.

(3) 양주

양주를 첨가하면 보다 고급스런 슈반죽을 만들 수 있다. 첨가하는 양주는 와인이 일반적이지만, 다른 양주를 사용해도 좋다. 모두 넣은 양만큼 물로 바꾸어 사용한다.

알코올분은 굽기 중에 증발해 버리므로 풍미용이다. 그런 까닭에 가격이 싼 것만 생각해보면 질이 좋지 않는 양주를 사용할 바에는 전혀 사용하지 않는 것이 좋을 것이다.

(4) 팽창제

슈의 볼륨은 팽창제를 첨가하는 것도 있다.

많이 사용되는 것으로는 탄산수소암모늄으로 이 팽창제는 반죽을 팽창시키는 작용을 한다. 그러나 많이 들어가면 반드시 좋은 것은 아니다. 암모니아 냄새가 반죽에

옮겨지지 않을 정도의 미량을 사용하는 것이 좋다. 사용방법은 베이킹파우더와 같다.

(5) 전분

밀가루에 부분적으로 전분이나 기타 전분을 바꾸는 것도 있다. 물론 이 목적은 밀가루 중의 글루텐을 내리기 위한 것으로 유지의 배합량이 많은 것을 사용할 필요는 없다. 첨가량도 밀가루에 대해 몇 %라고 정해진 수치는 없고, 전체의 배합이나 반죽의 상태를 보아가면서 정하는 것이 좋다.

(6) 넛류

넛류나 누가 크로캉, 마지팬, 프랄리네 등이 들어간 슈도 있다.

또는 초콜릿, 커피의 맛이 나는 슈를 만들 수 있다. 모두 기본이 되는 배합으로 슈반죽을 만들고 최후에 위의 재료를 넣어 혼합한다. 이 경우 반죽의 딱딱함을 조정할 필요가 있으면 전란을 적당량 추가한다.

(7) 치즈

치즈가 들어간 슈반죽은 주로 소금 맛의 치즈제품이 쓰인다. 사용하는 치즈는 경질, 또는 반경질 치즈이면 좋으나, 될 수 있으면 에멘탈, 그리엘, 팔메잔 등 맛이 좋은 치즈가 좋다.

적절한 크기로 분쇄하여 반죽에 넣는다. 치즈가 들어간 슈는 너무 많이 구우면 타서 풍미가 떨어지므로 주의해야 한다.

3) 배합 공정

배합공정 A

버 터 150g 100%　　물 180ml 120%
밀가루 150g 100%　계란 400g 267%

보통은 위의 배합에 소금이 들어간다. 소금의 양은 좋아하는 취향에 의해 변화해도 좋다. 그러나 소금에는 밀가루 글루텐을 강화하는 작용이 있으므로 반드시 물에 녹여서 밀가루와 함께 두는 것이 좋다.

이 배합에는 유지와 밀가루의 비율이 동일하지만, 유지가 다른것보다 많이 들어가는 경우도 있고 적게 들어가는 경우도 있다. 유지가 많게 되면 물은 동량으로 한 경우 반죽은 보다 부드럽게 되고 달걀을 넣는 양은 상대적으로 줄어든다. 이것을 구어내면 구웠을 때 딱딱하여도 조금 시간이 지나면 유지의 성질도 부드럽게 된다. 물론 유지의 배합량이 많으면 그만큼 유지가 지닌 풍미가 그대로 제품의 풍미가 되는 것이므로, 풍미가 나쁜 유지를 사용하는 것은 제품의 질을 떨어뜨리게 된다.

유지를 적게 하면 원가를 내릴 수는 있으나 풍미는 단연 나쁘게 된다.

또한 밀가루 중의 글루텐의 양도 많게 되므로 구울 때에 충분히 구워지지 않으면 보관중에 촉촉하게 되어 크림을 넣어도 맛있게 되지 않는다.

유지가 밀가루에 대해 75% 이하일 때에는 반드시 다시 굽는다. 다시 굽기 하면 밀가루의 고소한 풍미가 나오고 보관중에 크림을 넣으면 다시 부드럽게 된다.

그 때문에 굽기 중에 수분을 잘 발산시키는 것이 좋다. 최초에 유지와 함께 불에 올리는 물의 양은 밀가루와 동량부터 2배까지의 사이에서 변화시킬 수 있다. 물의 양이 많으면 많을수록 최후에 넣는 달걀의 양도 상대적으로 적게 되므로 풍미가 나쁘게 된다.

또한 유지가 적고 물이 많은 경우에는 밀가루 글루텐을 억제하는 힘이 약하게 되고 구워낸 슈의 볼륨이 그리 나오지 않는다.

슈 반죽은 배합의 변화에 상당히 독을 지닌 것을 만들 수 있으므로 어떤 의미에서 자기만의 배합을 만들 수 있다. 전체의 조화로서는 유지의 양을 100%로 하면 밀가루는 250%, 물은 300%까지 증가할 수 있다. 이 경우 전란은 최소 200~300g에서 최대 480g까지 반죽의 정도를 보면서 조절한다.

(1) 슈반죽 제법

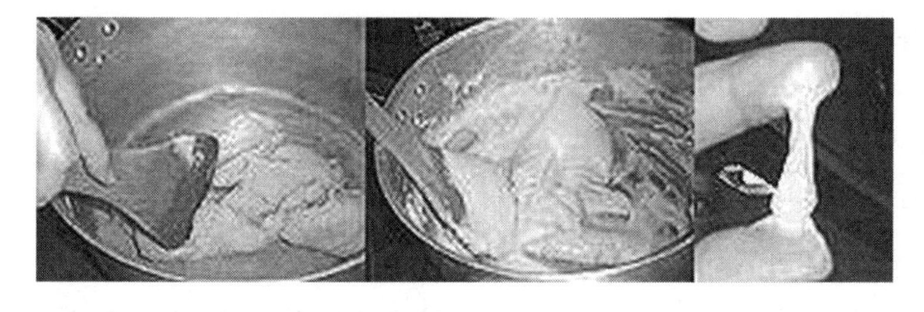

슈반죽을 만드는 법은 기본적으로 한 가지이다.

① 유지와 물, 소금을 냄비에 넣고 불에 올려 불을 끓여 유지를 녹인다.

② 버터가 녹으면 불에 올린 채로 밀가루를 넣고 나무주걱으로 빠르게 저어 밀가루의 안의 전분이 완전히 알파화될 때까지 이긴다.

③ 알파화의 기준으로는 반죽이 냄비의 밑부분에 부착하지 않으면 좋은데, 그것만으로는 반죽의 내부가 알파화되지 않고 남는 경우가 있으므로 잠시 불에 그을려 완전히 알파화시킨다.

④ 불에서 내리면 바로 달걀을 넣는다. 한 개씩 넣어가면서 잘 섞는데, 그때 너무 시간을 소비하여 천천히 하면 달걀에 들어있는 단백질이 응고하므로, 작업은 될 수 있는 한 빠르게 해야 한다.

달걀이 삶아질 경우가 있으므로 반죽이 조금 식으면 넣도록 할 때도 있으나, 알파화된 밀가루 전분은 반죽이 식으면 베타 전분으로 다시 돌아가므로(전분의 노화라고 함) 일부러 복잡한 작업을 하지 않는 것이 되고 맛없는 슈를 만들게 되는 것이다.

슈 반죽은 뜨거울 때 달걀을 섞고 바로 짜서 바로 굽는 것이 철칙임으로 이것을 과자기술이라고 할 수 있겠다.

반죽의 딱딱함의 판단, 즉 달걀을 넣고 안 넣고의 판단은 많은 경험을 기초로 결정해야 한다고 본다. 짤 주머니에 넣어 짤 경우에는 나무 주걱으로 반죽을 들었을 때 걸쭉하게 흘러내리는 정도의 딱딱함이 기준으로 되어 있다.

⑤ 만들어진 반죽을 짤 주머니에 넣는다. 둥근 짤 깍지를 사용한다.

짤 깍지의 크기는 만드는 과자의 크기나 종류에 따라 사용한다.

슈 아 라 크림의 경우는 유지를 칠한 철판에 간격을 충분히 해서 직경 4~5cm의 둥근 형태로 짠다.

⑥ 굽기방법은 철판 표면에 분무기로 물을 뿌려 200℃ 정도의 뜨거운 오븐에 넣고 약 25분 정도 구어 낸다.

(3) 슈반죽 제법의 요점

① 배합의 재료는 정확히 계량할 것.

② 밀가루는 꼭 채로 칠 것.

③ 실온상태의 전란을 사용해 용기에 넣어 놓은 것. 냉장고에 들어 있던 전란은

차기 때문에 반죽 온도를 낮게 하므로 좋지 않다.

④ 사용하는 손 냄비는 배합량에 맞는 크기의 것을 사용할 것.

⑤ 유지를 완전히 녹일 것.

⑥ 불의 조절 밀가루의 혼합

⑦ 반죽이 손 냄비에서 타지 않도록 충분히 주의해서 혼합할 것.

⑧ 밀가루를 충분히 호화(알파화)시킬 것.

⑨ 전란을 넣을 때는 흰자가 응고되지 않도록 빨리 혼합해 젓는다.

⑩ 반죽의 딱딱함에 충분히 주의할 것.

⑪ 굽기하는 철판은 슈 전용으로 하면 좋다.

⑫ 짠 슈반죽을 오븐에 넣은 후의 다이얼의 조절은 윗불을 약하게 하고 밑불은 강하게 한다.

⑬ 슈반죽이 충분히 팽창해서 표면에 균열이 생기면 밑불을 약하게 하고 윗불을 강하게 한다.

⑭ 구어지면 다이알을 끄고 그대로 오븐에 넣어둔 상태로 둔다.

⑮ 오븐의 문을 열면 실내의 찬 공기가 오븐 안으로 들어가 온도가 낮아져 팽창하고 있는 반죽이 수축해서 제품이 되지 않을 때가 있다.

5. 슈반죽의 굽기

슈 반죽은 만들어지면 차게 식기 전에 철판에 짜서 굽는다.

철판은 버터 등의 유지를 칠해두는데, 이것은 두껍게 칠할 필요가 없다.

칠했는지 안 칠했는지 모를 정도로 칠하면 충분하다. 너무 많이 칠해도 구운 슈 밑이 들어 올려져 버린다. 버터를 얇게 칠한 후 잘 건조시킨 전분을 뿌리고 여분의 전분을 철판에서 없앤 후 반죽을 짜서 구우면 밑부분이 들어 올려지는 것은 방지할 수 있다.

슈 반죽을 오븐에 굽고 있을 때 일어나는 현상은 다음과 같다.

① 반죽의 표면에 열이 전해져 얇은 막을 만든다.

② 반죽의 외측에서 내측을 향해 열이 전해져가고 수분의 증발이 시작된다.

③ 발생한 수증기는 반죽의 밖으로 날아가 버려 반죽의 내측에서 들어올린다.

④ 점차 수증기의 양이 증가하므로 반죽이 풍선처럼 부풀어진다.

⑤ 이 사이에 달걀의 응고가 진행되고 밀가루 단백질과 전분이 고화되어 팽창된 슈의 형태를 유지할 수 있게 된다.

⑥ 최종적으로는 수분이 증발하고 표면이 구워져 건조해 안까지 완전히 불이 통한 슈반죽은 팽창을 멈춰 공간이 된 상태로 안정된다.

슈반죽은 상당히 높은 온도에서 구워낸다. 오븐에 따라서 다르나 대부분 230℃ 정도에서 굽기 시작해 충분히 팽창하면 160℃로 내리고 건조 굽기한다. 이때 중요한 것은 오븐 안의 습도이다. 굽기 중의 슈반죽은 표면이 건조하여 딱딱하게 되면 그 이상 표면이 팽창하지 않으므로 슈를 구울 때에는 표면의 건조를 어떻게 늦추어 볼륨을 내느냐 하는 것이 주요 요인이 된다. 그런 까닭에 최초 부풀 때까지는 반죽이 잘 팽창해 부풀기 쉽도록 습도가 높은 것이 좋다. 85% 정도 되도록 조절해 둔다.

다음은 건조 굽기할 때에는 반대로 습도를 내려야 한다.

이 온도의 변화와 습도의 변화를 오븐 내에서 만들어내는 것이 중요하므로, 만일 오븐에 여유가 있으면 상단의 오븐에서 굽고 하단의 오븐에서 건조 굽기하는 것이 바람직하다.

오븐의 불의 조정은 구울 때 밑불은 강하게 하고 윗불은 약하게 한다.

이때 윗불을 강하게 하면 윗부분이 빨리 구워지게 되므로 반죽이 옆으로 퍼지고 위가 평평한 항공모함 같은 슈가 되어 버리게 된다. 건조굽기할 때에는 반대가 된다.

즉 윗불은 강하게 하고 밑 불은 약하게 한다. 건조굽기하는 것은 수분을 증발시켜 풍미를 좋게 하기 위한 것이다.

그런 까닭에 배합 중에 버터의 양이 많은 것은 건조굽기할 필요가 없다.

6. 슈반죽의 여러 가지 응용제품

슈반죽은 구워 크림을 넣는 이외에도 여러 가지로 응용을 할 수 있다.

또한 똑같이 구운 것이라도 안에 넣는 필링의 변화에 따라 요리에도 응용할 수 있다.

1) 에클레르(영 Eclair, 프 Eclair, 독 Blitzkuchen)

(1) 정의

프랑스의 대중적인 과자이다. 슈반죽을 가늘고 길게 짜서 구워 안에 초콜릿 또는 커피의 맛과 향을 넣은 커스터드 크림 또는 커피 퐁당을 칠한다.

에클레르는 '번개'의 의미가 있고 윗면에 칠하는 퐁당이 번개처럼 번쩍거리고 갈라져 있다는 점에서 붙여진 이름이다.

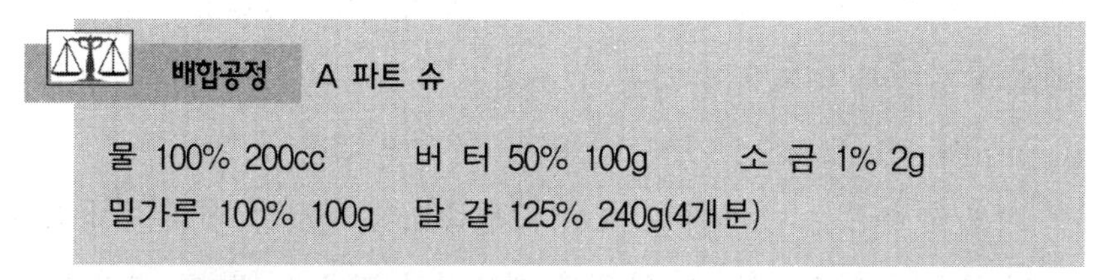

배합공정 A 파트 슈

물 100% 200cc　　버 터 50% 100g　　소 금 1% 2g
밀가루 100% 100g　　달 걀 125% 240g(4개분)

배합공정 B 초콜릿 크림

우 유 300㎖　　설 탕 75g　　노른자 1개
밀가루 15g　　전 분 10g　　코코아 10g
바닐라에센스 소량　　브랜디 30㎖　　생크림 100㎖
▶마무리 재료 : 코팅용 초콜릿

① 반죽공정

㉠ A를 반죽한다.

ⓐ 파트 슈를 조금 딱딱하게 반죽한다.

ⓑ 둥근 깍지 NO12로 길이 8~10cm의 막대상태로 짜서 200℃ 오븐에서 구워낸다.

㉡ B를 반죽한다.

ⓐ 우유나 코코아를 끓기 직전까지 가열한다.

ⓑ 설탕, 분류, 노른자를 소량의 우유와 합쳐 놓는다.

ⓒ ⓑ의 안에 ⓐ를 조금씩 넣고 혼합한 다음 채로 걸러 놓는다.

ⓓ 식은 후에 바닐라 에센스, 브랜디, 거품올린 생크림을 합친다.

ⓒ 마무리 공정

구운 후 즉시 잘라서 식힌다. 초콜릿 크림을 안에 짠다. 표면에 초콜릿을 코팅한다.

2) 뇨키(프, 이 Gnocchi)

(1) 정의

여기에서 뇨키는 각종 반죽을 둥굴려서 삶은 요리이다. 발상지는 이탈리아로 이 나라의 뇨키는 밀가루 등의 반죽할 슈반죽을 삶은 것이다. 사용하는 슈반죽은 보통의 배합이 좋으나 그것에 조제용의 각종의 소재를 추가하여 맛을 낸다. 가루에 계란, 감자 퓌레를 섞어서 경단모양으로 만들어 익힌 뒤 그라탱한 요리이다.

이 뇨키는 통밀로 만드는 소재가 있으며 슈반죽으로 만드는 것이 일반적이다. 뇨키도 여러 가지 종류가 있으므로 그 가운데 대표적인 것은 뇨키 오 그라탱이다.

(2) 뇨키 · 오 · 그라탱

기본적인 슈반죽은 물대신 우유로 바꾸어 만들고 그것에 체로 가늘게 한 팔메잔 치즈(슈반죽 100%에 대해 치즈 15%의 비율)을 넣는다. 이것은 둥근 짤 깍지가 달린 짤 주머니에 넣고 소금을 소량 넣은 뜨거운 물의 위에 높이 2m 정도로 길게 짜내고 칼로 잘라가면서 뜨거운 물에 짜낸다. 자른 반죽은 최초에 냄비에 잠기나 시간이 지나면 뜨게 된다. 뜨게 되면 다 삶아진 것이므로 그물망 위에 올려 물기를 빼낸다.

이 뇨키를 버터를 칠한 소스를 부은 그라탱 접시 안에 넣고 위에서 소스와 치즈를 부리고 녹인 버터를 칠해 중간불의 오븐에서 구워낸다. 이 요리는 물론 오븐에서 꺼내 바로 테이블에 제공한다.

(3) 베니에

슈반죽은 기름에 튀긴 제품이다. 베니에에는 여러 가지 소재를 이긴 밀가루에 싸서 기름으로 튀긴 것으로 발효 반죽으로 만든 것 등 여러 종류가 있으나, 슈반죽의 것은 베니에 수플레라 부르고 따뜻하게 제공한다.

배합공정 베니에 수플레

물 1000ml	버터 200g	소금 10g
설탕 120g	밀가루 625g	전란 12개

만드는 법

위의 배합으로 슈반죽을 만들어 이것을 스푼으로 반 정도 크기로 떠서 너무 뜨겁지 않는 기름 안에 떨어뜨린다. 기름의 온도를 점점 올려 가면서 황금색이 되도록 튀긴다.

튀긴 후 기름을 빼내고 쟁반에 미라미트형으로 쌓고 분설탕을 뿌린다.

제7절 접는 반죽(퓨타쥬, Feuilletage)

1. 접는 반죽의 정의

접는 반죽의 큰 특징은 쇼트내성이다.

쇼트네성이란 부서지기 쉽다는 의미로 구어 낸 후 반죽은 진하고 엷은 상태가 되어 먹었을 때 바싹바싹한 식감이 되는 것을 말한다. 접은 반죽을 프랑스어로 파트 퓨테(Pate Feuiletee) 또는 퓨타쥬(Feuilletage)라고 한다.

피유는(Feuille) 나뭇잎의 의미이다. 파트 퓨타쥬(Pate Feuilletage)는 구어지면 상당히 엷은 층이 쌓아져서 되어 있다.

이것이 잎을 몇 장씩 층을 쌓아 높은 상태로 만들어져 있어서 이 이름이 붙여졌다고 생각한다. 영국에서는 접은 반죽을 퍼프 페이스트리(puff pastry)라고 한다.

퍼프 페이스트리는 접기형 파이반죽, 미국의 플레이키 페이스트리(flaky pastry), 프랑스의 파트 푀이테에 해당하는 명칭이다. 퍼프 페이스트에 잼, 버터크림, 쇠고기, 햄, 생선살, 치즈 등을 충전하고 성형한 뒤 구워낸 것이 퍼프 페이스트리이다.

퍼프는(puff)는 부풀은 뜻의 의미가 있고, 프레기는 엷은 단층의 의미로, 반죽을 구어낸 상태에서 이름이 붙여졌다. 독일은 브렛타 타이크(Blat Terteig), 브렛 브렛타 타이크(Bllti Blatterteig)라고 불려지고 있다.

파트 퓨테는 밀가루와 버터를 주원료로 밀가루 층과 버터 층이 상호 수백 층이 되도록 만든다. 이것을 구어내면 엷은 층이 기층이 되는 것은 반죽의 안에 포함되어 있는 수분이 증기가 되어 밀가루 층을 들어올려 버터가 녹아져 밀가루의 층에 흡수되어 층과 층 사이에 공간이 되어 부풀어진다.

이 팽창에 따라 볼륨이 생기는 것과 동시에 접지 반죽 특유의 바싹하고 가벼운 입안에서 감칠맛이 생긴다.

접지 반죽의 배합은 밀가루 1에 대하여 버터1의 배합이 기본이 되고 버터량을 반쯤까지 낮출 수 있다. 버터의 양을 줄임으로써 접기는 쉬우나 풍미는 떨어진다.

2. 접는 반죽의 종류

접지용 반죽에는 대표적 4가지 제법이 있다. 접지형 반죽(퓨타쥬 노말), 반죽형 반죽 보통 파이라 불리우는 반죽 층이 된 반죽이다. 속성형 반죽 등이 있다.

1) 접지형 파이반죽(퓨타쥬 노말, feuilletage normal)

이것은 반죽을(detrempe 테토랑프)보통 밀가루에 물을 넣고 합쳐 이겨서 만든다.
버터를 싸서 수회 늘려 접어 쌓는 방법이다.
일반적으로 파트 · 퓨테라고 부르는 이 방법으로 할 때가 많다.

① 접기형 파이반죽

유지를 반죽에 싸서 접어 밀기한 반죽으로 퍼프 페이스트, 파트 푀이테가 여기에 해당한다.

유지로 반죽을 싸서 접어, 밀어 펴기 한 반죽, 독일식 퍼프 페이스티인 블레터 타이크가 여기에 해당한다.

유지에 밀가루를 조금 섞고 직사각형으로 길게 밀어 편다. 그 위에 유지의 2/3크기로 늘인 반죽을 붓고 싼다.

② 이긴 파이 반죽

이 반죽의 제법은 밀가루 안에 유지를 잘게 잘라서 소금, 냉수를 넣고 반죽을 만드는 방법이다. 반죽을 만들 때에는 너무 이기지 않는다는 점에 주의해야 한다.

배합공정 예시

밀가루 1000g　　유지 500~700g　　소금 20g
물 500~600㎖

(2) 퓨타쥬 라핏트(feuilletage rapide)

이것은 버터를 밀가루 속에 주사위 크기로 사각으로 잘라 전부의 재료를 가볍게 섞어 합쳐 수회 늘려서 접어 엷은 층이 되도록 쌓는 방법으로 즉석으로 만드는 방법

이라 할 수 있다.

① 반죽형 파이 반죽

조그만 정육면체로 자른 유지를 밀가루와 섞은 뒤 물을 더하면서 반죽할 것이다. 쇼트 페이스트, 파트 브리제 등이 여기에 해당한다. 간편하고 빨리 만들 수 있는 반면 접지형 반죽에 비해 부풀음이 적다. 이 반죽은 주로 파이 껍질로 쓰인다. 반죽을 2~3번 접어 밀기할 것이다. 속성 페이스트리라도 미국식 파이 반죽이 여기에 속한다.

② 속성 접는 파이 반죽

이 제법은 밀가루 안에 유지를 적당히 자른다. 그 안에 소금, 냉수를 넣고 조금 딱딱하게 반죽을 만든다. 잠시 반죽을 휴지시킨 후 필요한 횟수만큼 접지한다. 이 반죽의 특징은 약 1시간에 반죽을 만들 수 있다.

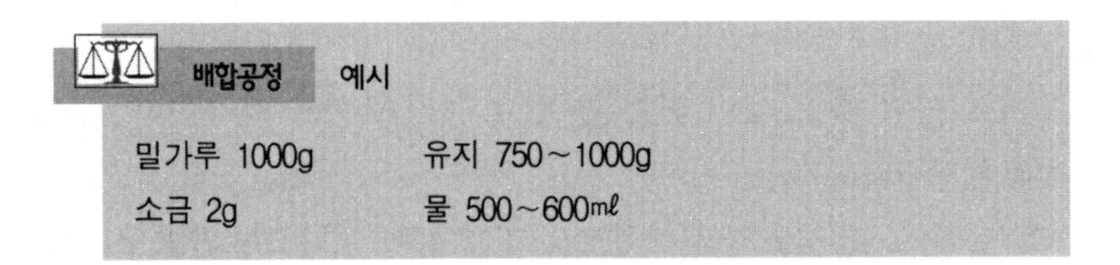

배합공정 예시

밀가루 1000g 유지 750~1000g
소금 2g 물 500~600㎖

③ 접지 파이 반죽

이 반죽의 제법은 밀가루에 소금, 냉수를 넣고 반죽을 만들어 접지 유지를 넣고 잘 반죽한다. 이것을 둥글게 해 천에 싸서 휴지시킨다. 감싼 유지를 약 1cm 정도의 두께로 정사각형으로 만들어 놓는다. 반죽을 유지 크기의 2배 정도 늘려서 유지를 형으로 놓아 주위의 반죽을 끓여 당겨 유지를 완전히 싼다. 이것은 필요한 수를 늘려 반죽을 휴지시키면서 접지하는 것이 중요하다.

배합공정

밀가루 1000g 반죽유지 50g 소금 20g
접지용유지 700~950g 물 500~600㎖

(3) 퓨타쥬 안베루스(feulletage inverse)

버터에 밀가루 ⅓ 양을 섞어 넣고 이 반죽으로 반죽 밀가루(남은 재료를 이겨 합쳐 만든다)를 싸서 늘려 접어 쌓는 조작을 반복한다.

(4) 퓨타쥬 비에노와(feuilletage viennois)

이것은 버터의 1/2 량을 넣어 이겨 믹싱한 반죽을 버터를 싸서 늘려 접어 쌓아 가는 방법이다. 접는 방법과 접어 가는 방법은 여러 가지가 있지만, 잘 사용하는 것은 3절 접기 6회이다. 또 다르게는 3절 접기 4~5회, 4절 접기 4회, 또한 3절 접기와 4절 접기 2회씩 하는 방법이 있다. 접는 방법의 다른 점은 부풀음과 감칠맛이 다르게 된다.

접기가 적으면 구워낼 때 버터가 밖으로 흘러나오고 반죽의 표면이 볼록하게 부풀어지고 부푼 부분이 딱딱한 센베이처럼 되어 버린다.

또한 접는 수가 많아도 버터의 층과 밀가루의 층이 스며들어서 부풀음이 나쁘게 된다.

접기수

3절 접기 6회 729층+1층=730층
5회 243층+1층=244층
4회 81층+1층=82층
4절 접기 각각 2회 144+1=145층
접는 수와 마무리 성형의 두께에 따라 부풀음과 식감이 변하게 된다.

3. 접지형 파이반죽(Pate a Feuilletees)의 배합

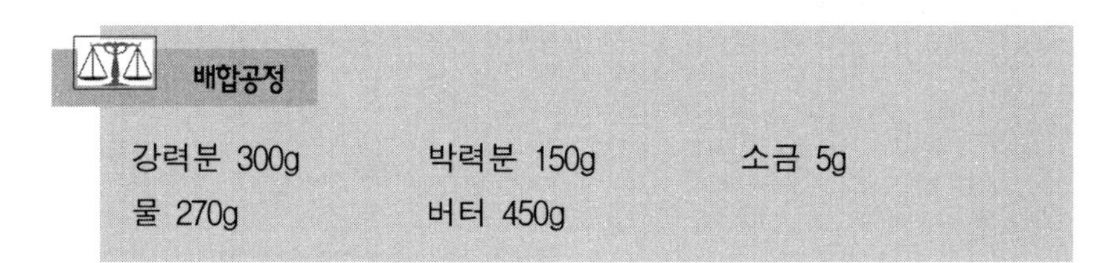

배합공정

강력분 300g	박력분 150g	소금 5g
물 270g	버터 450g	

만드는 법

① 강력분과 박력분을 섞어서 함께 채로 쳐서 대리석 작업대위에 올려 중심부를 폰테뉴(모양)로 하여 소금과 90% 정도의 물을 넣고 주위의 밀가루를 조심씩 섞어 합친다.

② 반죽의 강약을 조절하면서 남은 물을 넣고 귀볼 정도의 강도로 하여 뭉쳐 칼로 십자로 잘라서 표면이 건조되지 않도록 냉장고에서 20분 정도 휴지시킨다.

③ 차게 된 버터를 꺼내서 면봉으로 조절해서 두께 1.5cm 정도의 정사각형으로 만든다.

④ 휴지시켜 놓은 반죽에 덧가루를 뿌려 대리석 위에 꺼내 놓아 성형한 버터를 쌀 수 있을 정도의 크기의 직사각형으로 면봉으로 늘린다.

⑤ 그 위에 성형한 버터를 45°로 비켜놓고 옆에 나와 있는 반죽을 사방에서 싸서 접어 완전히 싸도록 한다.

⑥ 형태를 정돈해 면봉으로 가볍게 두들겨 반죽을 친숙하게 직사각형으로 늘린다.

⑦ 반죽의 ⅓을 접고 나머지 ⅓을 사서 3절 접기한다.
올려놓은 반죽에 붙도록 가볍게 면봉으로 밀어서 형태를 갖춘다.

⑧ 반죽의 방향을 90°로 회전시켜 똑같은 작업을 반복한다(3절 2회를 한다).
반죽이 건조되지 않도록 하여 냉장고에서 20분간 휴지시킨다.

⑨ 용도에 따라 3절 접기 2회의 조작을 나머지 1회(3절 접기 4회) 또는 2회(3절 접기 6회)를 휴지시켜 가면서 행한다.

좋은 반죽을 만드는 방법

좋은 접지반죽을 만드는 것은 작업온도를 18℃ 이하로 유지하고 반죽을 냉장고에서 휴지 시키는 것이 중요하다.

1) 알뤼메트·오·폼므(Allumette aux pommes)

(1) 알뤼메트 정의

사과를 위주로 한 충전물을 싸서 구운 과자로 슈트루텔이라고도 한다.

슈트루텔은 밀가루를 얇게 밀어 펴고, 사과, 건포도, 계피 등으로 만든 충전물을 채워 구운 오스트리아 과자이다.

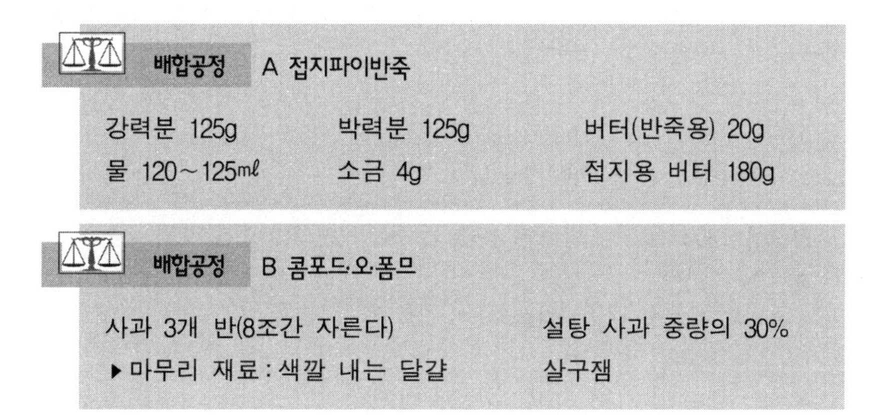
배합공정 A 접지파이반죽

강력분 125g	박력분 125g	버터(반죽용) 20g
물 120~125㎖	소금 4g	접지용 버터 180g

배합공정 B 콤포드·오·폼므

사과 3개 반(8조간 자른다)	설탕 사과 중량의 30%
▸마무리 재료 : 색깔 내는 달걀	살구잼

① 반죽 공정

㉠ A를 반죽해 3×4×3×4로 접어 냉장고에서 휴지시킨다.

㉡ B를 만든다.

ⓐ 손 냄비에 넣고 거품을 걷어 내면서 약한 불로 끓인다.

ⓑ 사과가 투명하게 되면 불을 끄고 술(말라스키노)를 넣는다.

② 마무리공정

㉠ A를 5mm 두께로 늘린다. 8cm×7cm의 잘라 폭 9cm 정도가 되게 면봉으로 중앙을 눌러 골지게 하여 철판에 올린다.

㉡ B를 1의 움푹한 곳에 평균적으로 올려놓는다.

㉢ 3cm×10cm의 파이 반죽을 준비해서 1과 동일하게 덮어씌운다. 2장으로 접어 칼로 자른 모양을 내어 2의 위에 덮어 달걀을 사용해 붙인다.

㉣ 달걀을 붓으로 칠해 200℃ 오븐에서 구워낸 뒤 살구잼을 칠한다.

2) 팔미에(Palm Leaves)

(1) 정의

팔미에는 프랑스어로 "야자나무"뜻으로 그 나무잎 모양을 본떠서 만들었다 해서 붙여진 이름이다.

퓌이타주 특유의 바삭함과 버터의 풍미를 살리기 위해 설탕만으로 맛을 낸 과자이다. 반죽에 설탕을 뿌린 뒤 양끝을 가운데로 향하여 만다. 자른 부분을 위로하여 굽는다.

배합공정 A 접지파이 반죽

강력분 125g	박력분 125g	버터(반죽용) 20g
물 120~125㎖	소금 4g	접지용 버터 180g

▶마무리 재료 : 설탕 적당량

① 반죽공정

㉠ A를 반죽해 4-3-4-3으로 접고 냉장고에서 휴지시킨다.

㉡ 물을 붓으로 엷게 칠해 설탕을 가볍게 뿌린다. 3절 접기를 2회 한다.

㉢ 5mm두께로 32cm로 늘려서 설탕을 다시 뿌려서 양끝에서 내측으로 각자 2회 접은 후 위에 올려 접어 맞춘다.

㉣ 1cm폭으로 잘라 철판에 올려 180℃의 오븐에서 양면을 구어 낸다.

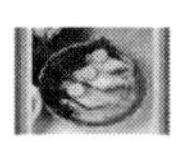

제8절 퍼프 페이스트리(PUFF PASTRY)

(1) 퍼프 페이스트리의 정의

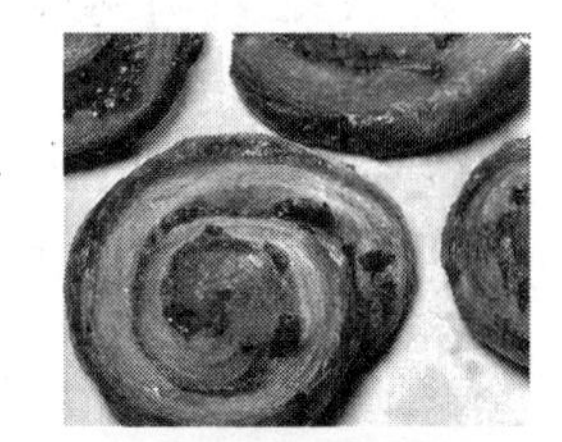

밀가루 반죽에 유지를 감싸 넣은 반죽에 잼, 버터크림, 쇠고기, 햄, 생선살, 치즈를 충전하고 구운 제품으로 유지층의 결을 이룬 것을 퍼프 페이스트리라 한다.

(2) 페이스트리의 종류

케이크류의 총칭으로, 밀가루에 물, 달걀로 이긴 반죽, 즉 빵과자 구운 과자이다.

① 파이 반죽 : 쇼트 페이스트리, 스위트 페이스트리, 퍼프 페이스트리, 데니쉬 페이스트리, 슈 페이스트리가 있다.

② ①의 반죽을 사용해 구운 과자와 쇼트 브레드의 총칭이다

종류에는 타르트, 민스 파이, 슈과자, 팔미에, 알뤼메트 등이 있다.

넓은 의미로 접시 상태의 과자이다. 밀가루와 버터로 만든 반죽을 접시 상태로 하여, 오븐에서 구운 필링을 넣어 과자나 요리를 말한다.

파이(pie) 비스킷 반죽으로 만든 접시 모양의 받침대에 여러 가지 충전물을 얹어 구운 과자이다. 본 고장은 영국과 미국이다. 이것은 프랑스의 타르트, 타르트레트에 해당한다.

여기서 접시모양의 받침대를 깔개용 파이 반죽이라 하고 이것만을 구운 것이 파이 껍질이다. 층상구조를 이루는 바삭바삭한 과자, 프랑스의 푀이타주 제품, 영국의 퍼프페이스트리에 해당한다. 버터와 밀가루가 층상을 이루어 바삭바삭하도록 만든 과자를 파이라 하는 것은 용어상의 착오에서 비롯된 것이다.

영국의 퍼프 페이스트리가 일본으로 건너가 파이라는 이름으로 불리고 이것이 그대로 우리나라에 건너와 굳어진 것이다.

흔히 파이 반죽이라 함은 파이껍질이나 파이를 만드는 재료를 뜻한다.

파이는 밀가루와 버터로 만든 반죽을 접시모양 상태로 만들어 오븐에서 구운 필링을 넣은 과자나 요리를 말한다.

제9절 토르테(영·Tart, 프·Tarte)

1. 토르테의 정의

독일어 도르테(Torte), 프랑스어 타르테(Tarte) 도우 루 도(Toute), 영어 타르트(Tart), 독일어에 있어서 토르테(Torte)는 역사가 오래 되었다.

옛날 게르만 민족이 여름에서 가을로 넘어오는 날을 축하하는 행사가 있어 그때의 그들은 밀가루 꿀을 주원료로 한 과자를 구어서 먹은 습관이 있어 그렇기 위한 과자는 결정되어 태양을 본듯 원방형으로 구웠다.

이것이 현재의 토르테로 발전되어지게 되었다. 수도원이나 영주관에 있는 교회도 똑같은 형태의 과자를 토르테라고 하고 경축일 아침에 구어서 사람들에게 나누어 주었다.

중세가 되어 토르테는 상당히 애호되게 되었고 기공적으로 구어 낸 것을 그릇에 가득 담아 깨끗하게 접은 천 위에 올려 쌓아 장식하게 되었다.

본래 토르테는 둥근 형태를 조립해 부드러운 재료로 데크레이션한 것으로 리큐류, 스피리치등 풍미를 첨가시키므로 충분한 주의가 필요했다.

토르테의 내측에서도 밖에도 보는 것을 즐겁게 장식효과가 있는 것이 좋은 토르테라고 했다. 토르테를 조합시키는 것은 이스트 페이스트, 쟈보네 스펀지 등 끈기가 있는 크림류, 젤리류, 아몬드 페이스트 등을 조합해 만들어 장식 데크레이션에 크게 맞추어 8, 10, 12, 14, 16의 부분을 자르듯이 표시가 되어 있다.

토르테는 스펀지 반죽 사이에 크림을 샌드한 것으로 독일과자의 주류를 이루는 과자이다. 프랑스 과자의 타르트와 어원은 같으나 의미하는 것은 전혀 다르다.

2. 토르테의 역사

토르테의 형태가 정해진 것은 15세기 후반에서 16세기에 걸친 것으로 스펀지케이크가 생겨 나기 전에 비스킷 반죽으로 만든 타르트가 중심으로 그 안에 여러 가지 크림, 잼, 과일 등을 넣었다.

지금에도 필링에 따라 타르트~이라는 이름이 붙여 있다.

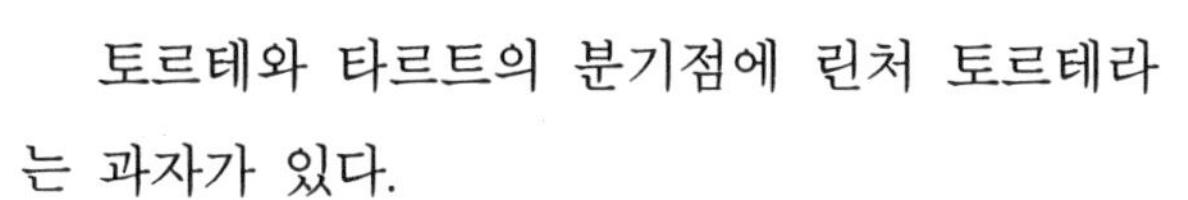

토르테와 타르트의 분기점에 린처 토르테라는 과자가 있다.

이것은 비스킷 반죽에 잼을 올려 같은 반죽을 씌운 것이었는데 언제인가 그것이 알지 못하게 변형되었다. 이것이 토르테의 시작이라 한다.

토르테는 여러 가지 맛과 형태의 조화를 갖고 발전한 것은 19세기였다. 지금의 독일을 중심으로 한 게르만계 지역에서는 여러 가지의 종류의 토르테가 만들어지고 있다.

3. 토르테(Torte)의 분류

독일, 스위스에서 만들어지는 토르테를 용도로 크게 구분하면 2가지 타입으로 나눌 수 있다.

독일 토르테는 모양에 따라 6종류(고리모양, 돔 모양 등), 재료에 따라 4종류(버터크림, 과일 등)로 나뉜다. 그 중에서 린처 토르테가 대표적이다.

재단한 토르테(Anschitt Torte), 축제용 토르테(Festtags Torte) 이 두 가지로 구별된다. 토르테는 현재에 맞는 경제성, 사용성, 유행성, 미학에 맞지 않으면 안되게 된다. 토르테의 크기는 대형의 것이 직경 24~28cm 정도, 소형의 토르테는 14~17cm 정도의 것이 만들어지고 있다. 토르테의 받침이 되는 것은 안쥬닛토 토르테도 비스도 토르테도 똑같이 사용되고 있다.

1) 재단한 토르테(Anschitt Torte)

재단한 토르테는 피에스토 다그즈 토르테도 디자인이 완전히 다르다.

피에스도 다그스 토르테는 여러 가지 축제행사에 따라 디자인되는 것에 비하여 재단한 토르테는 꼭 방사선상으로 구별되도록 디자인이 되어 있다 .

이 토르테는 둥근 형태로 통용되지만, 적게 잘라도 디자인이 독립되어 한 개의 토르테가 되도록 마무리되어 디자인 크기가 평등하게 되어 있지 않으면 안된다.

중심부에 집중되어 있는 디지안의 마무리가 재단한 토르테의 크기나 특징이며 자른 단면의 아름다움이 중요한 포인트가 된다.

이 아름다운은 이중의 몸체와 합쳐져 각종 필링에 따라 예쁜 단층이 형성된다.

2) 축제용 토르테(Festtags Torte)

축제일용 토르테는 부활절이나 카니발 축제일에 사용하는 토르테이다.

주제가 축제일용으로 디자인의 크기가 중심이 되어 있어 기술자의 기량, 미적 감각이 제품을 크게 좌우하게 된다.

독일에서는 이 축제일용 토르테의 디자인의 소재에는 화초, 작은 동물, 인형 등이 많이 이용된다. 이 토르테는 대부분 주문에 의해 한개 한개 손작업으로 만들어진다.

3) 토르테의 형태

(1) 원방형 토르테(Scheiben Torte)

원반형의 토르테는 일반적으로 둥근 형태이다.

(2) 계단 토르테(Etagen Torte)

계단 토르테는 직경이 다른 2가지 반죽을 조립한 토르테이다.

이것은 여백 공간을 브치블이나 마지팬용의 인형이나 작은 동물을 장식해 전체의 조화를 맞춘 마무리를 한다.

(3) 돔 토르테(Kuppel Torte)

표면이 돔 상태에 마무리한 토르테로서 중심부에 크림이나 과일 등을 넣어서 중

심부를 융기시켜 윗면에 붙인 것이다.

(4) 봉브 토르테(Bombe Torte)

봉브 토르테는 포탄형 또는 높은 산형, 모자형으로 마무리한 것으로 이 토르테는 아이스 크림의 토르테용으로 많이 쓰이는 형태이다.

(5) 원형 토르테(Konisch Torte)

원형 토르테는 받침형의 토르테로 유명한 것으로는 바움쿠헨 토르테가 있다.

(6) 포르무. 형. 형식(Form Stuck)

변형된 형태이 것으로 형이 결정되지 않고 그때그때 모지프로 한 개 한 개씩 손작업으로 만들어진 토르테로 변형 토르테의 특징은 원반 상태나 링 형태만으로 형태가 한정되기 때문에 이 변형된 토르테이다.

(7) 링 토르테(Ring Torte)

이 토르테는 링, 꽃링, 왕관 형태의 토르테이다.

4) 마무리 상태에 따른 분류

(1) 굽지 않는 토르테(Obst Torte)

이것은 반죽 안에 각종 과일을 넣어 구운 것. 상부 일면에 각종 과일을 장식한다.(굽지 않은 것)

(2) 크림 토르테(Krem Torte)

이것은 버터크림을 주로 사용하는 토르테이다.

(3) 생크림 토르테(Sahne Torte)

생크림을 주로 사용해 장식한 토르테로 생크림은 보통 거품 올린 파트슈크레나 휘이타쥬 넣은 과자이다. 젤라틴 용액이나 노른자 등을 거품 올린 생크림을 혼합한 것을 사용한 토르테이다.

(4) **코팅한 토르테(Dauer Torte)**

토르테는 보관하는 것을 목적으로 만드는 토르테로 전체가 마지팬이나 마가롱, 비스켓 등으로 반죽을 덮어씌운 토르테이다.

4. 자허 토르테(독, Sacher torte)

1) 정의

오스트리아의 초콜릿 스펀지케이크이다.

2) 역사

1814년 9월부터 다음해 6월까지 오스트리아에서 개최된 빈(Wien)회의에 처음 등장하였다.

빈회의는 프랑스혁명 전쟁과 나폴레옹 전쟁에 대한 사후 처리를 위하여 유럽제국이 모인 국제회의였다.

이 회의의 발안자는 오스트리아의 외상인 메테르니이(Mettemich)이다. 그는 직속 요리사인 에드 바르트 자허(Edward Sacher)에게 각국 대표자들을 놀라게 할 만한 디저트를 준비하라는 명령을 내렸다. 그 지시에 따라 에드바르트 자허가 만든 것이 초콜릿 케이크이다. 즉, 만든이의 이름을 딴 '자허 토르테'이다.

3) 제법 및 공정

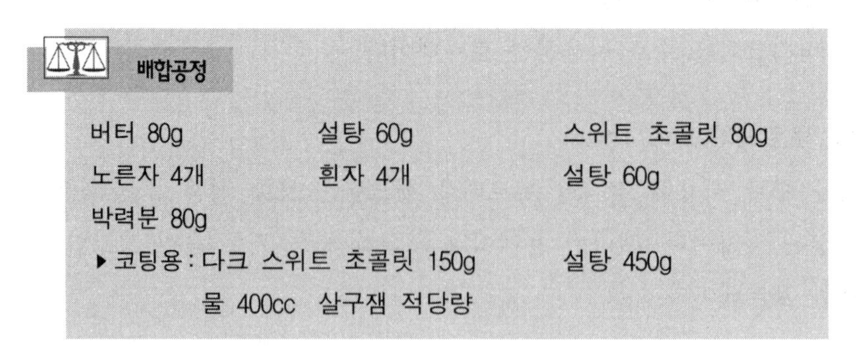
배합공정

버터 80g	설탕 60g	스위트 초콜릿 80g
노른자 4개	흰자 4개	설탕 60g
박력분 80g		

▸코팅용 : 다크 스위트 초콜릿 150g　설탕 450g
물 400cc　살구잼 적당량

만드는 법

① 무염 버터와 설탕을 넣고 하얗게 거품 올린다.

② 초콜릿과 노른자를 섞는다.

③ 흰자에 설탕을 넣고 머랭을 만들어 ①에 넣는다.

④ 박력분을 넣고 잘 섞는다.

⑤ 틀에 부어 넣는다.

⑥ 160~170℃ 오븐에서 50분간 굽는다.

⑦ 금속망에 올려 살구잼을 바른 뒤 코팅용을 부어 고무주걱으로 평평하게 한다.

▶코팅용

① 냄비에 물을 넣고 끓인 뒤 초콜릿을 넣고 녹인 다음 설탕을 넣고 108℃까지 조린다.

② 소량을 옮겨 템퍼링 작업을 하여 광택을 낸다.

제10절 타르트(Torte)

1. 타르트 정의

타르트란 프랑스를 대표하는 과자의 하나로 비스킷 반죽(파트 슈크레)나 휘이타쥬로 밑받침을 만들어 안에 크림이나 과일등을 넣은 과자이다.

얇은 원형 틀에 파트 브리제 등의 반죽을 깔고 과일이나 크림을 채워서 구운 과자이다.

프랑스어로 타르트, 이탈리아어로 토르타이며 영·미국에서는 타트라고 부르고 있다.

독일어로는 설탕의 반죽(Zuckerteig), 부슬한 반죽(Murbteig)으로 부르고 있다.

이들은 모두 똑같이 만들어지는 것이 아니라 나라마다 반죽과 모양이 조금씩 다르다. 소형 타르트를 타르틀레트라고 한다.

한편, 타르트를 플랑이라고도 하기도 하는데, 플랑은 밀가루, 계란, 크림으로 만들어 찐 과자의 하나로 접시 모양의 반죽에 충전물을 채우는 점은 타르트와 같다. 플랑이 원형만으로 만드는 반면, 타르트는 원형 이외에도 다른 모양으로 만들 수 있다는 점이 다르나 본질적인 차이는 거의 없다.

2. 타르트의 역사

(1) 독일

타르트의 발상지는 독일이라 한다. 독일에서 타르트가 처음 구워진 것은 16세기였다고 한다. 고대 게르만족이 태양의 모양을 본떠서 여름의 하지 축제 때에 평평한 원형의 과자를 구운 것이 그 시초였고, 중세가 되자 교회에서 행하는 축제 때마다 타르트가 등장했다고 한다.

(2) 프랑스

프랑스에서 타르트가 만들어진 것은 15~16세기 후반부터이고 인기 있는 제품이

된 것은 19세기부터이다. 프랑스에서 특히 타르트가 많이 만들어진다고 한다.

반죽으로는 파트 쉬크레, 파트 푀이테 등이 사용되며 과자의 명칭은 사용한 과일의 이름을 따서 붙이는 경향이 많다. 타르트 오 프레즈, 타르트 오 카시스가 그 예이다.

(3) 이탈리아

이탈리아에는 단맛, 짠맛의 2가지 타르트가 있다.

짠맛이 나는 타르트는 요리로 만드는 경우가 많다.

(4) 영국, 미국

영국과 미국의 타르트는 그다지 특성이 없다. 그러나 두 나라 모두 타르트와 비슷한 애플파이나 피칸 파이, 호박 파이 등 파이류가 많이 만들어지고 있다. 타르트에 채우는 과일이나 크림 같은 충전물에 따라 달라진다. 과일을 사용할 경우 단맛이 나는 파트 슈크레를 깔거나 약간 단단하게 만들어 흐트러지지 않게 하는 것도 한 방법이다.

3. 타르트의 종류

밑 반죽을 크게 나누면 용도에 따라 요리용으로서의 단맛이 없는 반죽으로는 파트 브레제, 파트 파테가 있다. 과자에 이용되는 단맛이 들어간 반죽으로 나누어진다.

프랑스 제과용에 이용되는 반죽은 다음과 같이 분류된다.

- 파트 퐁세(pate a foncer) : 밑 반죽이다.
- 파트 슈크레(pate sucree) : 설탕이 들어간 반죽
- 파트 샤브레(pate sablee) : 모래처럼 부서지기 쉬운 반죽
- 파트 브리제(pate brisee) : 설탕이 들어가지 않은 부슬부슬한 반죽 등이 주로 요리용으로 사용된다.
- 파트 파테(pate a pates) 요리용, 파티용의 반죽이 사용된다. 제법별로 보면 필링을 넣은 후에 구운 것, 넣지 않고 빈 상태로 구운 것이 있다.

4. 타르틀레트(프·tartelette, 영·tartlet, Tortelette)

1) 타르틀레트의 정의

타르트의 소형의 것이다. 크기는 엄밀한 규정이 없으나 디저트로써 1인분 정도 크기의 것을 말한다. 이것보다 더욱 적고 한입에 먹을 수 있는 크기의 것은 타르틀레트 블이라고 한다. 즉 푸티프르의 일종이다.

2) 역사

타르틀레트는 원래 과일을 사용한 소박한 과자였는데, 상류사회에서 만들어진 고급과자의 영향을 받아 기술도 향상되었고 시대도 변하여 현재와 같이 다양하게 만들 수 있게 되었다.

속에 채우는 충전물도 각종 크림으로부터 과일류, 견과류, 쌀, 치즈에 이르기까지 다양하다. 타르틀레드 오 시트롱과 같이 속에 채우는 충전물의 이름을 따서 붙인 것이 많지만 전통적인 타르트중에는 지방이나 당시의 유명인 왕, 왕비 등과 연관지어 붙여지는 명칭이다.

3) 종류

타르틀레트는 종류에 의해서 프랑스에서도 불리우고 있는 듯이 타르틀레트도 16세기에 작은 프랑스라는 의미에서 프라네라 불리워졌다.

4) 제법

만드는 법도 타르트와 같고 파트 슈크레 등의 비스킷 반죽이나 파이 등으로 접시 모양을 만들어 안에 여러 가지 과일이나 크림을 넣는다. 또한 타르틀레트는 요리용으로 소금 맛이 있는 것을 만들어 오르되브르나 앙트르메로서 사용되고 있다.

만드는 법

① 틀에 까는 반죽은 속에 채우는 재료에 따라서 달라진다.
과일처럼 수분이 많은 경우는 반죽을 조금되게 만들거나 굽는 도중에 한 번 오븐에서 꺼내어 분설탕을 뿌린 뒤 다시 넣어 굽는다.
② 반죽을 구울 때에는 칼 끝이나 뾰족한 꼬챙이로 작은 구멍을 뚫어준다.
③ 과일은 물기를 빼고 채운다.
④ 크림류는 과일의 성질을 고려해서 선택한다.

5. 종류별 만드는 법

1) 파트 쉬크레(Pate Sucree)의 배합

(1) 정의

설탕이 들어간 타르트에 사용되는 반죽이다. 갈레트, 프티푸르도 만들 수 있다.

배합공정

밀가루 100% 250g　버터 50% 125g　설탕 50% 125g
달걀 15% 60g(1개)　바닐라 오일 0.1% 1cc

만드는 법

① 볼에 실온에 놓아둔 부드럽게 된 버터를 넣고 나무주걱으로 이겨 크림상태로 만든다.
② 설탕을 넣고 전체가 하얗게 될 때까지 저어 섞는다.
③ 깬 달걀을 수회 나누어서 충분히 저어 섞는다.
④ 바닐라 오일을 넣고 섞은 후 채질 한 밀가루를 넣어 끈기가 생기지 않도록 나무주걱으로 섞는다. 전체가 덩어리질 때까지 수회 저어 섞고, 냉장고에 차게 해 반죽을 휴지시켜 전체가 친숙하게 되면 사용한다.

2) 파트 샤브레(Pate Sablee)

(1) 정의

설탕이 들어가 모래처럼 부서지기 쉬운 반죽이다.

배합공정

밀가루 100% 250g 버터 60% 150g 설탕 40% 100g
달걀 24% 60g(1개) 바닐라 오일 0.1% 1cc

만드는 법

만드는 방법은 파트 슈크레와 똑같은 방법으로 반죽을 만들어 냉장고에서 충분히 휴지 시킨다.

3) 파트 퐁세(Pate Foncer)의 배합

(1) 정의

과자에 사용되는 밑반죽이다.

배합공정

밀가루 100% 250g 소금 0.12% 3g 설탕 4% 10g
노른자 8% 20g(1개분) 버터 60% 150g 물 40% 100cc

만드는 법

① 밀가루를 채로 쳐서 대리석 작업대 위에서 버터를 섞고 부슬부슬한 상태로 혼합해 우물처럼 만든다.
② 그 중앙에 소금, 설탕, 노른자, 물을 넣고 섞어서 주위의 밀가루를 조금씩 섞어 넣으면서 끈기가 생기지 않게 전체를 섞는다.
③ 냉장고에서 충분히 휴지시켜 사용한다.

4) 파트 브리제(Pate Brisee)

(1) 정의

설탕이 들어가지 않은 깔개용 반죽이다. 반죽형 파이반죽으로 과실 크림을 충전해 굽는 파이, 타르트에 많이 사용한다.

배합공정

밀가루 100% 250g 버터 70% 175g
소금 2.4% 6g 물 30% 75cc 정도

만드는 법

① 채로 친 밀가루를 대리석 위에 펼쳐놓고 냉장고에서 꺼낸 딱딱한 버터를 넣어 밀가루를 덮어 씌워서 스켓파로 잚게 자른다.
② 양손으로 가볍게 문질러 가면서 밀가루와 버터를 소보로 상태로 만든다.
③ 소금과 물을 뿌려 전체를 접고 쌓듯이 섞어 뭉친다.
④ 냉장고에서 반죽을 휴지시켜 놓고, 필요에 따라 3절 접기 수회를 하여서 휴지시켜서 사용한다.

(2) 종류

브리제를 2~3번 접어 밀기한 것이 미국식 파이인데 미 대륙으로 건너간 개척자들이 유럽식 방법을 간단하게 바꾸어 만든 파이 반죽이다.

제11절 푸딩(Pudding)

1. 푸딩의 정의

밀가루 등의 전분 또는 달걀의 열 응고를 이용하여 만들어진 부드러운 식감을 지닌 식품(The Baker′s Dictionary)이다. 이 정의는 실로 다른 많은 구운 과자에도 해당된다.

그것도 당연히 푸딩은 빵과 함께 과자의 원형의 위치를 차지하고 있는 제품의 하나인 것이다.

2. 푸딩의 역사

다채로운 과자의 종류 중에서 푸딩의 맛은 오랜 역사 속에서 발전하여 확고한 지위를 확보하고 있다. 푸딩의 기원은 확실하지 않지만 5~6세기에 거의 달걀과 밀가루를 사용한 푸딩이 영국에서 만들어졌고, 그 이후 유럽 각지로 퍼져 여러 가지 종류의 제품이 만들어지게 되었다. 푸딩은 우유와 달걀이 주체로 커스터드푸딩이 넓게 알려져 있으나, 원래는 빵의 부스러기를 활용하기 위해 고안된 증기 굽기한 과자로 영국이 원조라고 한다.

이것은 항해에 나가는 배를 정해진 식량이 부족하기 때문에 빵 부스러기를 전부 처리하기 위해 고안된 증기로 구워 내는 과자로 영국이 원조라고 전해진다.

그것은 항해에 나온 배는 정해진 식량만을 적재할 수밖에 없기 때문에 빵 부스러기나 밀가루에 라드, 건포도, 달걀, 과실 등 남아있는 재료를 섞어 소금과 스파이스로 맛을 내고 냅킨으로 싸서 끈으로 묶어 찐 것이 최초였다고 한다.

말하자면 뱃사람들의 생활 가운데 오래된 치즈를 뿌려서 먹었던 것이다. 이 푸딩은 찐 것을 싼 천째로 차가운 곳에 놓아두면 1년 정도 보관된다는 것을 알고 긴 항해해 오랫동안 보존 식량이였던 것이다.

이것이 일반의 가정에 유행한 것은 1658년 이후로 특히 프랑 푸딩은 크리스마스

푸딩이라고 하며, 크리스마스에는 영국의 어느 가정에서도 먹는 습관이 되어 있다. 만드는 방법은 기름종이에 넣어 만드는 것이 영국풍의 특징이다.

이것이 도버해협을 넘어 프랑스에 들어가서 파리의 주위는 농산물이 풍부하게 생산되기 때문에 굵게 갈은 밀이나 쌀, 달걀, 우유, 나무의 열매 등을 사용하게 되었지 않았나 생각된다.

오늘날 마카롱이나 설탕에 절인 과실, 그것에 술을 가득 사용하는 것도 있으며 풍미가 좋고 영양가도 높은 디저트가 되었다.

보존성이 좋은 푸딩이 냉장설비 등이 없었어도 오랜 기간동안 먹을 수 있었다. 이것은 중세에 있어 만들어 두기 쉬운 식품으로서 중요하였다고 상상할 수 있다. 실제 푸딩은 과자보다는 요리로서의 색채가 농후하고 실제로 강건한 영국인의 생활양식을 반영한 음식이었다.

3. 푸딩의 분류

단맛 이외에 요리에 추가되는 소금 맛의 푸딩, 아무의 열매, 쌀을 넣은 푸딩이 있다. 그 배합과 만드는 방법도 여러 종류 있으나, 여기에서 서술한 것은 단맛의 푸딩이다. 대표적인 것에는 영국의 크리스마스에 먹는 푸람 푸딩이 있다.

4. 푸딩의 종류

크게 나누어 온제와 냉제, 전분의 열응고 이용과 달걀의 열응고 이용, 배합 종류에 의한 분류로 나누어진다.

온제와 냉제, 푸딩으로 나누는 법은 엄밀한 제품 자체의 분류가 아니고 결국은 서비스의 문제이다. 같은 푸딩이라도 따뜻하게 나오면 온제푸딩이고 차게 해 나오면 냉제가 된다.

전분의 열응고를 이용하는 것이나 달걀의 열응고를 이용하는지가 다른 푸딩을 분류하는 것은 유효한 경우와 그렇지 않은 경우가 있다. 예를 들어 커스터드푸딩, 콘후라워처럼 달걀 또는 전분만으로 굳히는 제품이 많이 있으므로 두 방법을 동시에 이용하는 제품도 적지 않기 때문이다.

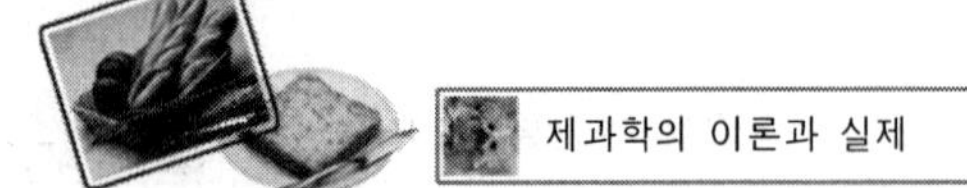

1) 배합종류에 의한 분류

배합종류에 의해 나누어지는 분류도 엄밀하지 않고 상당히 편의적인 것이다. 그러나 요리의 접점으로 푸딩이라는 시점에서 이 분류를 보면 상당히 흥미롭다. 이것을 간단히 소개해 본다.

(1) 우유 푸딩(커스터드 푸딩)

우유를 주체로 한 푸딩. 이 종류의 원형은 쌀푸딩이고 이것은 영국에서 예부터 있는 가정요리의 죽과 밀접한 관계가 있다. 제일 단순한 쌀푸딩에 우유와 쌀, 버터, 설탕만으로 만든다. 제법도 재료를 전부 섞어 끓이는 것으로 간단하다. 이것은 파이접시에 넣고 만들어 파이접시째로 제승되는데, 이 배합에 달걀이 들어가는 것에 의해 고급적인 쌀 푸딩이 된다. 틀에서 꺼내 소스나 과일등이 추가되어 제공되게 되었다.

크림 캐러멜이나 빵푸딩 등이 여기에 속한다.

(2) 스엣트 푸딩

스엣트란 소의 심장이나 위장 주위에 있는 지방으로 영국의 푸딩의 전통적인 재료의 하나이다. 풍미에 특유한 맛이 있고 좋아하거나 싫어하는 것의 구분이 확실한 종류라고 할 수 있다. 크리스마스 스페셜 메뉴인 크람 푸딩은 이 종류의 제품이다. 또한 과일 케이크의 재료로서 쓰이고 있는 민스민트에도 스엣트가 쓰이고 있다.

(3) 스펀지 푸딩

반죽의 배합제법은 대부분 버터케이크와 같다. 그러나 굽지 않고 삶아서 열을 통과한다. 기본의 배합에 여러 가지 소재를 부가하여 종류가 풍부한 제품을 만들 수 있다.

(4) 수플레 푸딩

이것은 오븐에 굽는 수플레와 거의 같으나 중탕 굽기한다. 역시 여러 가지 소재를 부가시키는 것에 의해 여러 가지를 만들 수 있다.

이상 네가지 종류를 종합해보면 요리에서 발전한 제법과 과자에서 발전한 제법이 교차되어 풍부한 배합을 만들어 낸 것을 알 수 있다. 모두 단순한 것에서 상당히 복

잡한 것까지 푸딩이라는 큰 줄기를 구성하고 있다.

이 수플레 푸딩은 잘 알려져 있는 수플레 종류의 치즈케이크이다. 또한 대표적인 버터케이크 제품인 프람케이크는 프람푸딩에서 발전한 것이다. 이처럼 현재 만들어지고 있는 여러 가지 과자제품과 직접적 또는 간접적으로 연결되어 있는 푸딩은 다양한 종류가 있고 그 내용도 단순하지 않다.

5. 푸딩의 재료

푸딩에는 과자에 사용되는 거의 모든 재료가 쓰이고 있다. 이것은 푸딩 자체가 접하고 있는 범위가 넓음을 알 수 있다. 여기에 중요한 것을 간단히 알아보자.

① 우유

우유가 들어가는 푸딩의 종류는 대단히 많다. 풍미도 뛰어난 이 우유는 전분이나 열 응고시킬 때의 중개역할도 나타내고 있다. 크림 캐러멜처럼 우유와 달걀과 설탕만으로 만드는 푸딩에는 달걀이 우유의 안에 골고루 분산되어 기공이 조밀하고 입안 감촉을 만들어 낸다.

② 당류

푸딩에 설탕은 뛰어난 감미료의 역할 이외에도 스펀지 푸딩이나 수플레 푸딩 등에는 각각 버터케이크나 스펀지 제품에 있어 설탕과 같은 역할을 낸다. 또한 많은 푸딩은 브라운 슈가 등 풍미가 뛰어난 특수한 설탕이 사용되고 있다. 그리고 설탕 이외의 당류, 꿀이나 맥아 몰트 등이 사용되는 것이 많다.

③ 가루류

우유 푸딩이나 스윗트 푸딩에 있어 가루류는 주로 응고제에 의한 연결 역할을 나타내고 있다. 그런 까닭에 이 가루는 전분질을 포함하고 있으면 무엇이라도 좋다. 잘 사용하는 것은 밀가루·옥수수 전분 등이며 기타 타피오카 전분이나 특수 밀가루인 세몰리나 등은 가끔 사용된다. 스펀지 푸딩과 함께 수플레 푸딩에는 제품의 보형성을 좋게 하기 위해 글루텐의 존재가 필요하여 밀가루가 많이 사용된다.

④ 달걀

푸딩의 반죽을 연결하는 소재이며 미각적·영양적으로는 달걀이 뛰어나다. 또한 달걀은 거품을 올리는 것에 의해 푸딩이 반죽을 가볍게 하는 목적에도 이용된다.

⑤ 유지류

우유 푸딩에는 우유의 풍미를 내기 위해 버터가 사용되는 것이 많다. 또한 스펀지 푸딩이나 수플레 푸딩에도 풍미를 중시하는 것에는 버터를 사용하는데, 가격을 내리는 경우에는 마가린이 사용된다. 쇼트네성이 필요로 하지 않는 푸딩의 제품은 없고 전부 풍미용이며 그런 까닭에 쇼트닝의 사용되지 않는다.

⑥ 빵

빵을 이용한 푸딩에도 여러 가지 종류가 있다. 슬라이스한 빵을 틀의 안에 붙이고 푸딩 반죽을 부어 넣은 것과 반죽 자체에 빵을 혼입해 넣은 것이 있다. 이것들에 사용되는 빵은 어떤 것이라도 좋으나 유지가 많이 들어 있는 것은 부적합하다. 빵 푸딩 이외에도 빵가루의 형태로 넣는 것도 많이 있다. 또 빵가루 대신에 케이크 가루를 쓰는 경우도 있다.

6. 푸딩제품

1) 커스터드푸딩(custard pudding)

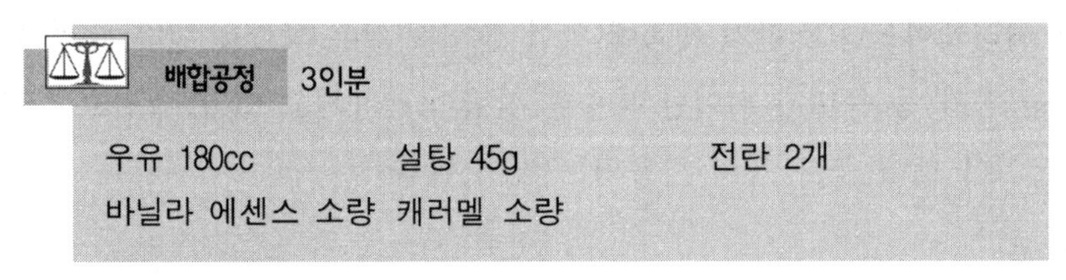
배합공정 3인분

우유 180cc 설탕 45g 전란 2개
바닐라 에센스 소량 캐러멜 소량

만드는 법

① 캐러멜 소스를 만든다. 냄비에 설탕 150g과 적당량의 물을 넣고 불에 올려 끓여 조린다(재료의 설탕과는 별도의 양이다). 설탕 6, 물 4의 비율이면 좋다.

② 엷은 갈색이 되면 골고루 젓어가면서 끓여 조린다.
이 상태에는 당액의 온도가 높게 되어 있어 타지기 쉬우므로 주의를 요한다.

③ 짙은 갈색이 되면 뜨거운 물을 조금 주입하고 잠시 끓여 녹인다.
설탕액은 고온이 되어 있으므로 온도가 넘을 때가 있다. 온도가 낮은 미지근

한 물이나 물을 넣으면 한층 넘쳐 나오기 쉬우므로 만드는 뜨거운 물을 천천히 주의하면서 넣는다.

④ ③이 넘쳐 오르고 캐러멜상이 되면 얼음물 안에 조금 설탕액을 떨어뜨려보고 부드러운 상태로 굳어지면 불에서 내린다.

⑤ 푸딩 틀에 ④의 캐러멜을 넣고 차게 굳힌다.

⑥ 설탕과 달걀을 볼에 넣고 잘 섞는다.

⑦ 우유를 끓인 후 바닐라 향을 내어 6에 넣고 잘 섞어 혼합한다.

⑧ ⑦을 걸러서 ⑤의 푸딩 틀에 80%정도 부어 넣는다.

⑨ 오븐의 철판에 푸딩 틀이 1/3 잠길 정도 뜨거운 물을 넣고 중간불로 30~40분간 찜 굽기를 한다.

※ 찜을 하는데 끓일 때 거품이 생기지 않도록 한다. 찌는 과정에 거품이 생겨 부드러운 푸 딩이 되지 않는다. 또한 뜨거운 물의 양이 많으면 시간이 걸려 부풀음이 생기는 때도 있 다. 달걀 두부나 달걀찜의 요령과 같다고 할 수 있다. 오븐은 밑부분에 넣는다.

⑩ 구워지면 오븐에서 꺼내 자연스럽게 식은 후에 냉장고에 넣고 차갑게 제공한다.

※ 이 반죽은 얇게 잘라 토스트하여 버터를 칠한 빵과 건포도를 넣어 구우면 브레드 앤드 푸딩(Bread and butter·pudding)이 된다.

제12절 앙트르메(프·ENTREMETS)

1. 앙트르메 정의

앙트르메는 식후의 단맛이 나는 과자를 의미한다. 소스를 곁들이기 때문에 과자라기보다도 일품요리로 취급하는 경우가 많다. 즉 영어로는 디저트에 해당하는 언어로 생각할 수 있는데, 말의 유래를 찾아보면 꼭 단맛을 의미하지는 않다.

2. 앙트르메 역사

앙트르메란 말은 12세기경부터 사용하기 시작하였다. 원래는 요리와 요리의 중간(entre; 사이, mats; 요리)이란 의미이다. 당시의 연회는 시간이 길고, 맛있는 음식 사이에 긴 휴식시간이 있었다. 이 휴식시간에 댄스 등의 여흥과 피로연이 있었는데, 여흥이 끝나면 연회가 다시 계속되었다. 이 여흥을 앙트르메라 불렀다.

이것이 다른 의미로 변하여져 앙트르메는 로스트 요리나 디저트 사이에 내는 요리를 지정하는 것이 되었다. 이것들의 요리는 야채나 고기, 생선, 단맛 등이 있었다.

시간이 흘러 식사시간이 짧게 되어 요리의 수도 적게 되고 간소화되어 단맛의 디저트가 만들어지게 되었다. 이러한 형태로 현재의 모습으로 변한 것은 17세기 이후이다. 형식은 없어졌으나 앙트르메란 말은 지금도 남아 일반적으로 단맛의 식사 전빵을 말하게 되었다.

3. 앙트르메의 종류

앙트르메는 따뜻한 것(entremets chaldds)과 찬 것(entermets froids)이 있다.

사용목적에 따라 앙트르메 파티시에르(entremet de patisserie), 앙트르메 드 큐이지누(entremets de cuisine)로 분류된다.

일반적인 과자점에서 만드는 과자이며 다른 분야 요리인이 만드는 과자이지만 냉장 냉동기술의 발달과 더불어 쌍방의 만드는 과자의 차가 적게 되었다.

대표적인 것으로는 수플레, 크레프, 바바루아, 젤리, 타르트, 푸티가토 등이 이에 속한다.

제13절 수플레(영, 프·Souffle 독·Auflauf)

1. 수플레의 정의

뜨거울 때 제공하는 앙트르메 쟈의 하나로 으깬 과일이나 크림에 머랭을 넣은 것이다.

수플레는 프랑스어로 '부풀리다'와 '사람을 기다리게 한다' 라는 뜻으로서 기포성 반죽을 구워서 2~3배로 부풀린다는 의미에서 붙여진 명칭이다. 또한 제과용어에서 당액을 끓여 조리는 온도를 뜻하기도 한다.

수플(Souffle)이란 「부풀었다」라는 의미이다. 대부분의 음식은 부풀리므로 가볍게 느끼고 혀에 상쾌하며 소화도 좋게 된다.

또한 부풀음 없는 것에 비교해 불의 통합이 빠르므로 경제적이기도 하다. 이런 생각을 하면 먹는 것을 부풀리는 방법을 발명한 사람은 인류의 행복에 크게 기여했다고 할 수 있다.

2. 수플레의 종류

단맛의 수플레와 과일 맛의 수플레가 있다.

1) 단맛의 수플레

디저트로써 나오는 수플레도 많이 있고 배합비도 있지만, 크게 나누면 크림종류와 과실을 체질하여 넣는 방법의 2가지로 분류된다.

크림의 종류는 파트 아 슈처럼 이긴 것에 머랭을 섞은 뒤 안에 각종 향료와 술 등의 알코올을 첨가하여 굽는다.

이것은 단맛의 수플레의 대표적인 것으로 입안에서 부드럽고, 상당히 맛을 남기고 바로 없어지는 부드러움을 지닌 것이다. 버터와 노른자와 흰자가 주재료이며, 밀가루는 조금도 들어있지 않는다. 향은 바닐라를 기초로 하고 있고 리큐르 술이나 오렌지 껍질을 넣는 것도 있다. 바로 구운 그대로 먹거나 분설탕을 뿌려도 맛이 있고 소스 앙글레즈나 과즙이나 리큐르로 향을 낸 소스를 쳐도 맛이 있다.

2) 과일맛의 수플레

과일을 체로 걸러 시럽과 머랭을 섞어 넣어 만드는 데는 과즙과 흰자가 주재료이다.

크림종류의 반죽에 과실을 체질하여 넣어 굽는 것도 있으나, 과실은 숙성된 것을 넣으면 맛이 변화는 것이 많고 불의 동합이 쉬운 재료가 바람직하고 버터와 노른자를 넣지 않고 흰자와 과실을 체질하여 걸러 만드는 것이 많다.

사용되는 과실은 될 수 있는 대로 당분이 많고 수분이 적은 것은 실패하지 않는다. 예를 들어 오렌지, 딸기, 무화과, 라스베리, 레몬, 라임 등이 있다. 또한 시금치로도 만들 수 있다. 메론이나 수박은 수분이 많은 것은 좋지 않다. 또한 통조림의 생과실이 풍미가 좋은 것은 아니다.

3. 수플레의 용기

수플레는 모자의 의미처럼 가득 부풀어 황금의 왕관처럼 부풀어 올라오지 않으면 안된다.

또한 부풀은 상태를 보다 잘 유지시키기 위해 여러 가지 노력이 필요하다.

반죽을 넣어 굽는 용기도 그 하나이다. 가득 부풀어 오른 모습을 보다 잘 보이기

위해서는 너무 깊지 않는 용기를 사용하여 굽는다. 얇은 은박기구의 내측에 버터를 칠한 두꺼운 종이를 말아서 굽고 두꺼운 종이를 꺼내면 그 부분만큼 대부분 부풀어 오르므로 파티 등에는 이러한 큰 수플레를 굽는다.

① 용기 재질

용기의 재료는 은제, 토기, 두꺼운 질, 유리 등이 있다. 황금색의 수플레는 은제의 밝음과 잘 맞고 호화롭지만 토기는 밑이 타지 않고 잘 식지 않고 굽기 쉽다. 크기는 1인분용에서 10인분 정도까지 있으나, 큰 용기에서 구우면 안까지 불이 통하는 시간이 걸린다. 그 불의 정도를 조절하여 좋게 굽는 데에는 오랜 경험이 필요하다. 습관이 되지 않으면 표면이 바삭하고 딱딱한 수플레가 되므로 1인용의 용기로 굽는 것이 좋다.

4. 수플레 팽창방법

먹는 음식의 부풀리는 법으로는 이스트균에 의한 생물을 이용하는 방법, 베이킹 파우더와 같은 무기염류를 혼입하는 방법, 거품 올린 흰자의 힘에 의해 부풀리는 방법 등 3가지가 있다.

수플레는 흰자의 힘으로 부풀림으로 디저트의 요리로도 이용된다.

요리의 방법에는 치즈나 햄, 때로는 생선의 포를 넣어 구워 식사의 전에 전채로 또는 가벼운 점심이나 요리와 함께 먹는다. 맛은 물론 소금 맛이다.

모두 한국에서는 일반적으로 만들지 않지만, 프랑스요리의 기본으로 가정에서도 많이 만들어진다. 그렇기에 종류도 많고 여러 가지 배합이 있다.

5. 수플레 굽는 법

수플레의 종류에 따라 직접 오븐에 넣는 것, 철판에 뜨거운 물을 넣고 중탕하여 넣는 법이 있다. 보통 가스오븐에서는 중탕하여 굽지만 전기오븐에서는 중탕하지 않고 직접 굽는다.

또한 부풀은 표면의 변화를 갖게 하기 위해 달걀에 칠해 색을 내는 것도 있다. 이 경우에는 중탕하여 굽기 시작해 잠시 후 표면이 어느 정도 굳어지면 달걀을 칠한다. 구

워지면 위에 분설탕을 가볍게 뿌려 그대로 제공하는 방법과 분설탕을 뿌린 후 윗불이 강한 오븐에 넣고 설탕을 캐러멜 상태로 구워 태워 형태와 향기를 내는 경우도 있다.

6. 요리의 제공

모든 수플레는 크게 윗부분이 부풀어 구워질 때에는 최고의 상태이다.

이 때를 놓치지 않고 빠르게 서비스하는 것이 바람직하다.

사전에 시간을 재서 준비하여 손님을 조금 기다리게 하여도 바로 구운 것을 제공하지 않으면 안된다. 크게 말하자면 오븐에서 꺼내 운반하는 시간도 줄인다. 이 최고의 상태를 유지하기 위해 또한 연출의 의미를 포함하여 중탕에 넣은 2중 냄비에 구워낸 수플레를 넣어 가지고 가는 경우도 있다.

7. 수플레 제품

1) 푸딩, 수플레, 사숀 Pouding, souffle, saxon

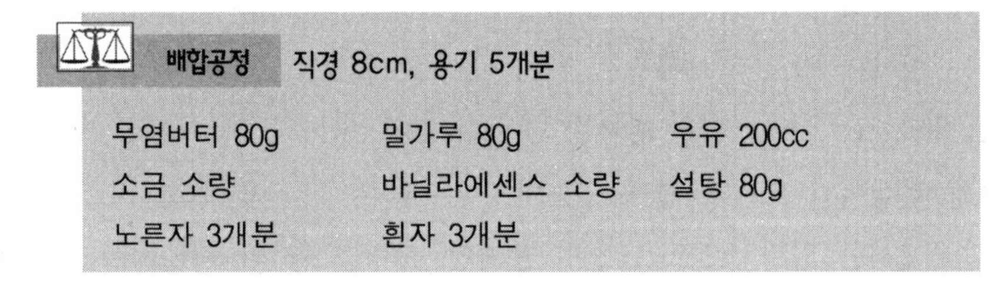

배합공정 직경 8cm, 용기 5개분

무염버터 80g	밀가루 80g	우유 200cc
소금 소량	바닐라에센스 소량	설탕 80g
노른자 3개분	흰자 3개분	

만드는 법

① 냄비에 버터를 넣고 불에 올려 끓여 찐 다음에 불에서 내려 체질한 밀가루를 넣고 나무 주걱으로 저어 섞고 불에 다시 올려 가루가 없어질 때까지 잘 섞어 혼합한다.

※ 백색 루를 만드는 방법과 같은 연령으로 태우지 않도록 냄비의 밑에 나무주걱을 눌러 잘 저어준다.

② 우유에 소금과 향료를 넣고 끓여 ①의 안에 2~3회 나누어 부어 넣고 덩어리가 되지 않도록 잘 혼합해 섞는다.

③ ②가 끓여지면 다시 강하게 충분히 저어 섞어 나무주걱에 부착하지 않을 정도

로 끓여 불 에서 내린다.

④ ③에 설탕을 넣어 가면서 노른자를 넣고 잘 섞어 혼합하여 짙은 크림 덩어리가 만들어진 다.

⑤ ④의 반죽이 사람의 체온정도가 되면 흰자를 충분히 거품 올려 넣고 가볍게 섞어 혼합한 다. 수플레의 경우뿐 아니라 흰자는 차갑게 하면서 충분히 시간을 두고 기공이 가늘고 확실 한 머랭상태로 기포 올려 바로 넣는 것이 구웠을 때보다 잘 부풀기 위한 요점이다. 그렇기 때문에 사용하는 설탕은 소량을 남겨두고 거품 올리는 도중에 넣는다 반죽을 섞을 때에는 거품이 없어지지 않도록 주의한다.

⑥ 용기의 안쪽에 버터를 칠하고 설탕을 뿌리고 ⑤의 반죽을 70~80% 정도 넣는다. 반죽을 넣은 후 큰 틀의 용기의 경우에는 옆 부분을 나무로 저어준다. 이것은 구운 후에 표면을 관처럼 보이게 하는 방법이다.

⑦ 오븐을 가열하고 철판에 ⑥을 올려 펼쳐 용기의 높이인 1/3까지 부어 넣고 중간 불보다 조금 낮은 온도에서 구워낸다.

※ 철판에 부어넣는 뜨거운 물의 양은 용기와 오븐에 따라 다르지만 구워낼 때 물이 없어질 때까지 정도가 제일 좋다. 1/3 정도가 기준이다.

굽는 시간은 1인분이라면 약 20분 정도로 구워낸다.

10인분 용기라면 40~45분 걸린다. 가운데까지 불이 통했는지 알 수 없을 때에는 반죽의 한 중앙을 나무로 찔러 보아 반죽이 묻어나오지 않으면 된다.

가스오븐은 조금 낮은 부분이 굴곡있게 구워질 때가 있다.

그런 때에는 철판의 위에 두꺼운 종이 한 장을 깔면(중탕) 평균적으로 구워진다.

또한 표면의 구운 색이 강하게 날 때에는 버터를 칠한 종이를 씌워두면 방지된다. 큰 용기에서 장시간 시간이 걸릴 경우에도 종이를 덮어 씌워 표면이 타지지 않도록 조절한다.

⑧ 구워지면 용기상태로 또한 틀에서 빼내 따뜻한 은접시에 장식하고 바닐라의 향을 낸 소스 앙글레즈를 첨가해 제공한다. 틀에서 빼낼 경우는 구워낼 때의 높이에서, 조금 처질 때는 밑으로 하여 빼낸다. 제일 부 풀어 오른 상태에서 부드럽게 빠져 나오지 않지만 잠시 놓아두어 전체의 열이 평균적이 되어 반죽이 떨어지면 빠지기 쉽게 된다.

제14절 크레프(영·Pan cake, 프·Crepes)

1. 크레프 정의

밀가루에 계란, 우유를 섞은 유통상의 반죽을 얇게 둥글게 굽거나 부친 것이다. 「망과 같다」라는 의미를 지닌다. 당시의 크레스프(cresp), 크리스프(crisp)에서 유래한 명칭이다. 그 당시는 빵대용으로 간식으로 먹었지만, 지금은 디저트류에까지 폭넓게 활용한다.

2. 크레프 역사

크레프는 중세부터 내려온 과자로서 프랑스의 대표적인 앙트르메의 하나이다. 크레프라는 단어는 전 또는 쪼글쪼글이라는 의미이고 크레프 주재료는 밀가루를 포함하여 달걀, 버터, 우유로 얇게 구운 것이지만 정리하는 것에 따라 많은 배합이 있다.

크레프의 역사는 오래되었고 16세기에 시작되었다고 전해진다.

처음에는 2월 2일의 성모 마리아의 축일에 구어 제공하였으나, 17세기에 들어와서 일반 가정에 넓게 퍼져 전해졌다. 또한 일설에는 옛날 각 가정에 주 1회씩 다음의 1주일간 먹을 수 있는 빵을 보존하였는데, 부족하게 되었을 때 크레프를 구워 대용했고 차가울 때에는 뜨거운 크레프를 구어서 제공했다고 한다.

모두 다 밀가루로 구운 소박한 음식물인데, 재료의 배합과 굽는 방법의 노력도 오늘날처럼 여러 종류의 크레프가 되었다.

그 중에서도 제일 명성이 높은 것은 「크레프 슈젯트」로 호텔이나 레스토랑에서는 이것을 자랑스런 디저트의 메뉴에 내고 있다.

그러나 프랑스에서는 분설탕이나 마말레이드를 추가하여 어린이들의 간식으로 하거나 햄이나 소세지를 싸서 길모퉁이에서 팔거나 하는 등 실로 폭넓고 친숙해져 좋아하고 있다.

크레프 슈젯트는 오렌지와 레몬의 과즙과 과피에 설탕, 버터에 각종의 술을 추가한 소스를 첨가한 것. 이 소스는 오늘날부터 100년 전에 영국의 에드워드 황태자의 요리사 앙리 샤루 빵티에가 우연히 만든 것이라고 한다.

그 후 그는 이 소스를 기초로 하여 연구를 계속하여 소스안에 크레프를 적셔 그란 마르니에, 코앙또르, 키리슈 등을 추가하여 태우는 것을 습득하였다.

조금 어두운 식당에서 태워 만들어지는 새로운 디저트는 대단히 황태자의 기분을 좋게 만들어 크레프 슈젯트라 이름 붙이게 되었다.

3. 크레프의 종류

단맛이 나는 반죽으로 만든 크레프 쉬크레(crepes sucrees)와 달지 않는 크레프 살레(crepes salees)가 있다.

1) 크레프 쉬크레

과실, 단 소스를 곁들여 디저트, 패스트 푸드에 응용한다.

2) 크레프 살레

햄, 계란, 고기, 생선류를 싼 요리로 만들어 간다.

3) 크레프를 이용한 과자

크레프 쉬제트, 밀크레프, 크레프 수플레, 그라탱이 있다.

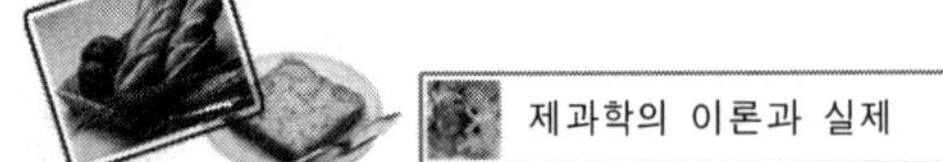

4. 크레프의 제품

1) 파트 아 크레프 Pate a crepe

배합공정 15인분 30개분

밀가루 130g	분설탕 50g	소금 소량
전란 3개	우유 300~400cc	무염버터 20g
브랜디 50cc	바닐라에센스 소량	

만드는 법

① 볼에 밀가루, 분설탕, 소금을 넣고 가볍게 섞어 합친다.

② ①에 달걀을 넣고 덩어리가 생기지 않도록 주의하면서 잘 섞어 합친다.

③ 우유를 2등분으로 나누어 한판을 데워두고 ②에 주입하여 잘 섞는다.

④ 3에 남은 우유와 녹인 버터, 바닐라 에센스, 브랜디를 넣고 잘 섞어 30~60분간 둔다.
잘 섞은 것은 밀가루의 글루텐이 나와 끈기가 있다. 이것은 약하게 하고 반죽을 안정시키기 위해 30~60분 정도 놓아둔다. 바로 구우면 탄력이 너무 강해 수축된 상태로 멋있게 되지 않고 입안에서 느낌이 나쁘게 된다.

(1) 굽는 법

크레프를 굽는 데에는 특별한 프라이팬을 사용한다.

이것은 1cm 정도의 두꺼운 철판으로 만들어진 八형의 것으로 주위가 조금 높아져 있고 불에서 약하게 골고루 전해지므로 얇고 깨끗한 그물망 모양으로 구워내질 수 있다.

① 약한 불로 프라이팬에 올려 평균적으로 데워서 식용유로 녹인 버터를 소량 넣고 덥게 하여 여분의 기름을 없앤다. 기름걸레로 기름을 칠하는 것도 하나의 방법이다.

② 크레프의 반죽을 부어 넣고 전후좌우 들어서 두께를 평균되게 만든다.

③ 깨끗한 구운색이 나면 뒤집어서 같게 구워낸다.

※ 프라이팬이 너무 뜨겁거나 기름이 많으면 구운 면이 타게 되어 버린다. 반죽을 넣을 때에는 불에서 내리는 것이 안전하다.

크레프는 될 수 있는 한 얇고 황갈색의 굽는 색을 낸다. 두껍거나 너무 굽거나 하면 입 안에서 나쁘게 되므로 부어 넣는 반죽의 분량에 주의해야 한다.

먼저 1~2회 구워 적당량을 정해야 한다.

제15절 바바루아(영·Bavarian Cream, 프·Bavarois, 독·Bayrischer Krem)

1. 바바루아의 정의

과실 퓌레와 크림에 젤라틴과 생크림을 섞어 식힌 디저트이다. 차가운 앙트르메로서 무스, 젤리, 블랑망제와 함께 인기있는 디저트이다.

2. 바바루아의 역사

옛날 독일 남부 바이엘 지방의 귀족 집에서 일했던 프랑스의 요리인이 이름 지은 것이라고 전해져 오고 있다.

바바루아는 프랑스 과자이다. 기원에 대해서는 확실하지 않지만 18세기 말경 거품올린 생크림을 혼합하여 젤라틴이 들어간 냉과의 기본적인 형태가 완성된 것 같다. 여러 가지 제과의 역사서를 보면 과자는 프랑스의 바이엘이란 지방의 이름이 붙여졌다. 19세기 초 요리인 앙트난 카렘에 의해 세상에 널리 퍼지게 되었다고 쓰여져 있다. 사실 비스큐이 케이스 안에 바바루아를 넣은 샤를르트는 카렘의 창작과자로 너무 유명하다. 라눌스 백과사전에 의하면 카렘이 시기에 바바루아와 달갈은 사용하지 않은 것으로 프로바류, 바바루아라 부르고 있다.

현재에는 바바루아의 배합, 제법 등도 확립되어 여러 가지 제품이 레스토랑의 식탁이나 과자점의 점포에 진열되게 되었다.

3. 바바루아의 종류

현대적인 제법에는 바바루아를 2가지 종류로 나누어 생각하고 있다.

① 우유와 달걀을 사용한 바바루아 : 바바루아 · 아 · 라 · 크림

② 과일의 퓌레와 시럽을 사용한 바바루아 : 바바루아 오 후루이

이 두 가지는 물론 전형적으로 과일의 바바루아에서도 시럽대신에 우유를 사용하는 것도 있다. 또한 바바루아 · 아 · 라 · 크림의 것은 달걀을 보통으로는 노른자만 사용하나, 이것에 전란을 사용해도 좋고 흰자만의 머랭을 넣는 배합도 있다.

바바루아를 무스라고 부르는 이름도 있다. 이것은 무스와 바바루아가 같은 것이라기보다 무스의 한 종류로서 바바루아가 있다고 생각하는 것이 좋을 것이다. 무스라고 말하는 것은 과자에 관해 말할 때에는 생크림, 달걀, 버터 등을 거품 올려서 차게 한 것 전반에 대해 무스라고 붙여진 명칭을 사용한다. 그런 까닭에 바바루아의 제품 그것을 나타내는 단어인 것에 대해 부스는 제품의 한 분야를 나타내는 단어이다.

독일의 생크림은 배합적으로는 바바루아와 비슷하나, 이것은 독립된 제품이 아니고 스펀지와 조합된 토르테를 만드는데 사용된다. 바바루아는 영국에서 바바루아 푸딩이라고 불리우고 푸딩의 일종으로 분류되는 것도 있다. 아마 바바루아를 만들기 위해 푸딩의 틀에 부었기 때문일 것이다. 바바루아를 제공할 때에는 틀을 빼서 접시에 올리고 소스를 뿌린다. 또는 거품올린 생크림을 짜주거나 과일을 장식해도 좋다.

4. 바바루아의 재료

1) 바바루아 재료의 종류

바바루아를 재료면에서 보면 거품올린 생크림과 젤라틴이 기본이 된다. 이것에 다른 여러 가지 재료를 넣어서 개성적인 제품이 되는 것이다.

① 생크림

바바루아 제품에는 거품올린 생크림을 반죽에 혼합하는 것에 의해 가벼움이 생기고 입안에서 잘 녹게 된다. 이것은 동시에 맛을 진하게 한다. 그런 까닭에 바바루아는 유지방분이 높은 것이 사용되어 왔다. 바바루아에 사용되는 생크림은 그리 거품

올리지 않는다. 이것은 다른 반죽과 혼합했을 때 너무 젖지 않도록 하기 위해서이다. 튼튼하게 거품 올려 버리면 생크림이 반죽에 덩어리져 버린다. 합치는 반죽과 같은 정도의 딱딱함이 되는 것이 이상적이다.

② 젤라틴

젤라틴은 합친 반죽을 차게 하여 굳히게 하는 재료이다. 분말 젤라틴과 판젤라틴이 있고 어느 쪽을 사용해도 좋다. 판 젤라틴의 경우 배합 때 장수로 계량하면 오차가 생기기 쉽다.

저울에 계량하는 사용하는 것이 좋은 방법이다. 즉 판 젤라틴을 제조하고 있는 나라에 따라 한 장당 중량이 다르므로 특히 주의가 필요하다.

생과일을 사용할 때는 과일의 종류에 따라서는 젤라틴이 응고하지 않는 것이 있다. 예를 들어 키위, 파인애플, 메론 등이다. 이것은 과일에 들어 있는 단백질 분해효소의 움직임에 의한 것으로 과일을 가열하면 효소의 불활성화에 의한 것으로 응고력을 회복할 수 있다.

젤라틴의 첨가량은 만드는 제품이나 젤라틴 자체의 응고력이 다름에 의해 차이가 있다. 대부분 기준으로는 수분 총량에 대해 4%가 표준이고 1% 미만이 되면 부드러워 형태가 만들지 않는다. 또 여름에는 겨울보다 조금씩 양을 늘린다.

③ 달걀

바바루아 · 아 · 라 크림은 원칙으로 노른자만을 사용한다. 노른자에 들어있는 레시틴은 유화작용이 있고 생크림의 이수를 방지하는 효과가 있다. 또한 우유와 함께 끓이는 것에 의해 열응고하여 반죽에 끈기를 준다. 거품 올린 생크림과 합치기 쉬운 농도를 만들어 낸다.

물론 무엇보다도 달걀이 들어가는 것에 의해 제품의 영양과 풍미가 증가한다. 노른자 대신 전란을 사용하면 재료 가격을 낮출 수 있고 풍미는 더욱 담백해진다. 전란을 사용하는 경우도 노른자와 흰자를 나누어 흰자를 머랭으로 만들어 반죽에 합치면 상당히 가벼운 바바루아로 만들 수 있다. 바바루아 · 오 · 후루이에서는 달걀이 들어가지 않는 배합이 일반적이나 반죽을 가볍게 하기 위해 머랭을 넣을 때도 있다.

④ 시럽

바바루아 · 오 · 프루츠에서는 과일의 퓌레나 시럽을 넣고 단맛을 낸다. 이 종류의 바바루아에서는 반죽에 열을 가열하지 않으므로 설탕을 그대로 넣으면 잘 녹지 않는다.

넣는 시럽은 보메 30도의 것이 표준이다. 이것은 그 도수의 시럽이 프랑스 과자의 기본이기 때문이며 더 높은 시럽을 사용해도 좋다.

그러나 너무 연한 시럽을 사용하면 필요한 단맛을 얻기 위해 상당한 양을 넣어야 하므로 그렇게 하면 수분량도 늘어나 물기가 있는 바바루아가 되어 버린다.

보메 30도의 시럽을 만드는 데에는 1000ml 물에 설탕 1500g을 넣고 녹이면 좋다. 시럽을 사용하기 전에 우유에 설탕을 녹이는 데에 사용하는 것도 있다. 이것은 풍미가 좋게 되지만 과일의 선도나 색을 조금 없애기 쉽다.

⑤ 우유

우유는 설탕을 녹이고 노른자를 응고시키는 사이에 중개 역활을 하는 수분이 있다.

물론 수분보다 풍미, 영양가가 우수하다. 수분의 기능이라면 특히 우유가 없어도 되지만, 바바루아라는 과자는 소스, 앙글레즈(커스터드 소스)에서 발전한 것이고, 그 성립과정에서 바바루아 · 아 · 라 · 크림=우유를 사용한다의 공식이 처음부터 명확했다고 생각되어진다.

⑥ 설탕

바바루아에 있어 설탕의 역할은 지극히 단순하다. 즉 단맛을 준다는 점이다. 그렇기 때문에 배합량도 임의적으로 사용한다. 얼마만큼 설탕을 넣어야 제품이 만들어진다는 것은 바바루아에서는 관계가 없다. 바바루아에 설탕을 전혀 넣지 않으면 제품이 만들어지지 않는다. 달걀의 풍미도 생크림의 진한 맛, 과일의 상쾌한 산미도 모두 설탕의 단맛에 의해 조절되어 미각으로 생겨나는 것이다.

⑦ 과일

바바루아 · 오 · 프루츠는 여러 가지 과일을 사용하는 것에 의해 풍부한 종류가 생겨난다. 과일은 수분이 많은 슈를 사용하는 것보다는 퓌레에 사용하는 것이 좋다. 모든 과일을 사용할 수 있으나, 과일 중의 단백질 분해효소를 지닌 것도 있으므로 주의가 필요하다. 풍미가 담백한 과일에는 레몬과즙을 소량 넣는 것에 의해 풍미를 증가시킬 수 있다.

⑧ 초콜릿, 커피

바바루아·아·라·크림에 여러 가지 종류가 있으나 초콜릿과 커피가 많이 사용된다.

초콜릿은 녹인 스위트초콜릿에 거품 올린 생크림을 합치기 직전에 반죽에 넣는다. 커피는 반죽에 대해 1% 정도를 3배량의 커피술 또는 럼주에 녹여 넣는다.

⑨ 양주

불에 가열하지 않는 바바루아 제품에 넣는 양주는 그대로 반죽 안에 혼합시킨다. 그런 까닭에 첨가량이 적어도 충분히 효과를 낼 수 있다. 양주의 풍미를 최대한 내고 싶으면 보메 30도의 시럽과 같은 양의 비율로 섞은 것을 주사위 모양으로 자른 스펀지에 가득 적셔 그것을 바바루아 반죽에 혼합하면 된다.

5. 바바루아의 종류

1) 바바루아아라크림

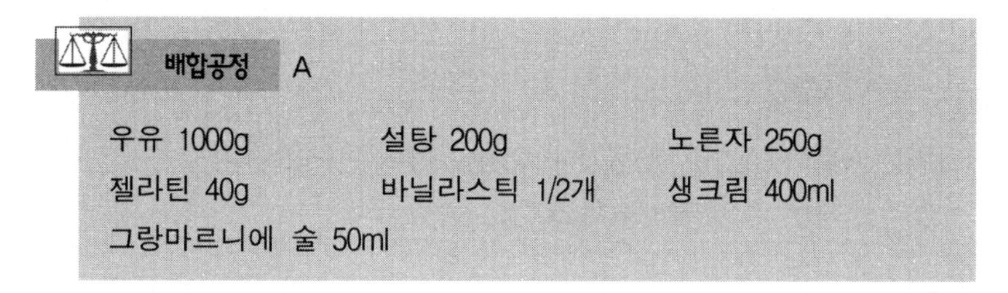

배합공정 A

우유 1000g	설탕 200g	노른자 250g
젤라틴 40g	바닐라스틱 1/2개	생크림 400ml
그랑마르니에 술 50ml		

만드는 법

① 볼 안에 노른자를 깨 넣고 사전에 물에 적셔 팽창시킨 젤라틴과 설탕을 넣고 잘 혼합한다. 다른 볼에 우유와 소량의 설탕, 바닐라스틱을 넣고 불에 올린다.

② 우유가 끓기 직전이 되면 노른자의 볼에 천천히 저어가면서 넣는다.

③ 다시 한번 불에 올려 반죽에 끈기가 생기고 젤라틴이 완전히 녹을 때까지 가열한다.

④ 불에서 내려 체로 거른다.

⑤ 뜨거운 열을 식힌 후에 70% 정도 거품올린 생크림을 합친다.

⑥ 틀에 부어넣고 냉장고에서 굳힌다.

2) 바바루아 오 후루이(가시즈)

배합공정 B

가시스 퓌레 250g　보메 30°의 시럽 250ml
젤라틴 30g　물 30ml　생크림 250ml
좋아하는 크림 · 드 · 가시즈 250ml를 넣어도 좋다.

만드는 법

① 보메 30°의 시럽을 준비한다.
② 볼에 가시즈의 퓌레와 시럽을 넣고 물과 함께 중탕하여 녹인 젤라틴을 넣는다.
③ 70%까지 거품 올린 생크림을 올린다. 크림 · 드 · 가시즈를 넣는다.
④ 틀에 넣고 냉장고에 차게 해 굳힌다.

3) 바바루아오·프루츠(Bavarois a Furit)의 배합

배합공정

과일, 퓌레 500g　30°be 시럽 250~500cc
젤라틴 30g　생크림 500g

만드는 법

① 과일을 체로 걸러 놓은 것에 30°C 시럽을 넣는다.
※ 과일이 들어간 시럽을 살균할 경우는 80℃까지 가열한다.
그 이상 강하게 가열하면 과일의 색소가 변색되어 풍미가 저하된다.
또한 단백질 분해효소가 있는 과일은 역시 85℃ 정도 가열하여 효소를 분해시켜 놓지 않은 면 젤라틴이 굳어지지 않게 된다.
② 과일 퓌레가 들어간 시럽은 일부를 다른 볼에 넣어 50℃까지 데운다.
이 안에 충분히 팽윤시킨 젤라틴을 넣고 녹인다.
③ 남은 과일시럽을 섞어 가면서 젤라틴 액을 묽게 한다.

④ 끈기가 생길 때까지 차게 한 후 거품 올린 생크림을 넣고 신중하게 섞어 합친다.

6. 바바루아의 응용

1) 샤를로트(Charlotte)

바바루아를 응용한 제품에는 여러 가지가 있다. 그 중에서 특히 잘 알려져 있는 샤를로트가 있다. 이 과자를 최초에 만든 것은 프랑스의 위대한 요리인 앙난 카렘으로 그가 만든 제품은 샤를로트 류스(러시아풍의 샤를로트)가 있다. 샤를로트는 스펀지 횡가 등으로 만든 틀 안에 바바루아를 넣는 것으로 그 형태가 보기 좋아 유행했던 샤를로트라는 여성의 모자를 닮은 것에서 붙여진 이름이다.

외측의 틀에는 스펀지 횡가의 스펀지 시트를 삼각형으로 자는 것이나 에클레아 슈를 사용 하는 것도 있다. 모두 그대로 또는 착색한 횡가 퐁당을 뿌린 것을 샤를로트 틀이나 원형의 틀의 안쪽에 붙이고 바바루아의 반죽을 부어 넣는다. 밑에는 둥글게 자른 스펀지 시트와 둥글게 짜서 구운 스펀지를 깐다. 윗면에는 스펀지의 뚜껑을 덥거나 또는 자른 초콜릿 톱핑 등을 씌운다. 축하용으로 사용하는 것은 설탕공예의 꽃 등을 장식한 화려한 것도 있다.

2) 블랑만제

블랑은 흰색, 만제는 맛있는 음식이라는 의미의 프랑스어다. 그 이름처럼 순백의 풍미가 뛰어난 희고 부드러운 냉과 제품이다. 분말로 된 아몬드를 우유와 함께 끓여 다시 천으로 걸러 설탕의 단맛을 내어 생크림의 진한 맛을 내고 젤라틴으로 굳힌 것이 블랑만제이다.

이 아몬드의 풍미가 블랑만제의 생명이고 다만 희면 좋다는 것은 아니다. 100ml의 아몬드의 우유를 얻기 위해서는 약 300~350g의 분말 아몬드가 필요하다. 또한 풍미를 짜낸 후 아몬드는 버리게 되므로 상당히 고급적인 과자라 할 수 있다. 블랑만제에 노른자를 넣는 제품은 엷은 노란색은 내는 명과 죠누만제로 변한다.

제16절 아이싱(Icing, 프·Glacage)

1. 아이싱의 정의

아이싱(icing)은 분설탕에 물, 흰자를 섞은 혼합물이나 과자의 표면에 퐁당, 분설탕에 물을 합친 것을 피복하여 설탕 옷을 입히는 일이다. 프랑스어로 글라사주에 해당한다.

톱핑(topping) 과자, 빵 위에 장식재료를 뿌리고 바르는 일이다.

2. 아이싱의 종류

워터 아이싱, 로얄 아이싱, 퐁당 아이싱, 초콜릿 아이싱이 있다.

1) 워터 아이싱(Water icing)

(1) 정의

케이크나 스위트롤 등의 표면에 바르는 투명한 아이싱이다.

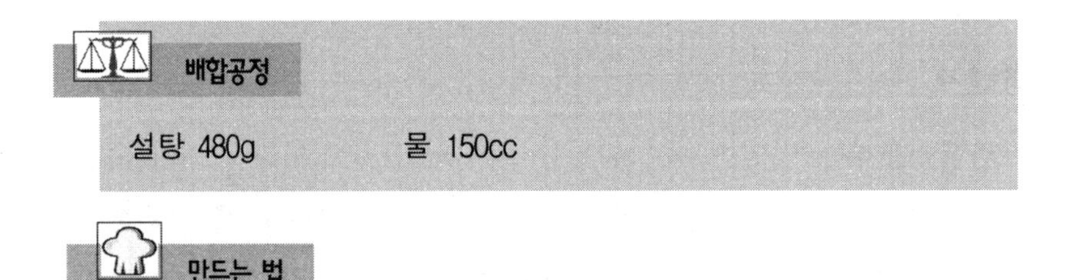

설탕과 물을 녹이고 불에 올려 조린다. 불에서 내려 포도당 60g을 더하고 저으면서 식힌다. 여기에 분설탕을 넣으면서 원하는 굳기로 마무리한다. 이것은 퐁당 대용으로 롤이나 케이크가 식기 전에 바른다.

2) 로얄 아이싱(Royal icing)

(1) 정의

웨딩케이크나 크리스마스 케이크에 고급스런 순백색의 장식을 위해 사용하는 새하얀 아이싱이다. 흰자와 머랭, 가루를 분설탕과 섞고 여기에 색소, 향료, 아세트산 등을 더한다.

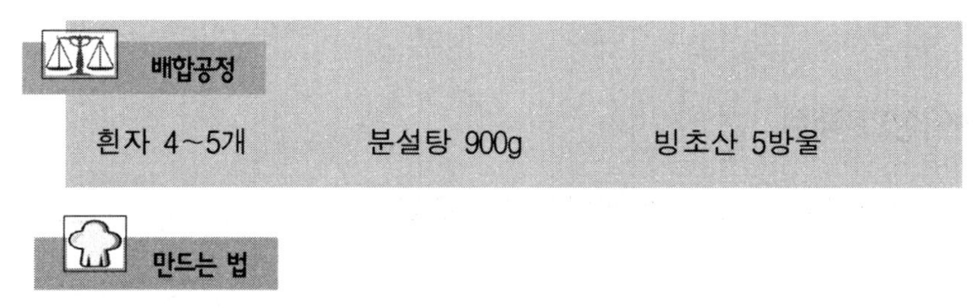

배합공정

흰자 4~5개 분설탕 900g 빙초산 5방울

만드는 법

① 흰자를 볼에 넣고 분설탕 1/2분량을 더해 섞는다.

② ①에 나머지 설탕을 넣고 저으면서 빙초산을 떨어뜨린다.

나무주걱으로 5분간 젓는다. 짤 주머니에 채워 짜낼 것을 단단하게 만든다.

케이크 전체에 부드럽게 만든다. 흰자 대신 머랭가루를 사용할 때에는 머랭을 물에 녹여 설탕 1/3분량을 더해 젓는다. 끝으로 나머지 설탕을 조금씩 더해가면서 마무리한다.

3) 퐁당 아이싱

(1) 정의

설탕을 끓인 시럽을 교반하여 설탕을 부분적으로 결정시켜 희고 뿌연 상태로 만든 아이싱이다.

배합공정

설탕 100%

물 20~30%

만드는 법

① 설탕에 물을 넣고 저으면 녹는다.

② 그 양이 일정량에 달하면 더 이상 녹지 않고 밑에 가라앉는다.

③ 이용액에 열을 가하면 녹지 않고 침전해 있던 설탕이 녹는다.

④ 설탕 10에 물 2를 더해 불에 올리고 온도를 115℃까지 높인다. 이것을 40℃ 급냉하고 교반한다. 교반에 의한 충격만으로 결정이 만들어간다.

3. 아이싱의 재료

주재료는 설탕이며 여러 가지 첨가물이 사용된다.

1) 재료의 종류

① 설탕 : 분설탕, 설탕,

② 유지 : 버터, 경화쇼트닝, 카카오버터, 코코넛 지방

③ 우유 : 탈지분유, 가당연유(풍미 증가)

④ 물 : 아이싱의 용제, 굳기 조절시 시럽 사용(물 1 : 설탕 1 비율 시럽)

⑤ 계란 : 흰자를 거품 내어 사용. 노른자, 전란도 사용한다.

⑥ 안정제

㉠ 종류 : 밀 녹말, 한천, 전분, 타피오카, 젤라틴, 펙틴, 껌류가 있다.

㉡ 사용목적

㉮ 아이싱의 조직을 부드럽게

㉯ 제품의 건조 방지

㉰ 점착성 감소

⑦ 향료 : 천연 향료, 인공 향료

4. 아이싱 사용시 주의할 점

① 43℃로 중탕하여 사용한다.

② 아이싱을 부드럽게 할 때에는 설탕 시럽을 사용한다(물 사용하면 크림이 부서진다).

③ 안정제 첨가 사용 : 젤라틴, 한천, 펙틴

④ 최소의 액체 사용한다.

⑤ 전분, 밀가루 등의 흡수제 사용한다.

⑥ 마쉬멜로우 아이싱 : 113~114℃ 끓인 설탕시럽을 흰자를 거품 올리면서 넣어 만든 아이싱이다.

⑦ 소금 : 방향 재료로 사용한다.

제17절 머랭(Meringue)

1. 머랭(영, 미, 프:Meringue)의 정의

흰자에 설탕을 넣고 딱딱하게 거품 올린 것이다. 이것을 건조 굽기, 굽기한 것으로 여러 과자의 받침대, 장식에 이용되고 있다.

2. 머랭의 역사

머랭을 처음 만든 것은 1720년경 스위스였다고 한다. 또한 프랑스 지방에서는 낭시가 발상지라고 하는데 둘 다 정설은 아니다.

3. 머랭의 종류

1) 제조 공정에 따른 종류

냉제 머랭, 온제 머랭, 시럽사용 머랭(이탈리안 머랭)이 있다.

(1) 냉제 머랭(일반 머랭)

냉제 머랭이란 흰자를 설탕을 넣고 거품 올려 차갑게 만든 머랭이다. 건조시켜 사용한다.

① 기본 머랭이라 할 수 있고, 흰자 100%, 설탕 200% 배합으로 만든다.

② 실온 18~24℃에서 볼에 흰자를 넣고 설탕을 3회 정도 나누어서 넣고 거품을 올린다.

③ 거품 안정제로 주석산(0.5%) 소금(0.3%)첨가 사용한다.

(2) 온제 머랭(스위스 머랭)

온제 머랭이란 중탕하면서 거품올린 머랭이다. 세공품을 만드는데 알맞다. 저온의 오븐에서 장시간 건조시켜 사용한다.

① 흰자 100%, 설탕 280%로 냉제 머랭보다 설탕량이 많다.
② 흰자 50g, 설탕 50g을 볼에 넣고 중탕하면서 거품 올리고 나머지 설탕을 나누어 넣는다.
③ 중탕하는 이유
㉠ 배합량이 많은 설탕을 녹게 하기 위해
㉡ 기포력 저하를 보충하기 위해
㉢ 기공이 세밀하고, 무겁고, 표면이 광택이 있다.

(3) 시럽사용 머랭(이탈리안 머랭)

시럽사용 머랭이란 시럽 온도를 116~120℃로 끓여 흰자에 넣는 머랭이다. 크림, 무스등 굽지 않는 과자에 사용한다.

① 흰자 100%, 설탕 200%, 물 약 60% 배합이 기본이다.
② 흰자를 거품 올려 가면서 뜨거운 시럽(설탕의 1/3 정도)을 부어 가면서, 흰자의 일부가 열응고하여 기포가 확실한 것이 된다.
③ 시럽의 온도 116~120℃(110~125℃)제품에 따라 조절한다.
④ 특징
㉠ 살균효과가 있고 무스, 냉과용에 적합하다.
㉡ 기포의 안정성이 좋으므로 버터크림, 커스터드 크림과 섞어 이용한다.
㉢ 가벼운 구운 색을 낼 수 있고, 장식용에 적합하다.
㉣ 머랭의 부피가 크고 결이 거칠다.

4. 머랭의 재료

주재료와 부재료가 있다.

(1) 주원료

흰자와 설탕이다.

(2) 부재료

① 향료

특징적인 향을 준다. 오렌지 레몬 표피도 사용한다.

② 커피

인스턴트, 분말을 머랭에 대해 3~4% 사용한다.

③ 초콜릿

4~7% 비타 초콜릿, 2~3% 코코아 사용한다.

④ 프랄리네 페이스트

20% 정도(아몬드, 호도, 헤즐넛) 사용한다.

⑤ 기타재료

양주, 과즙, 시럽 퓌레, 잼을 사용한다.

제18절 크림류(영·Creme, 독·Krem)

1. 크림의 정의

크림류는 그대로의 독단으로 쓰이는 경우가 적고, 다른 기본이 되는 반죽류와 함께 사용되어 과자를 만든다. 과자를 구성하는 요소로서 대단히 중요한 지위를 차지하고 있다.

2. 크림 만들기

기본이 되는 7가지 크림과 4개의 응용크림에 섞어서 크림을 만드는 것은 공정이 간단하다. 그러므로 무엇을 어떻게 하면 좋을까의 요령을 알면 각 단계에서 맛있는 크림을 만들 수 있다. 각각의 특징과 맞는 성질을 알면 응용할 수 있어 과자 만드는 즐거움이 늘어난다. 이상의 점을 합쳐 기본 및 응용의 여러 가지 크림 만드는 법을 소개하고자 한다.

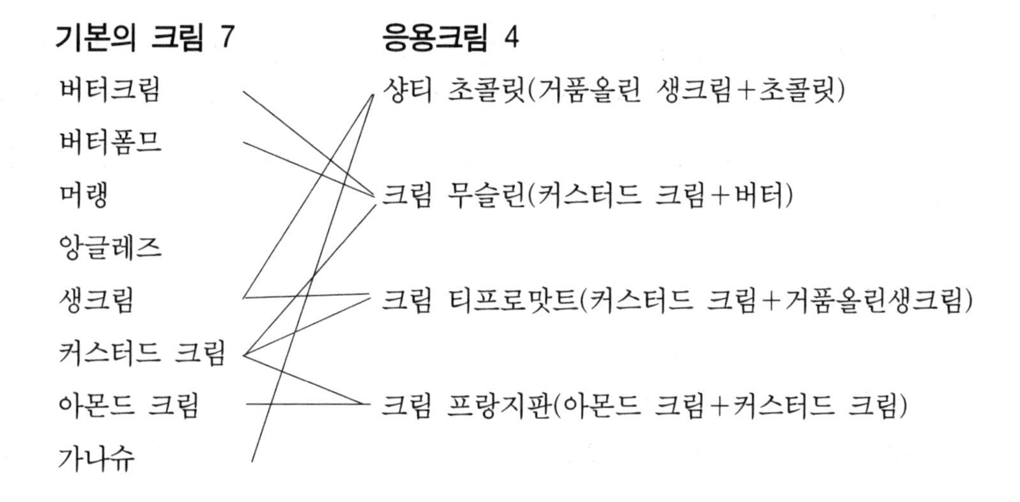

3. 크림의 종류

기본이 되는 크림은 재료에 따라 편의적으로 5가지로 나뉜다.

생크림, 버터를 기본으로 한 것, 커스터드 크림, 아몬드 크림, 응용크림이 있다. 또한 거품 내어 공기를 포함시킨 크림에는 아몬드 크림, 프랑지판 크림, 무슬린 크림 등이 있다.

계란에 설탕과 우유를 더한 크림에는 앙글레즈 크림, 파티시에르 크림, 버터 크림, 사바용 크림 등 가볍게 처리한 크림에는 생크림, 퐁당 크림, 생토노레 크림 등이 있다.

크림의 보존

크림류는 보존력이 약하다. 왜냐하면 크림을 만드는 우유, 생크림, 버터는 세균류가 번식되기 쉬운 영양원이기 때문이다. 또 파티시에르 크림처럼 불에 조린 크림이라도 완전히 살균하리 만큼 온도를 높일 수 없기 때문이다. 그러므로 보존할 때에는 뚜껑을 덮어 냉장고에 넣어둔다.

1) 생크림

우유를 원심분리기로 비중이 가벼운 유지방을 분리하여, 지방량을 조정하여 살균, 충진한 것, 유지방분이 30% 이상으로 후레쉬 크림이라고도 한다. 주성분인 유지방 함유량은 나라에 따라 조금씩 다르다. 한국의 생크림은 유지방 18% 이상인 크림을 가리킨다.

(1) 휘핑크림

크림류 그대로 단독으로 사용되는 것이 적고 다른 것이 기본이 되는 반죽류와 함께 사용되어 여러 가지 과자를 만든다.

샤네 크림이란 생크림을 주체로 해 그 외의 다른 재료를 혼합해 만든 크림으로 샤네와 같지 않고 다르다.

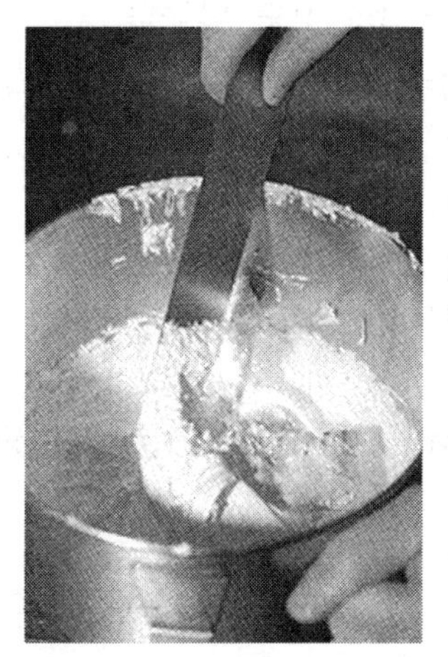

배합공정

생크림 100% 1000cc　　설탕 1% 10g
양주 0.05% 5cc　　바닐라에센스 0.01% 1cc

만드는 법

① 볼에 생크림과 설탕을 넣어 얼음이 담긴 다른 볼에 올려놓고 거품기로 볼의 밑부분이 닿아서 부딪히지 않도록 거품 올린다.

② 크림이 가벼운 각이 생길 정도까지 거품 올려 나중에 사용할 때 용도에 맞게 거품 올리는 것을 조절한다.

※ 향료나 양주를 넣는 경우엔 크림이 완전히 거품 올려지기 전에 넣어 섞는다. 또한 무스나 바바루아, 쟈네·크렘 등을 섞는 생크림은 설탕을 넣지 않고 거품 올린 생크림(크렘·퀴테)이 많이 사용된다.

(2) 크림의 바레이션

① 설탕을 넣을 경우는 생크림의 8~10% 정도 넣어서 거품 올린다.

② 식물 유지가 들어있는 콤파운드의 생크림은 단맛이 약하게 느껴지므로 12~15%까지 설탕을 넣는 것이 많다.

③ 커피는 커피 엑기스를 넣든지 인스턴트커피를 물 또는 럼주 등에 녹여 3% 전후에 넣는다.

④ 과일 퓌레나 주스를 넣을 경우 거품 올린 크림에 20~30% 정도 넣는다.

⑤ 치즈는 크림타입의 것을 부드러운 페이스트 상태로 한 것에 조금씩 넣는다.

⑥ 양주는 거품 올린 생크림에 대하여 2~8% 정도 넣는다.

⑦ 필요하면 거품 올린 생크림을 안정시키기 위해서는 0.3~3% 정도의 젤라틴을 녹여 서 넣든지 펙틴을 0.15% 정도 넣는다. 또한 시판된 안정제를 규정량을 넣어도 좋다.

⑧ 프랄리네는 생크림의 15% 정도 넣는다.

(3) 샹티이 초콜릿(Cream chantilly au chocolat, 거품올린 생크림+초콜릿)

① 정의

제일 간단한 초콜릿 무스이다. 생크림과 초콜릿을 조합하면 기본 크림인 가나와 같으나, 이것은 생크림을 거품 올리기 때문에 가볍게 마무리된다. 변화기 쉬운 것이 결점이다. 세르클 틀에 넣어 사용한다.

배합공정

생크림 800g　　초콜릿 500g

만드는 법

초콜릿을 적절한 온도로

① 생크림을 50~60% 정도 올린다.

② 초콜릿을 중탕해 45℃까지 데운다.

③ 1에 2를 한꺼번에 넣고 재빨리 섞는다.

따뜻한 초콜릿을 차가운 생크림에 넣기 때문에 초콜릿이 수축하는 것은 당연하다. 생크림은 얼음물에 적셔 거품올린 후 볼에 옮겨 초콜릿은 45℃까지 데우는 것이 분리하지 않는 요령이다.

찬 것에 따뜻한 것을 한번에 섞는다. 조금씩 섞으면 덩어리가 생겨 초콜릿 온도도 낮아진다.

초콜릿 농도와 맞는 생크림을 연하게 해두는 것이 섞기 쉽게 하는 요령이다.

2) 버터크림(Butter Cream)

(1) 버터크림 정의

버터에 설탕, 계란을 더해 만든 크림이다. 상당히 부드러운 식감을 주며 술, 초콜릿, 프랄리네 등과 잘 조화되는 뛰어난 크림이다. 케이크 장식용, 충전용으로 쓰는 재료의 하나이다.

(2) 버터크림의 특징

과자 크림류 중에서 제일 많이 사용하는 것이 버터크림이다. 버터 자체에 들어있는 풍미가 좋고 풍부한 진한 맛을 넣고 거품 올려 다른 재료와 섞어 혼합하는 것에 의해 한층 맛과 입안에서 잘 녹는 좋은 크림이 만들어지는 것이다.

버터크림 가운데 단순한 것은 설탕이나 시럽, 퐁당 등 단맛을 내어 거품 올린 것이 있으나 현재에는 거의 사용되지 않는다. 현재의 버터크림은 달걀을 넣은 것이 주류이다. 달걀을 사용하는 버터크림에는 전란을 넣는 것, 노른자를 넣는 것, 흰자를 넣는 것 세 종류로 분류된다. 버터크림은 영국, 미국의 표현으로써 프랑스에서는 크렘・오・블(creme au beurre)라고 독일어로는 붓타 크렘(butter crem)이라고 부르고 있다.

현재의 과자의 기호로서 가벼운 것이 요구되지만, 버터크림은 무게와 칼로리가 높기 때문에 경원시 되었으나 잘 만들어진 버터크림은 풍부한 풍미와 진하게 입안에서 녹는 대단히 훌륭한 크림의 하나이다.

버터크림은 천연 버터를 사용하는 것이 기본이지만, 가벼운 것을 좋아하는 현재의 풍조에 맞게 하기 위해 일부를 다른 고형유지(마가린, 쇼트닝, 콤파운드 마가린) 등을 이용하고 있다.

이런 유지를 겸용할 때에는 버터와 함께 유지를 잘 이겨서 기포력이 약한 순으로 넣고 최종적으로 똑같은 거품을 내도록 주의한다.

크림류는 사용하는 과자의 안의 조화나 그 과자의 목적, 스펀지 반죽등의 기본반죽과 함께 어울리는 것을 고려해 그 과자에 사용할 크림의 조건이나 특징 등을 고려하면 좋다.

진한 맛을 내기 위해서는 초콜릿이나 프랄리네 크림에는 적어도 농후한 노른자를 사용한 버터크림 등을 쓰고, 과일의 맛이나 색을 내기 위해서는 예의 버터크림을 사용하는 것이 보통의 조화를 생각해 여러 가지 버터크림으로부터 선택한다.

또한 생과자 이외의 쿠키 등의 건과자를 샌드하든지 반 생과자에 사용하는 경우에는 보존을 제일로 생각해 배합인 제법을 선택할 필요가 있다.

버터크림에 맛이나 향을 낼 때에는 맛의 소재와 술류의 2가지를 갖추는 경우가 많다. 예를 들어 라스베리 맛과 라스베리의 술 커피 맛의 크림과 모카처럼 같은 계통의 조합이나 아몬드와 럼주, 건포도와 브랜디등 일단 잘 맞는 반죽을 조합시키는 것이 깊이 있는 맛을 얻을 수 있다. 외국에서는 버터 이외의 유지를 사용하는 경우에는 버터크림과 불릴 수 없도록 엄격한 규정이 있는 나라도 있다.

(3) 버터크림의 종류

① 전란의 버터크림

㉠ 버터+제노와즈(전란+설탕)

크렘·오·블 엑스페티이브 제노와즈(creme, aubeurre expeditive)처럼 전란과 설탕을 열을 가하면서 거품 올려 차갑게 될 때까지 거품 올리는 것을 계속한다.

전란의 버터크림은 몇 가지 제조 공정이 있다. 하나는 전란에 설탕을 넣고 중탕하여 거품을 올리고 그것에 버터를 넣고 거품을 올린다. 다른 하나는 전란에 뜨거운 시럽을 넣고 거품 올려 그것과 버터로 합쳐 거품을 올린 것이다. 시럽의 것은 기공이 가늘게 되므로 버터와 합쳐 거품 올릴 때 부피가 나오기 어렵고 또한 수분이 많게 되므로 버터크림은 조금 무겁게 된다. 그러나 만들어진 기포는 튼튼하고 짤 때 모양이 잘 나오고 보존이 좋다.

전란을 중탕하여 거품 올리는 법은 가벼운 버터크림이 되나 그 안전성이 떨어진다. 별립법도 그 양쪽의 결정을 보충한다고 할 수 있으나 작업에 시간이 걸린다.

② 노른자의 버터크림

노른자에 뜨거운 시럽을 부어가면서 거품을 올려 이것에 버터를 합쳐 거품을 올린다. 이 조작의 목적은 부패하기 쉬운 노른자에 열을 통하는 것으로 생 노른자를 넣는 것보다 훨씬 보존이 길게 된다. 그리고 유화작용이 있는 레시틴이 들어 있으므로

달걀의 성분 중에는 버터와 제일 친화성을 나타내는 것이다. 그러나 거품성은 좋지 않으므로 부피가 나오지 않는다. 이것은 무겁고 농후한 맛의 버터크림이 된다.

㉠ 버터+파타 홈부(노른자+설탕 시럽액)

크렘·오·블 슈크레 큐이트(creme, aubeurre sucre cuit) 뜨거운 설탕 시럽액을 노른자에 넣어가면서 거품을 올리는 것으로 농후한 맛이 특징이다.

㉡ 버터+앙글레즈 소스(노른자+설탕+우유)

크렘·오·블 알글레즈(creme, aubeurre, a'anglarse) 커스터드 소스를 사용한다.이 크림 자체에 맛이 없으므로 바닐라 레몬 등으로 맛을 내어 마무리할 경우가 많다.

㉢ 버터+크림 파티시에르(노른자+설탕+우유+분유)

크림 오 블 무슬린(creme, aubeurre, mousseline)는 커스터드 크림을 끓여 차게 한 것에 버터를 넣어 거품 올린 것. 수분이 들어 있기 때문에 가볍게 느껴지는 크림. 보관이 좋은 버터크림을 만들려면 쇼트닝에 준수한 설탕을 사용하면 좋다.

③ 흰자 버터크림

이탈리안 머랭과 버터를 합쳐 거품을 올린 버터크림이다. 흰자의 뛰어난 거품성에 의해 부피가 있는 버터크림이 된다. 또한 이 버터크림은 색도가 흰색에 가까우므로 적색, 자색계통 이외의 색채를 내고 싶을 때 적합하다.

㉠ 버터+이탈리안 머랭(흰자+설탕)

크렘·오·블·아·라·무랑그·이탈리안(creme, aubeurre, au sirop): 이탈리아 머랭의 방법으로 거품 올린 흰자에 뜨거운 설탕시럽을 넣어 가면서 거품 올린 것이다. 다른 버터크림에 비해서 가볍고 담백한 맛이 된다. 노른자가 들어가지 않으므로 무더운 계절에 맞는다.

④ 기타 버터크림

버터크림에는 이것 이외에도 다른 크림과 합친 것이나 누가 프랄리네 캐러멜과 합친 것 등 여러 종류가 있다.

㉠ 버터+시럽(설탕+물)

크레무 오 블 오 시로 단기간에 만들기에 부패(세균 증가)의 요인이 적으므로 보관이 좋은 장점이 있다.

(4) 버터크림 제조의 기본

버터크림 만들기의 기본적인 목적은 버터를 거품 올려 공기를 포집시켜 입안에서 녹기 좋은 상태를 만들어 내는 것이다. 그런 까닭에 버터 크림성을 최대한 끌어내도록 재료의 관리, 조정, 혼합의 방법 등 정확히 해야 한다. 특히 달걀 등 수분이 많은 재료와 합칠 때에는 유지가 분리하기 쉬우므로 작업에 주의가 필요하다.

다음으로 전란을 사용한 것, 노른자를 사용한 것, 흰자를 사용한 것, 캐러멜을 사용한 것에 대해 전형적인 배합과 제법, 공정의 중요사항을 알아보자. 이상 가장 기본적인 배합, 제법을 나타냈으나 공정에 대해서는 버터는 될 수 있는 한 가볍게 거품 올리고 다른 재료와 부드럽게 섞어 합치는 것이 중요하므로 그러한 상태가 얻어질 수 있는 제법을 사용한다. 실제로 믹서를 사용하여 버터크림을 만들 때에는 달걀을 거품 올리고 있는 안에 부드럽게 한 버터를 조금씩 넣고 거품을 올리는 방법이 많이 이용된다.

기계로 거품을 올리는 경우 역시 작업이 간단하다. 노른자를 사용한 버터크림에는 특히 좋으나 전란, 흰자를 사용한 버터크림에는 기포가 너무 많이 생겨 가벼움이 생기는 경우도 있다.

① 전란을 사용한 버터크림

배합공정 달걀을 사용하는 버터크림

ⓐ 공립법에 의한 것

달걀 500g	설탕 500g	버터 500g
쇼트닝 500g	바닐라에센스 소량	

달걀로 설탕을 중탕해서 거품을 올린 후 이것을 다른 곳에서 거품 올린 유지를 조금씩 섞는다.

ⓑ 시럽을 사용한 것

달걀 700g
설탕 200g
설탕 400g
물엿 90g
물 200mℓ
(설탕 400g, 물엿 90g, 물 200mℓ) 시럽을 만든다.

달걀을 거품올린 곳에 116℃로 끓인 시럽을 조금씩 첨가해 이 것을 저어둔 유지를 섞는다.

설탕의 15%의 물엿은 시럽의 결정을 방지하는 것이다.

만드는 법

① 전란은 노른자와 흰자로 나눈다.

② 설탕 450g에 적당량의 물을 넣고 125℃까지 끓여 조린다. 이 시럽의 ①을 실 모양으로 가늘게 부어넣어 가면서 믹싱하면서 노른자를 넣는다.

③ 흰자에 설탕 50g을 넣고 거품 올리고 이것에 남은 시럽을 넣어가면서 거품 올린 이탈리안 머랭을 만든다.

④ 부드러운 버터를 하얗게 될 때까지 거품 올리고 거기에 노른자와 시럽을 합친 것을 넣고 가볍게 섞어 합친다.

⑤ 이탈리안 머랭을 넣고 또다시 거품을 올린다. 최후에 남은 머랭을 넣고 나무 주걱으로 머랭의 거품이 죽지 않도록 주의하면서 전체를 골고루 섞어 혼합한 다.

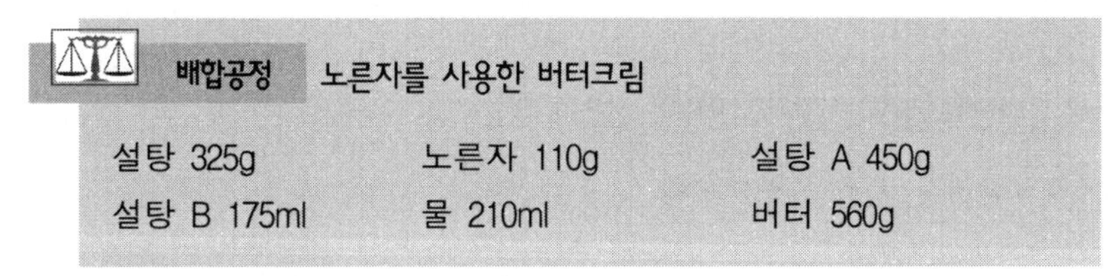

배합공정 노른자를 사용한 버터크림

설탕 325g	노른자 110g	설탕 A 450g
설탕 B 175ml	물 210ml	버터 560g

만드는 법

① 설탕 B와 물을 불에 올려 115℃까지 끓여 조린다.

② 노른자에 설탕 A를 넣고 거품 올린다.

③ 거품을 올려가면서 끓여 조린 시럽을 실 상태로 부어 넣는다. 뜨거운 열이 빠질 때까지 저어주는 것을 계속한다. 이것에 거품 올려 두었던 버터를 넣고 잘

합친다.

배합공정 노른자 사용 버터크림

노른자300g
설탕 100g
설탕 400g ┐
물 130㎖ ┘시럽을 만든다.
버터 500g
쇼트닝 500g

노른자에 112~115℃로 끓인 시럽을 조금씩 첨가해 넣는다. 이것을 거품기로 젓은 유지와 섞는다. 이 버터크림은 부피가 불어나지 않고 맛도 농후하다.

배합공정 흰자를 사용한 버터크림

흰자 270g	설탕 A 110g	설탕 B 675g
물 210ml	버터 790g	

만드는 법

① 흰자에 설탕 A를 넣고 거품을 올린다.
② 어느 정도 거품이 오르면 설탕 B와 물을 117℃까지 끓여 조린 시럽을 실 상태로 부어넣고 튼튼한 이탈리안 머랭을 만든다.
③ 이것을 거품 올린 버터와 가볍게 합친다.

배합공정 이탈리안 머랭을 사용한 크림

㉠ 흰자를 사용한 버터크림

흰자 300g
설탕 80g
설탕 330g ┐
물 110㎖ ┘ 시럽을 만든다.
버터 600g
쇼트닝400g

노른자가 들어가지 않고, 뜨거운 시럽으로 난백을 열처리해 그 외 크림보다는 보존성이 좋다. 크림의 부피가 있고, 담백한(산뜻한) 맛이 나오므로 양주의 효과가 나오기 쉽고, 과일하고도 잘 맞는다. 또한 착색효과가 좋다.

난백과 설탕을 거품 올린 머랭을 만들어 그 안에 118℃로 끓인 시럽을 섞어서 이탈리안 머랭을 만든다. 다른 데에서 버터와 쇼트팅을 섞어서 차게 된 이탈리안 머랭과 섞는다.

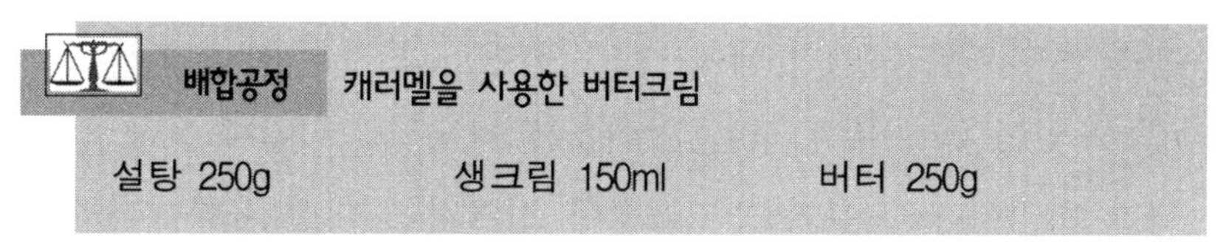

배합공정 캐러멜을 사용한 버터크림

설탕 250g	생크림 150ml	버터 250g

만드는 법

① 동 냄비를 불에 올리고 설탕을 조금씩 넣어가면서 녹인다.

② 전부 녹아 캐러멜 색이 되면 끓인 생크림을 조금씩 넣고 잘 혼합한다.

③ 이것을 한번 체로 걸러 식힌다.

④ 너무 딱딱하지 않도록 식으면 거품 올린 버터와 잘 합쳐 섞어 혼합한다.

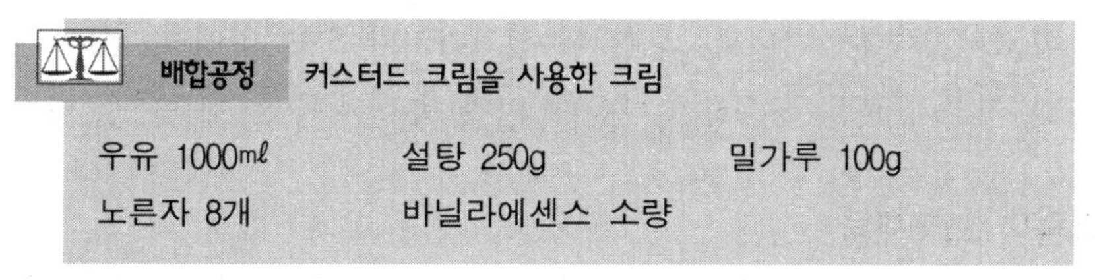

배합공정 커스터드 크림을 사용한 크림

우유 1000㎖	설탕 250g	밀가루 100g
노른자 8개	바닐라에센스 소량	

만드는 법

끓인 커스터드 크림과 크림상태로 만든 버터를 섞는 타입으로 맛이 농후하므로 토르테에 적당하며 그 외 초콜릿이나 넛류의 풍미에도 잘 맞는다.

(5) 버터크림 제조때 주의할 점

버터크림을 만들 때 주의해야 할 것은 버터의 딱딱함 정도에 있다. 손으로 눌러 가볍게 들어가면 좋다. 겨울철처럼 버터가 딱딱하게 되기 쉬운 시기에는 직접 열을 가열해 부드럽게 하기도 한다. 이 경우 버터가 완전히 녹아버리면 안 된다. 녹인 버터는 크림성을 잃게 되므로 녹인 것만큼 거품올림이 나쁘게 된다. 또한 버터와 합치는 다른 재료의 온도도 충분히 주의할 필요가 있다.

특히 달걀에 열을 가하는 작업을 포함하는 버터크림의 경우에는 뜨거운 열을 미리 낸 후에 합치지 않으면 버터가 녹아버린다. 달걀을 거품 올리고 있는 볼의 밑 부분을 만져보아 따뜻하게 느껴지면 아직 열을 충분히 빼내지 않는 것임을 알 수 있다.

거품 올린 달걀과 버터를 합칠 때에 중요사항은 노른자와 잘 혼합해 전란 및 흰자(머랭)를 될 수 있는 한 가볍게 섞는다. 이것은 기포성의 다름에 의해 각각의 특성을 살리기 위한 처리이다. 노른자는 기포성이 떨어지는 대신 유화성이 우수하므로 버터와 합친 후 다시 저어 주는 것이 좋고, 반대로 기포성이 우수하고 유화성이 떨어지는 전란, 흰자에는 버터와 합친 후 너무 섞어 혼합하면 달걀의 기포가 터질 뿐만 아니라 달걀이 많은 배합에서는 불리하기 때문이다.

버터크림은 용도에 의해 배합의 분량을 변화시킬 필요가 있다. 예를 들어 데커레이션에 짜기 위한 버터크림은 달걀이 많은 배합이며 처져서 짠 모양이 잘 나오지 않는다. 또한 코딩에 사용하는 경우도 버터량이 어느 정도 많지 않으면 굳어짐이 나쁘고 광택도 나오지 않는다. 반대로 스펀지에 샌드하거나 하는 것에는 달걀이 많은 버터크림이 스펀지의 수분을 흡수하기 때문에 입안 촉감이 좋은 제품이 된다.

(6) 버터크림의 보조재료

버터크림의 제조상 첨가물에 의해 크림성의 개선이 된다. 이러한 보조재료에 대해 알아보면 다음과 같다.

① 쇼트닝

버터의 일부를 쇼트닝으로 바꾸는 것에 의해 크림성 향상을 시킬 수 있다. 이것은 버터에 비해 쇼트닝이 크림성이 뛰어나기 때문이다. 그러나 버터에 비해 쇼트닝은 풍미가 떨어지므로 그 배합량은 많지 않다. 기본적으로 버터에 20% 정도 초콜릿 등의 맛을 내는 것에는 40~50% 정도가 적당하다.

② 물엿

달걀에 끓여 조린 시럽을 넣고 거품 올린 버터크림에서는 시럽을 끓여 조릴 때 설탕의 10~20%정도 물엿으로 바꾸어 사용하면 시럽의 결정화를 방지할 수 있다. 시럽이 결정화된 상태에서 버터크림을 만들어 버리면 만들어진 크림이 까칠한 식감의 크림이 된다.

③ 펩틴

버터크림은 열에 약하다. 주위의 온도가 버터의 융점(29~34℃)이 넘으면 녹아버린다. 잘 녹지 않은 것은 데커레이션에 적합하지 않다. 여름에는 잘 녹아버리므로 젤리 등 응고제, 또는 펩틴을 넣는 것으로 상당히 효과가 있다.

펩틴이 들어간 버터크림에 대해 「여름 버터크림」의 별명이 있을 정도이다. 버터크림에 사용되는 펩틴은 LM펩틴이 취급하기 쉽다. LM펩틴에는 적당량의 칼슘 등이 있으면 응고하는 펩틴이므로 산과 당분이 없으면 응고하지 않는 HM펩틴보다 버터크림에 적합하다. 펩틴을 응고시키는 칼슘 성분이 버터에 들어 있다.

펩틴은 사전에 동량의 분설탕 및 3배량의 설탕과 함께 섞어 혼합해둔다. 이것의 필요량만큼 버터크림을 넣는 것도 있다.

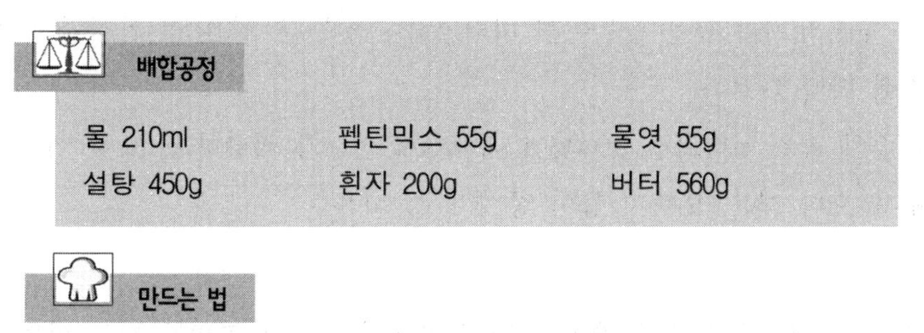

배합공정

물 210ml	펩틴믹스 55g	물엿 55g
설탕 450g	흰자 200g	버터 560g

만드는 법

① 펩틴믹스와 설탕을 잘 섞어 혼합한 것 안에 따뜻한 물을 부어넣고 불에 올려 강하게 혼합하면서 끓인다.

② 펩틴믹스가 완전히 녹으면 물엿을 넣고 117℃까지 끓여 조린다.

③ 이 시럽에 흰자를 넣고 튼튼한 이탈리안 머랭을 만들고 거품 올린 버터를 합친다.

펩틴의 분량은 다음과 같이 정해진다. 먼저 전체의 수분량을 계산한다. 흰자의 수분 88%, 버터의 수분은 16%이다. LM펩틴은 1g당 물 100g을 응고시킬 수 있으므로 총 물량을 100%라고 하면 필요한 펩틴량이 계산해 나올 수 있다. 필요한 펩틴믹스의 양은 그것에 다시 5배하면 좋다.

(7) 버터크림의 맛내기

버터크림은 물론 그대로 사용되지만 이것에 여러 가지 풍미를 넣는 것에 의해 보다 풍부한 종류가 만들어진다.

① 초콜릿

녹인 스위트초콜릿 또는 비타초콜릿을 만들어진 버터크림에 섞어 합친다.

혼합량은 스위트 초콜릿의 경우는 버터크림 100g에 대해 300~400g, 비타초콜릿의 경우 200~280g이 기준이다. 합칠 때 버터크림이 차가워져 있으면 초콜릿이 굳어져버려 잘 섞이지 않는다. 반대로 초콜릿이 뜨거우면 섞여 가는 도중에 버터크림이 녹아버린다.

② 과일

버터크림에 사전에 과일을 사용해 맛을 낼 수 있으나 산미가 강한 것은 맛을 나쁘게 한다. 과일의 버터크림에 색채도 중요한 요소가 되므로 색소 등을 사용하여 색의 조화를 강조한 것도 있다. 사용법으로는 수분이 많은 것은 과즙을 비교적 적은 것은 퓌레나 가늘게 자른 것을 만들어진 버터크림에 넣는다. 양은 각각 과일의 맛을 강조하는 것에 따라 다르다.

레몬과즙의 경우 버터크림 1,000g에 대해 3개 정도가 적당하다. 또한 어떤 과일도 사용할 수 있으나 레몬, 오렌지 등이 풍미가 잘 나온다.

③ 커피

커피 맛의 버터크림을 만들 때에는 커피 콩에서 추출한 커피를 넣는 방법과 인스턴트커피 액을 넣는 방법이 있다. 커피 콩을 사용할 경우는 강하게 볶은 커피 콩 60g을 갈아 물 140ml에 넣어 끓여내 걸러 설탕 340g을 넣고 117℃까지 끓여 조린 시럽을 만든 다음 버터크림에 넣는다.

인스턴트커피를 사용하는 경우는 버터크림에 대해 3~6% 정도 양의 인스턴트커피를 양주에 녹여 사용한다. 커피 맛의 버터크림은 적당량의 캐러멜을 넣어 색의 농도를 내거나 또한 버터의 10% 정도 헤즐넛을 넣는 것도 향기로운 풍미를 내는데 효과적이다.

④ 양주

버터크림에 취향의 양주를 넣어 맛을 낼 수도 있다. 이 양주는 만드는 과자의 내용에 의해 적당한 종류를 선택해 사용하는 것이 기본이 되는 버터크림을 준비해 두고 사용할 때 필요량을 꺼내서 양주를 넣도록 한다. 분량은 버터크림에 대해 10~15%가 표준이다. 과일은 사용한 버터크림에는 원칙으로 그 과일의 술을 넣는다. 초

콜릿이나 커피의 버터크림에는 물론 각각 술에 맞으나 기타 오렌지 계통의 양주도 잘 맞는다.

⑤ 생크림

거품을 올린 생크림, 즉 휘핑크림은 바바루아 등 디저트 과자의 반죽용으로 쓰인다.

또 스펀지 제품의 샌드용, 파이제품의 슈 제품에 필링용, 또는 케이크의 데커레이션용도 등 상당히 폭넓은 용도가 있다.

바바루아 등에 사용하는 휘핑크림은 70% 거품을 올려 사용하는 것이 기본이고, 너무 딱딱하게 거품을 올리지 않고 필링이나 샌드용에 사용되는 것은 튼튼한 거품을 올린다. 특히 데커레이션용의 휘핑크림을 짤 때, 짠 모양이 디자인의 중요한 요소가 되므로 상당히 딱딱하게 거품을 올려야 한다.

생크림의 거품은 그 안에 들어있는 유지방의 움직임에 의한 것이다. 그런 까닭에 유지방이 어느 정도 높을 생크림이 아니면 거품성이 좋지 않다. 일반적으로 생크림은 유지방분 45% 이상의 것이 일반적이고 이것은 휘핑에 적합하다. 생크림을 거품 올릴 때에는 차게 하는 것이 기포가 조밀하게 되고 안정성이 좋다. 대부분 4℃에서 7℃ 정도가 제일 좋은 기포가 형성되는 온도이다.

생크림 온도가 높게 되면 기포성은 좋으나 굵고 안정이 나쁘게 된다. 실온이 올라가는 여름철에는 차게 해 두거나 볼의 밑을 차게 해 두는 등의 조치를 해가면서 거품을 올리는 작업을 하는 것이 좋다.

생크림의 거품에는 거품기를 사용해 처음에는 되도록 빠른 속도로 힘있게 혼합한다.

또한 혼합의 리듬을 일정하게 하는 것이 중요하고 그것에 의해 균일한 기포가 만들어진다. 어느 정도 거품 오르면 혼합속도를 늦추고 튼튼한 기포가 만들어질 때까지 휘핑을 계속한다. 생크림은 거품이 과도하면 바삭바삭한 상태가 되고 또 수분이 유지방과 분리하여 버터크림이 되어 버린다. 휘핑크림도 버터크림과 같이 여러 가지 재료를 넣어 많은 종류와 풍미를 만들어 낼 수 있다.

㉠ 설탕 : 8~10% 넣고 거품 올린다.

㉡ 초콜릿 : 녹인 것을 넣으면 굳어질 수 있다. 부드러운 가나슈를 만들어 넣는다.

ⓒ 커피 : 인스턴트커피를 럼주 등에 녹여 4~6% 넣는다.

ⓓ 과일 퓌레 및 주스 : 휘핑크림 30% 정도를 넣는다.

ⓔ 치즈 : 5~50% 범위에서 부드러운 페이스트 상으로 하여 조금씩 넣는다.

ⓕ 양주 : 휘핑크림에 대해 7~10% 정도 넣는다.

ⓖ 젤라틴 : 계절에 따라 휘핑크림에 대해 0.3~3% 정도 넣는다.

ⓗ 펩틴 : LM 펩틴은 휘핑크림에 대해 0.15% 넣는다.

3) 아몬드 크림(영 · almond cream)

(1) 아몬드에 관하여

아몬드는 껍질을 벗겨 사용하는 것이 풍미가 좋은 파트 다망드가 된다.

껍질 벗긴 아몬드는 대부분 너무 건조되어 있어 적합하지 않지만, 어쩔 수 없이 사용하지 않으면 안 될 경우, 뜨거운 물에 10분 정도 담아두었다가 다시 차가운 물에 빠르게 넣고 그 안에 20~30분간 넣어둔다.

잘 보관된 아몬드는 약 10%의 수분을 포함하고 있다.

이 10%의 수분은 절대로 필요하다. 독일의 식품법은 로마지빵은 수분함량 17% 이하, 설탕 함유량 35% 이하, 지방분 함유량 28% 이상이라는 규정이 있다.

(2) 아몬드 크림 정의

아몬드 크림은 아몬드와 설탕, 유지, 전란을 크림상으로 합친 것으로 설탕과자 반죽으로 넓은 의미로 사용되고 있다. 프랑스에서는 마지팬(Masse pain), 파트 다망드(Pate damandes), 독일어 마르치판, 만델마세, 이탈리아에서는 말짜파네(Marzapanl)라 부르고 우리나라에는 마지빵이란 단어로 일반적으로 사용되고 있다. 그러나 다음에서 서술하는 것처럼 배합과 제법의 다름에 따라 성질 및 용도가 다르게 되므로 그것을 명확히 구별하기 위해 여기서는 파트 다망드라 쓰고 있다.

한국에서는 마지팬이라 하면 생일이나 크리스마스의 데크레이션 케이크를 상상하게 되는데 유럽에서는 장식용의 소재뿐 아니라 독립된 과자로써 명과를 의미한다.

또한 예부터 파트 다망드를 사용하여 야채 과일, 생선, 새, 동물을 만들거나 종교적 · 민속적 행사에 제공하거나 장식용을 만들었다.

또한 아몬드와 설탕을 으깨어 부신 설탕과자 반죽과자로 한마디로 말하면 재료

배합의 비율과 제법과 나라에 따라 다소 다름이 있다.

(3) 아몬드 크림 종류

만들어진 제품도 다른 성질을 나타내게 되며 제법을 크게 나누면 프랑스풍과 독일풍의 2가지가 있다. 그러나 배합비의 점에서 유럽에서는 설탕함유량이 68% 이하가 되지 않으면 안된다고 하는 엄밀한 규정이 있다. 즉 아몬드 1에 대해 설탕 2가 한계인 것이다. 이 1 대 2의 배합으로 만든 것이 끈기가 있고 세공용에 최적이다. 과자의 반죽에 넣어 굽는 경우에는 1 대 1의 비율로 한다. 설탕의 배합비가 적은 것은 바삭바삭하여 세공에 맞지 않으나 풍미가 좋은 것이 된다.

(4) 아몬드 크림 역사

1506년 프랑스의 올레아네 지방 로왈의 피티비에시에 있는 프로방세엘이라는 제과 기술자가 처음 만들었다고 한다. 그는 이 크림으로 같은 시의 이름을 따온 피티비에라는 과자를 만들고 있었다. 이것은 다른 크림과 달리 그대로 사용되지 않고 반드시 구워먹는 크림이다.

아몬드는 프랑스 과자와 밀접한 관계가 있다.

이용 예로는 타르트에 채워 굽는 아망디누, 갈레트가 있다.

(5) 마지팬의 역사

역사적인 것에서 보면 단어의 기원이나 의미 발달의 과정에 대해 여러 가지 설이 있다. 그중에서 옛날 쿠벡의 마을에 전해오는 하나의 전설이 있다. 1407년 독일에는 많은 비료 사용으로 농작물이 열매를 맺지 못하여 사람들은 기아선상에서 가축의 사료는 물론 야채나 무우 뿌리까지 먹었다고 한다.

또한 마을은 적의 군대에 포위되어 먹을 것이 없게 되었다. 시민들이 굶어 절망에 빠져있는 것을 보고 시의 의회에서는 모든 창고를 열어 탐색해 보니 오래된 저장실에서 대량의 꿀과 아몬드가 발견되었다. 한 사람의 빵기술자가 그것의 재료를 사용하여 구움 과자를 만드는 것을 제안하였다.

그것은 사람들이 필요로 하는 과자가 아니라 배를 채우는 빵이었으므로 이 기술자는 많은 사람들의 기대를 채우지는 못했다. 그러나 풍미가 좋은 빵을 구워내어 시민들의 기아에서 구출하여 총공격을 해오려 하는 적에 대해 반격에 나섬으로써 적이

도망가게 되었다. 그리하여 평화가 찾아오게 되었다.

당시 먼 남쪽에서 운반되어 와 상당히 고가의 아몬드로 빵을 만들게 된 것은 가정의 식탁을 부유하게 만들었다. 일반적으로 퍼진 것은 18세기에 시작으로 울무에서 반스, 니다레카 대량으로 이 빵을 만들어 팔기 시작한 때부터 오늘날에도 류 베카, 마루치판마세이라 부르고 사랑받고 있다.

또 한편에서는 이탈리아의 베니스에서 생겨난 단어라는 설이 있다.

베니스에서는 마을의 수호성인 마르코의 생일에 꿀과 아몬드를 가공하여 구운 마르찌 파리스(Marci panisr · 성 마르코의 빵)에서 나왔다고 한다. 그러나 베니스에서 만들게 된 것은 듀벡크보다 늦은 것이다.

이러한 파트 다망드는 많은 설이 전해져 오고 있다. 옛날의 것은 오늘날의 파트 다망드와 다른 것 같다. 과자의 분야에 넓게 사용되고 있는 가운데 변화 발달해 현재의 파트 다망드가 된 것이다.

(6) 아몬드 크림 배합과 제법

① 배합

아몬드 크림의 기본배합도 버터, 설탕, 달걀, 아몬드가 동량 들어간다. 즉 4가지 재료가 동량이다. 제빵적으로 상당히 단순하다. 모든 재료를 골고루 완전히 섞어 혼합하면 좋다.

아몬드 크림의 제빵에는 2가지가 있다.

㉠ 아몬드 분말은 사용하는 법은 아몬드와 설탕을 함께 해 달걀을 넣고 최후에 녹아 버터를 혼합한다.

㉡ 마지팬도 페이스트한 아몬드를 사용한다.

아몬드 페이스트에 소량의 수분(물, 우유, 양주, 달걀) 등을 넣고 부드럽게 이겨 버터, 설탕과 함께 적어 합친다. 달걀은 넣고 혼합한다.

(7) 아몬드 크림 제품

① 아몬드 크림(Creme damande : 크레무 · 다만도)

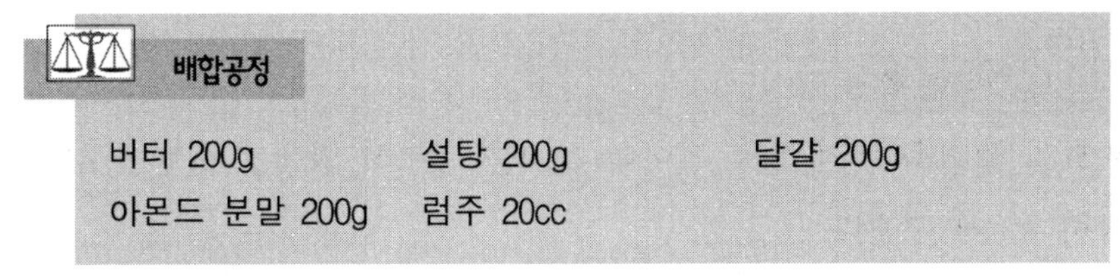

배합공정

버터 200g　설탕 200g　달걀 200g
아몬드 분말 200g　럼주 20cc

만드는 법

㉠ 볼에 버터를 넣고 크림상태로 해서 설탕을 2~3회 나누어 넣고 하얗게 될 때까지 저어 합친다.

㉡ 깨어놓은 달걀을 조금씩 넣고 섞는다.

㉢ 아몬드의 분말을 섞어 놓은 럼주를 넣는다.

※ 기본적인 배합은 버터, 설탕, 달걀, 아몬드 분말의 4종류가 있다.

같은 량의 배합이지만 구운 후 처져 내리는 것을 방지하기 위해서는 용도에 따라 밀가루를 소량의 아몬드 분말로 바꾸어 넣기도 한다.

② 용도

바바루아나 무스 자네크림 등의 앙트르메 냉과에 들어가지만 다른 기본반죽과 함께 조합되어 사용하는 경우가 많다.

부드러운 크림상태의 것에 응고제로서 젤라틴을 넣어 크림의 힘을 굳게 해 케이크의 형태를 보존시킨다.

가볍고 입안에서 좋게 느끼고, 풍부한 맛의 조화에서 많은 과자를 만들고 있는 크림이다.

(8) 파트 다망드 아 섹(pate damandes a sec)

① 정의

일반으로 독일풍의 마지빵이라 부르고 있는 이것을 만드는 경우는 로마지 빵(로마루찌빵 맛세)를 최초에 만든다. 이것은 파트 다망드를 만드는 것의 기초가 되는 큰 것으로 아몬드와 설탕의 비율은 1대 0.5이다.

배합공정

아몬드 200g　　설탕 100g

만드는 법

① 아몬드의 껍질을 벗겨 물로 씻어내 물기를 충분히 없애고 설탕을 섞어 롤러로 상당히 굵 게 부순다.
아몬드의 분량은 설탕을 섞을 정도의 적정량이다. 설탕이 아몬드 알맹이 주위에 평균적으로 붙게 된 뒤부터 롤러로 부순다. 롤러의 간격은 상당히 넓게 해야 한다. 너무 좁으면 다음의 공 정에서 덩어리가 되어 수분이 증발하기 어렵게 된다.

② ①를 동 냄비에 넣고 중간 불로 중탕하거나 약한 불로 올려 저어준다.
혼합물이 건조하여 동 냄비에서 떨어질 정도로 만든다.

③ 바로 깨끗한 대리석 또는 철판에 올려 식힌다.
덩어리지지 않게 얇게 펼쳐 급속하게 식히면 하얗고 좋은 파트·다망드를 만들기 위한 전 제이다. 덩어리 혼합물은 오래 열을 지니면 갈색이 되어 색깔이 나쁘게 되고 캐러멜처럼 맛이 써서 아몬드의 풍미를 잃어버리게 된다.

④ ③가 충분히 식으면 통에 넣고 보존한다. 목적에 맞추어 좋아하는 양주나 향료를 넣어 사용한다.

※ 이 파트 다망드는 상당히 길게 보존할 수 있는 것이 이점이다.
또한 이것을 ①에 대해 설탕 1의 비율까지 설탕을 첨가할 수 있으나 설탕이 전체의 68% 이상이 되어선 안된다.

(9) 아몬드 크림

아몬드 크림을 그대로 사용하지 않고 반드시 불을 통한다.
타르트등 내용물에 쓰이는 이외 시트로 구운 스펀지다. 같이 사용하는 것도 있다.
아몬드 크림도 다른 크림과 같이 재료를 넣어 여러 종류를 만들 수 있다.

① 초콜릿

기본 반죽에 대해 4~7%를 녹여 버터 초콜릿에 넣는다.

② 커피

기본반죽에 대해 3~4%의 인스턴트커피를 넣는다.

③ 프랄리네

아몬드, 헤즐넛, 피스타치오의 누가를 가늘게 부순 것을 기본 반죽에 대해 20% 정도 섞어 사용한다.

④ 꿀

기본반죽의 설탕 15~20% 정도 바꾸어 사용한다. 꿀 이외에도 흑설탕을 사용할 수 있다.

⑤ 과일

기본 반죽에 대해 과즙의 경우 35%를 넣는다.

넣는 방법은 건조시킨 분말아몬드와 함께 롤러에 넣고 페이스트로 만드는 것이 제일 효율이 좋다.

쨈을 넣는 경우 : 잼의 당분을 계산하여 그 분량 만큼에 본 반죽의 설탕량을 줄여야 한다. 가늘게 자른 것은 설탕에 절인 과일을 넣어도 좋다.

⑥ 양주

럼주, 브랜디, 키리슈왓사 등 기본 반죽에 대해 1.5~2% 정도 넣는다.

밀가루에 들어간 아몬드 크림은 싼 가격의 배합이다. 배합량이 많게 되면 구운 아몬드가 딱딱하게 되므로 그 경우는 스펀지 그람은 사용해도 좋다. 모든 분량만큼 아몬드와 바꾸어 사용할 수 있다.

제19절 마롱크림(Cream de Maron)

1. 마롱크림의 정의

크렘 · 드 · 마롱(Creme de Maron)밤 퓌레와 버터를 사용한 크림이다.

타르틀레트나 푸치플, 몽블랑 같은 프치 가도에 넣는다든지 장식한다. 향을 내기 위해서는 럼주 등을 사용한다.

2. 마롱크림(Creme de Maron) 밤 크림 제법

배합공정

밤 퓌레 100% 100g　　버터 50% 100g

만드는 법

밤 퓌레를 채로 걸러서 이 안에 크림 상태로 만든 버터를 넣고 잘 이겨 합친다. 럼주를 적당량 넣는다.

3. 끓이는 크림(크림 파티시에르)

1) 정의

끓어서 만드는 크림을 총칭해서 프랑스에서는 크렘 큐잇트(creme cuite)라 부른다. 그 중에서 잘 사용되는 기본적인 크림으로는 크렘 파티시에르(creme patissie)가 있다.

이 크림은 독일에서는 바닐레 크렘(vanille krem), 영국에서는 커스터드 크림(custard creme), 페이스트리 크림(pastri creme)이라 부르고 있다.

이 크림은 주로 우유, 설탕, 노른자, 밀가루, 전분 등으로 만들어 상당히 싱싱하고 입안에서 부드럽고 미끈미끈한 점을 좋아한다.

가격면에서도 비교적 값싸게 만들어지기 때문에 많이 사용하였다.

또한 이 크림은 부재료로서 초콜릿, 커피, 프랄리네나 각종의 양주를 넣어 맛의 변화를 내어 사용되고 있다.

또한 그 외 끓이는 크림에는 과일 과즙을 사용한 레몬 크림, 오렌지 크림이나 백포도주를 사용한 와인크림 등이 있다.

2) 끓이는 크림의 종류

크렘 파티시에르(Creme Pateissiere), 크렘 프랑지판(Creme Frangipane), 크렘 · 오 · 시트론(Creme au citron), 크렘 · 아 · 로란쥬(Creme a Lorange), 크렘 · 아 · 반 · 블랑(Creme au vin Blanc), 크렘 · 아 · 생토노레(Creme a Saint-honore), 크렘 · 시브스트(Creme Chiboust)

3) 커스터드 크림(Pateissiere Creme)

(1) 정의

커스터드(Custard)란 단어는 본래 크리스타드(Crustard)라고 하고 프랑스요리의 크리스타드(Croustade) 파이반죽이나 빵 껍질로 만들어 틀에 필링을 넣은 요리의 어원과 같다. 이 단어는 또 빵이나 과자의 껍질을 나타내는 크라스트(crust, 껍질)와 어원이 같다.

(2) 역사

커스터드는 본래 우유와 설탕으로 만든 반죽을 접시에 넣고 오븐에 구운 소박한 과자에서 커스터드푸딩이 만들어졌고 커스터드 소스가 생겨났으며 드디어 커스터드 크림이 만들어 진 것이다.

커스터드 크림이 영국에서 생겨난 것이고 그 기본이 된 커스터드 소스가 프랑스 등에서는 영국풍 소스(Suce Alanglaise) 또는 영국풍 크림(cream a langlaise)이라 불리는 것으로 알 수 있다.

원래 커스터드 크림 자체는 크림파티시에르(cream patissiere)라 부른다.

이것은 제과용의 크림이라는 의미이다. 독일에서는 커스터드 크림을 바닐라 크림(Vanillelcrem)이라는 이름이 붙여져 있다.

커스터드 크림은 간단히 하면 커스터드 소스의 배합에 전분을 늘려서 겔화상태로 한 것이다. 이 전분을 밀가루 또는 전분등에 만들어진다.

겔화는 달걀의 열응고에 의해 얻어지는데 짜거나 칠하기에는 너무 약하다.

배합공정 기본적인 커스터드 크림 배합(Creme Paterssiere)

우유 100% 1000㎖	설탕 20% 200g	노른자 20% 200g
밀가루 4% 40g	전분 4% 40g	바닐라스틱 0.05% 1½개분
오렌지 큐라소 0.05% 0.5g		

만드는 법

① 우유를 냄비에 넣고 설탕량의 1/3량과 바닐라 스틱을 갈라서 넣고 불에 올린다.

② 80℃까지 가열한다.

③ 남은 재료를 다른 용기에 넣고 잘 혼합한다. 이때 남은 우유를 일부 넣어 두면 잘 섞이게 된다.

④ ③의 망에 불에 올린 우유를 부어서 체질한다.

⑤ 다시 불에 올려 크림상태로 끓인다.

⑥ 끓으면 쟁반등에 부어 얇게 펼쳐 열을 뺀다.

⑦ 이것은 끓인 크림 온도가 80℃까지 되게 하여 완전 살균되지 않는 잡균이 시간을 걸려 식히면 그 사이에 잡균이 번식할 염려가 있기 때문이다. 커스터드는 수분을 다량 함유하고 달걀등 영양가도 풍부하므로 부패하기 쉬운 크림이다. 당류의 배합비는 우유에 대해 8~10% 정도가 기준이다. 많으면 크림은 당연히 딱딱하게 된다. 달걀은 전란 또는 노른자를 사용한다. 노른자가 많을수록 맛이 좋은 고급 커스터드 크림이 된다. 설탕이 우유에 대해 20~50% 비율로 넣는다. 40%가 넘으면 단맛이 강하게 느껴지게 되고 또 20% 보다 적게 되면 보존성이 나쁘게 된다. 끓인 크림이 고급일수록 보존성이 나쁘므로 반드시 필

요할 때 필요한 양만큼 만든다. 커스터드 크림에 초콜릿 등 풍미를 낼 수 있다, 또 타르트 등 필링하여 굽기 위한 커스터드 크림도 있다. 전란을 사용해 분말 아몬드를 넣는 것이 커스터드 파이용 크림의 기본 배합으로 알려져 있다. 이것을 보통의 커스터드 크림과 같이 여러 가지를 만들 수 있다.

(3) 바닐라 크림(Vanila Creme)

독일과자의 기본적인 크림의 한 가지인 바닐라 크림은 프랑스어로는 크림 파티시에르로 거의 비슷하다.

재료나 배합도 비슷하고 불에 올려 만드는 것은 똑같으나 바닐라 크림은 처음부터 전 재료를 냄비에 넣고 불에 올리는데 크림 파티시에르는 몇 번으로 나누어서 재료를 합쳐 불에 올린다.

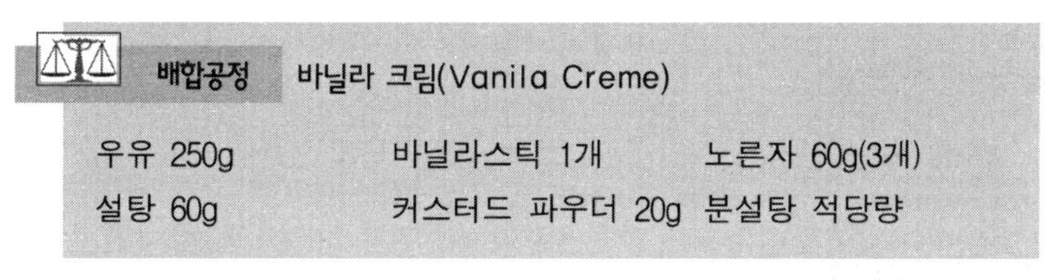
배합공정 바닐라 크림(Vanila Creme)

우유 250g	바닐라스틱 1개	노른자 60g(3개)
설탕 60g	커스터드 파우더 20g	분설탕 적당량

만드는 법

① 냄비에 우유, 바닐라 스틱, 노른자, 설탕, 커스터드 파우더를 넣고 거품기로 잘 섞는다.

② 중간 불로 거품기를 섞어 가면서 끓을 때까지 쪼려간다.

③ 들어 올려서 덩어리가 가져 떨어지지 않을 정도가 되면 불에서 내린다.

④ 쟁반에 넓게 건조하지 않도록 분 설탕을 전면에 뿌려 식힌다.

⑤ 끓기가 생기게 되면 불에서 내려놓고 물에 불려 팽창시킨 젤라틴을 넣고 완전히 녹인다. 바닐라 껍질은 빼낸다.

※ 젤라틴이 녹지 않은 부분이 있을 때에도 고운 체로 걸러 통과시킨다.

⑥ 이것을 냉수에 잠겨 젖어가면서 끈기가 생길 때까지 차게 한다.

19℃ 정도에서 거품 올린 생크림을 넣고 신중하게 섞어 합친다.

※ 우유에 섞는 것이 따뜻할 때는 거품 올린 생크림을 넣으면 틀에 넣어서 차게 굳혀갈 때 생크림의 지방분이 뜨게 되어 두개 층으로 분리된다.

또한 너무 차게 되면 생크림을 넣으면 틀 바로 응고가 시작되어 유동성이 없

어져 틀과 사이에 공간이 생겨 틀에서 빼낼 경우 깨끗하게 빠지지 않는다.

우유를 섞어 생크림의 온도를 조절하여 섞어 넣을 바바루아・아・라・크림의 조화는 초콜릿, 커피, 프랄리네, 피스타치오 등이 있다.

(4) 크림 무슬린

버터크림과 커스터드 크림을 섞은 크림이다. 부드럽고 풍미가 있는 과일과 산미가 조화되어 있다. 비율은 50%씩을 기준으로 해서 균일하게 서로 섞는다. 기호에 따라 비율을 달리해도 좋다. 과일과 섞을 경우 버터크림이 딱딱하므로 커스터드 크림 끈적끈적하다.

이 크림은 딸기와 연유의 관계처럼 과일의 산미를 조화해 맛을 낸다. 과일과 함께 반죽에 넣는다.

배합공정

커스터드 크림 600g　　버터 360g

만드는 법

버터는 꼭 부드러운 크림상태로 만든다.

① 커스터드 크림은 부드럽게 해둔다.

② ①에 상온에서 부드럽게 된 버터를 넣는다.

냉장고에 넣어둔 커스터드 크림은 부드럽게 할 경우 나무주걱으로 이긴다. 점성이 있으므로 거품기로는 안된다.

버터는 꼭 크림상태로 커스터드 크림 정도를 맞추고 분리하기 쉬우므로 버터를 수회 나누어서 섞어지면 된다.

(5) 크림 디플로마트(Cream diplomate)

커스터드 크림과 거품 올린 생크림을 합친 크림이다. 커스터드 크림의 정도를 낮추어 가볍게 하기 위할 때 사용한다. 커스터드 크림의 정도를 성형도를 높이는 데 좋다. 과자에 생크림이 많이 쓸 때 파이 등에 잘 쓰인다.

배합공정

커스터드 크림 300g 생크림 180g

만드는 법

가볍게 섞는 것이 포인트.

① 커스터드 크림을 나무주걱으로 이겨 부드럽게 해놓는다.

② 생크림을 90% 정도 올린다.

③ ①에 ②를 소량 넣고 섞은 후 나머지를 넣고 섞는다.

딱딱함이 다른 두 가지를 섞을 때에는 먼저 조금 섞은 후 소량을 넣어 저어 양자의 차를 조화시킨 후에 섞는다.

너무 섞는 것은 금물. 어디까지나 가볍게 섞는다. 너무 섞으면 끈기가 없어진다. 너무 저어서 끈기가 없을 때는 녹인 젤라틴을 조금 넣는다. 과일 타르트 필링에 최적하다.

(6) 크렘 프랑지판(Cream frangipane)

아몬드 크림과 커스터드 크림을 합친 크림이다. 아몬드 크림과 같이 역시 굽는 과자는 축축하고 부드러운 풍미가 특징이다. 타르트 필링으로 하면 오븐에서 꺼내면 커스터드 크림이 들어 있기에 중간이 처지기 쉽다. 반대로 그 처진 것을 이용해 과일을 놓는다.

배합공정

아몬드 크림 120g 커스터드 크림 60g 럼주 20㎖

만드는 법

① 커스터드 크림을 나무주걱으로 이겨 부드럽게 해놓는다.

② ①에 아몬드 크림을 섞는다.

③ ②에 럼주를 섞는다.

아몬드 크림에 커스터드 크림을 섞기보다는 커스터드 크림에 아몬드 크림을 섞는

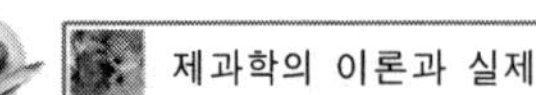

것이 좋다. 비중이 무거운 것에 가벼운 것을 넣은 것이 섞이기 쉽다. 럼주를 조금 넣어 풍미를 높이고 맛을 낸다. 아몬드 크림을 넣어 너무 부드러울 때는 아몬드 파우더를 넣는 것이 커스터드 크림보다 맛이 난다.

4. 크림 가나슈(Creme Ganache)

1) 가나슈 정의

가나슈는 초콜릿에 생크림을 넣어 만든 크림이다. 혀끝에 느낌이 좋고 특이한 풍미가 있다. 용도는 스펀지 사이에 끼워 넣던지 코팅에 사용하며 설탕과자나 초콜릿 과자(봉봉・오・쇼코라)의 중심 내용물 등에 많이 사용되는 기본적인 것이다.

2) 가나슈 크림 역사

가나슈(Ganache)란 프랑스어로 말의 및 간격이 바지의 의미로 어째서 이런 이름이 붙어졌는지는 알 수 없다.

가나슈도 「흑」과 「밀크」라 부르는 것의 기본이 있고 이것들에 좋아하는 양주나 프랄리네 등을 넣고 여러 가지 종류의 가나슈를 만들 수 있는데 여기서는 표준적인 것을 들어본다. 즉 가나슈는 생크림을 사용하고 있으므로 발효하기 쉽고 보존성이 나쁘다. 보존성을 좋게 하기 위해 생크림을 반드시 끓인다.

럼주나 브랜디, 리큐르 술로 향을 내든지 버터를 넣어 진한 맛을 내게 하는 것도 있다.

3) 가나슈 크림 종류

가나슈는 생크림과 쿠베르츄르 초콜릿으로 만들어지는 지방분이 많은 초콜릿 크림의 일종으로 이 크림의 정도, 경도 상태는 넣는 쿠베르츄르에 있어서 본질적인 역할을 나타내는 요소가 되어 이 지방분에 의해 부드럽고 광택이 있는 감촉을 만들 수 있다.

경도의 변화는 여러 가지가 있고 그 필요성에서 나온다.

이 가나슈를 만드는데 있어서 기본이 되는 것은 생크림으로 쿠베르츄르의 양에

따라 경도는 변화하게 된다.

일반으로 프랄리네용의 가나슈의 배합은 1:2로 되어 있다.

생크림(100g):쿠베르츄르(200g)의 비율의 가나슈는 중간의 정도를 나타내고 있다.

이 가나슈는 가공하기 쉽고 부드러우며 향기도 잘 맞고 부드럽다.

이 가나슈는 초콜릿의 지방분이 상당히 중요함을 만들게 된다.

(1) 가나슈 크림

가나슈 크림은 초콜릿과 생크림으로 만드는 농후한 크림으로 그 용도는 다음과 같다.

① 스펀지 및 버터 케이크의 필링 코팅용

② 프랄리네, 초콜릿의 중심 내용물용

③ 쿠키의 샌드용

(2) 가나슈 크림 종류

가나슈 크림에는 여러 종류의 초콜릿이 상용된다. 배합도 여러 가지이고 생크림과 초콜릿이 동량인 것이 기준이다. 초콜릿이 많을수록 가나슈 크림은 딱딱하게 되고 적으면 부드럽게 된다.

케이크 등 코팅하는 가나슈 크림은 다소 부드러운 것을 프랄리네용으로 사용하는 것은 생크림과 초콜릿이 1:2 정도 딱딱한 것을 사용한다.

양조, 넛류, 향 등 여러 가지 풍미를 낼 수 있다.

제법은 끓인 생크림의 안에 잘게 자른 초콜릿을 넣고 녹이는 방법이 일반적이나, 중탕해 녹인 초콜릿에 녹인 끓은 생크림을 부어 혼합하는 방법이 제일 부드러운 가나슈크림을 만들 수 있다. 가나슈 크림에는 노른자와 화이트 초콜릿으로 쓰는 황색의 가나슈크림이나 초콜릿 대신 아몬드 페이스트를 사용하는 아몬드 가나슈 크림등 변형의 것도 있다.

배합공정 가나슈(Ganache)

재료 \ 종류	무거운 가나슈	중간 가나슈	가벼운 가나슈
생크림	500cc	750cc	1000cc
초콜릿	1000g	1000g	1000g

만드는 법

① 초콜릿을 작게 잘라 놓는다.

② 냄비에 생크림을 넣고 불에 올려 끓으면 불에서 내려 작게 자른 초콜릿을 넣고 거품기로 저어서 완전히 녹인다.

③ 청결한 쟁반에 옮겨 식힌다.

※ 양주를 넣을 때에는 초콜릿이 녹여 어느 정도 뜨거운 열이 없을 때 넣는다.

가벼운 종류의 가나슈는 스펀지의 샌드나 코팅에 사용하고 생크림을 합쳐서 샹티 초콜릿으로 할 때도 있다.

또한 무거운 종류의 가나슈는 양주나 버터를 넣어 가볍게 이겨 저어서 면봉이나 둥근 형태로 짜고 잘라서 둥글게 해 봉봉 오 초콜릿의 몸체로 쓴다.

5. 사바용 크림(영·Sabayon sauce, 프·Creme sabayonn)

(1) 정의

노른자와 설탕을 중탕하면서 거품내고 백포도주를 더한 크림이다. 소스 사바용이라고 한다. 포도주 대신 리큐르, 샴페인, 생크림 등을 사용하기도 한다.

(2) 역사

사바용은 이탈리아의 자바이오네(Zabaione), 자발리오네(Zabaglivne)에서 유래했다고 한다.

(3) 종류

온제크림과 냉제크림으로 나뉜다.

백포도주를 넣은 크림은 온제크림에 생크림을 쓴 것은 냉제크림에 사용된다.

(4) 백포도주를 사용한 크림 사바용

① 볼에 노른자와 설탕을 넣고 거품기로 하얗게 될 때까지 휘젓는다.

② ①에 중탕하면서 백포도주를 조금씩 넣고 거품기로 충분히 젓는다.

③ 걸죽해지면 중탕을 멈추고 식을 때까지 다시 젓는다.

6. 크림 앙글레즈(프 Creme anglaise)

(1) 정의

우유, 계란, 설탕을 섞어 가열한 크림이다. 커스터드 소스, 소스 앙글레즈라고도 한다. 바바루아, 푸딩 케이크는 물론 디저트 소스에 이용하거나 다른 재료를 더해 버터크림과 같이 크림의 기본으로 사용한다. 사용 빈도가 높은 크림의 하나이다.

(2) 종류

많이 사용하는 크림은 바닐라 풍미의 크림 앙글레즈가 있고 여기에 버터, 초콜릿, 커피, 리큐르 등을 넣어 맛과 함께 변화를 주어 이용하기도 한다.

① 크렘 · 앙글레즈 · 오 · 쇼콜라(creme anglaise au chocolat)

초콜릿에 우유를 넣어 만든 앙글레즈 크림이다.

② 크렘 · 앙글레즈 · 오 · 카페(creme anglaise au cafe)

인스턴트커피를 물에 녹여 우유와 섞어 만든 앙글레즈 크림이다.

③ 크렘 · 앙글레즈 · 아 · 라 · 리큐르(creme anglaise a la liqueur)

크렘 앙글레즈를 만들어 식힌 뒤 리큐르를 소량 넣고 섞어 만든 앙글레즈 크림이다.

(3) 다른 크림류의 기본이 되는 것

① 크렘 · 아 · 바바루아(creme a bavarois)

크렘 앙글레즈에 거품낸 생크림과 젤라틴을 넣어 만든다.

② 크렘 · 오 · 뵈르(creme au beurre)

크렘 앙글레즈에 녹인 버터를 넣고 휘핑한다.

(4) 제조 방법

① 냄비에 우유와 바닐라를 넣고 불에 올려 나무주걱으로 저으면서 끓기 직전까지 데운다. 이 때 표면에 막이 생기지 않도록 주의한다.

② 볼에 설탕, 노른자를 넣고 거품기로 휘젓는다.

③ ②에 ①를 조금씩 넣으면서 섞고 이것을 체질하여 넣는다.

④ 나무주걱으로 저으면서 타지 않도록 가열한다.

⑤ 나무주걱에 크림이 얇게 묻으면 불에서 내려 식힌 뒤 체로 거른다.

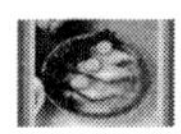

제20절 무스(Mousse) 크림

1. 무스의 정의

무스(Mousse)는 프랑스어로 거품, 기포의 의미를 가지고 있고, 과자에서는 흰자를 거품 올린 것이나 생크림을 거품 올린 것을 넣어 먹을 때에 소프트하고 가벼운 크림을 무스라고 부른다. 거품상태의 가벼운 과자이다. 부드러운 퓌레 상태로 만든 재료에 거품낸 생크림 또는 흰자를 더해 가볍게 부풀린 과자이다.

2. 무스의 종류

무스에는 버터크림 상태로 한 이탈리안 머랭을 섞어 합친 버터 무스가 있으며 현재에는 생크림과 과일 퓌레, 흰자를 거품 올린 것을 섞어 합쳐 젤라틴으로 보형성을 가지게 하는 과자를 많이 볼 수 있다.

딸기 무스 케이크

맛의 변화도 촉구되고 소재로서 과일이 많이 사용되고 있다.

또한 형태를 위해서는 젤라틴을 사용하고 있으므로 젤라틴을 분해시키는 효소를 지닌 과일은 가열해서 사용하지 않으면 안된다.

특히 가열할 필요가 없는 과일: 오렌지, 딸기, 서양 배, 사과, 안스, 복숭아, 산딸기 등 가열하여야 할 과일: 생 파인애플, 메론, 큐이, 후르츄, 파파이야, 무화과 등

그 외의 소재

넛 페이스트를 사용한 것(아몬드, 헤즐넛, 호도 등), 생크림을 사용한 캐러멜, 초콜릿, 커피를 사용한 것, 치즈나 요구르트를 사용한 것, 양주를 사용한 것 또한 위의 무스를 조합시켜 보다 여러 가지 조화된 무스로 과자를 만들고 있다.

만드는 법으로는 과일을 사용한 무스에 선명하게 내어 만드는 법 등 여러 가지가 많다.

또한 넛류를 페이스트나 캐러멜을 쓴 무스는 파다 폰부나 크림 앙글레즈 소스처럼

노른자를 사용한 맛이 진한 크림이나 소스를 묽게 해 거품 올린 생크림에 흰자를 섞어 합치는 등의 사용방법이 있다.

3. 무스크림 제품

1) 무스 바닐라(Mouss Vanille)

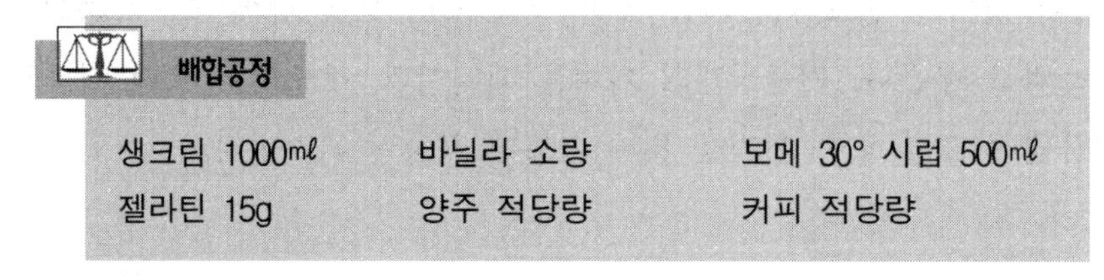
배합공정

생크림 1000㎖	바닐라 소량	보메 30° 시럽 500㎖
젤라틴 15g	양주 적당량	커피 적당량

만드는 법

① 시럽에 젤라틴을 넣는다.

② 바닐라를 넣어 거품올린 생크림과 합친다. 양주 등으로 풍미를 낸다.

③ 틀에 부어서 차게 하여 굳힌다.

2) 무스·오·프루츠(Mouss aux fruits)

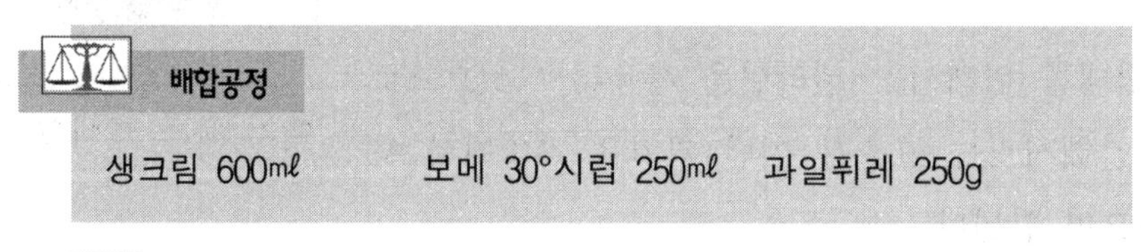
배합공정

생크림 600㎖	보메 30°시럽 250㎖	과일퓌레 250g

만드는 법

① 과일퓌레에 시럽을 넣는다.

② 거품올린 생크림을 합친다.

③ 틀에 부어 차게 해 굳힌다.

제4장

설탕과자, 콩피즈리

제4장 설탕과자, 콩피즈리(Confiserie)

제1절 설탕과자의 정의

설탕만을 이용한 설탕 가공품 이외에 과일 견과, 초콜릿 등과 설탕으로 가공하여 만든 당과 제품이 여기에 속한다.

1. 설탕의 역사

인류는 유사 이전부터 단맛을 추구하여 유럽에서는 벌꿀의 집에서 꿀을 채취하였다. 기원전 325년 알렉산더 대왕이 인도에 원정하여 인더스 강가의 계곡에서 자생하고 있던 사탕수수를 발견해「벌꿀을 필요로 하지 않는 꿀이 되는 것이 꿀을 생육하고 있다」라고 놀라워하였고 식용작물로써 재배하게 되었다고 전해져 오고 있다.

그러나 처음에는 즙을 그대로 사용하였었다. 짜낸 당즙을 끓여서 응고시키게 된 것은 6~7세기경으로 이것은 운반이 용이하고 상품으로써 인도에서 서방 여러 나라나 중국에 수출하였다. 동시에 사탕수수의 재배기술도 진보하여 여러 나라의 각 지역에서 재배하게 되었다.

설탕을 본격적으로 유럽에서 볼 수 있게 된 것은 십자군(11~13세기)라고 할 수 있으나, 그 전부터 그리스에서는 꿀이나 과당을 사용한 당과를 만들고 있었다. 당시 단맛은 제일 부유한 미각임과 동시에 약이나 방부작용에 이용하여 과실 등의 변질하기 쉬운 것을 저장, 보존하였다.

근대에 들어와 설탕이 대량 생산되어 싼 가격이 되면서 본래의 저장목적 뿐 아니라 기호품으로써 일반화되어 폭넓은 분야의 과자로서의 중요한 위치를 점하게 되었다.

2. 설탕의 성질

① 용해성

물에 녹는 성질이 있으며 온도가 상승함에 따라 용해도가 높아진다.

② 캐러멜

고온에서 가열하면 분해 착색된다.

③ 흡습성

온도 27℃, 습도 77.4% 이상에서 자당은 습기를 흡수한다.

④ 방부성

당류의 농도가 높은 용액에서 방부성이 있다.

⑤ 노화 방지력

호화한 녹말에 설탕을 넣으면 노화를 어느 정도 방지할 수 있다.

⑥ 젤리화

과실이나 과즙에 설탕을 넣으면 겔화되어 젤리상태가 된다.

⑦ 침투성과 어는 점

당류의 침투압은 분자량에 관계한다.

⑧ 산화방지력

⑨ 결정화

퐁당에 이용한다.

⑩ 조형성

점착성과 미각을 갖춘 당류 등이다.

3. 설탕과자의 정의

콩피즈리 라는 말은 콩피(confire 과일 등을 담그다. 설탕에 담그게 하다. 껍질을 액에 침투하다)는 등의 말에서 생겼다.

콩피즈리는 그 말에 나타난 것처럼 제과 중에서 제일 많은 설탕을 사용하는 분야로 그 종류의 많음이 한 가지 전문 분야라기보다는 그 자체가 하나의 독립된 직업을 성립시킬 정도로 조화를 풍부하게 지니고 있다고 할 수 있다.

또한 콩피즈리의 분야로 되어 있으므로 많게 과자의 부재료로 사용되어 과자에는 없어서는 안 될 것으로 되어 있다.

4. 설탕과자의 제조

1) 기구

설탕과자를 만들 때 사용하는 설탕의 종류와 끓여 조리는 온도가 적절해야 한다. 그리고 그것을 측정하는 도구가 필요하다.

① 온도계 0℃에서 250~300℃까지 계량할 수 있는 것

② 비중계-당도 측정하는 도구로 유리원통형으로 눈금이 새겨져 그 밑 부분에 수은이 들어 있다. 즉, 안정을 지키기 위해 바라스톤으로 이것을 당액의 안에 조용히 띄우면 비중이 낮으면 잠기고 반대로 짙은 경우는 떠올라 그 눈금으로 당도를 측정할 수 있게 된다.

2) 설탕을 끓이는 온도와 방법

① 끓여 졸이는데 사용하는 냄비

제일 좋은 것은 동냄비이다. 동은 열의 전도율이 높은 금속으로 평균적으로 가열할 수 있는 것이 이점이다.

② 동냄비의 세척과 주의

동에 생기는 녹색의 녹-녹청은 인체에 유해하므로 사용하기 전에 반드시 닦아낸

다. 제일 좋은 방법은 소금과 식초로 닦으면 깨끗하게 된다.

③ 온도계와 붓을 사용

④ 설탕에 대한 물의 비율

당과에 사용하는 설탕은 순도의 높은 설탕이 적합하다. 또한 극도의 고순도를 필요로 하는 때에는 각설탕이라는 굵은 설탕을 사용한다. 당액을 만들 때에는 설탕과 물의 비율은 그 목적에 따라서 차이가 있다. 대체로 표준은 설탕 1kg에 물 1ℓ, 설탕 1kg에 물 0.5ℓ, 설탕 1kg에 물 300~350cc의 비율이다.

⑤ 끓여 조리는 화력

설탕과 물을 냄비에 넣고 잘 저어서 결정을 녹여서 불에 올린다.

당액이 끓기까지는 강한 불로 이후는 조금 약하게 하여 끓인다. 물이 많거나 물이 적을 때 에는 시간이 길게 걸려 당색이 황색으로 될 염려가 있다.

⑥ 거품은 걷어낸다.

당액이 끓으면 표면에 흰 기포가 생긴다. 불순물이 많이 포함되어 있을수록 하얀 거품이 많이 생긴다. 이 불순물이 핵이 되어 결정화 즉 샤리를 촉진하는 것이 되므로 거품을 걷어 내는 가늘은 망을 불에 침투시킨 후 거품을 걷어낸다. 또한, 온도가 상승하게 되면 냄비의 옆부분에 부착하여 결정화의 원인이 되므로 때때로 물을 묻힌 붓으로 깨끗하게 씻어 떨어 트린다. 그렇지만 너무 다량의 물을 사용하면 끓이는데 시간이 오래 걸리는 것 뿐 아니라 당액의 배합이 생겨 결과가 좋지 않게 된다.

⑦ 결정화를 방지하는 방법

당액의 결정화를 방지하기 위해서는 미량의 유기산(구연산, 주석산, 크림탈타)나 글루코스, 또는 대용으로 물엿을 넣는다. 이 양은 설탕의 10~15% 정도이다. 설탕(소당)은 산성용액 중에 과당과 포도당으로 분해되어 그 결과 양자의 혼합물인 전화당으로 변한다. 이것은 결정화되기 어려운 성질이 있으므로 끓여 졸이는 법이 나쁘면 결정화 하므로 유기산이나 물엿을 넣으면 100% 방지할 수 있다. 끓일 때에는 될 수 있는 한 냄비에 파동을 주지 않도록 한다.

이것도 결정화를 방지하는데 중요한 것이다.

이상의 점에 충분히 신경을 써서 목적에 맞는 당도로 끓여 졸여서 불에서 내린다.

3) 당액의 조리는 법과 그 형태

설탕에 물을 넣고 끓여 졸이면 캐러멜화가 된다. 최초의 엷은 당액에서 캐러멜화가 되기까지 변화과정을 14단계로 나눌 수 있고 각각의 성질을 이용하여 사용, 분류할 수 있다.

① 라 랍프(la nappe)

이 상태의 당액은 스푼으로 떠 부으면 실 상태로 흘러 떨어진다.

② 프티 릿세(petit lisse)

부드러움이 작다는 의미이다. 당액이 끓어 수분을 잃기 시작하면 점점 농축액이 되고 당액이 한방울을 엄지와 인지로 집어 떨어지게 하면 손가락 사이에서 1cm 정도 가늘은 실로 끊어져 바로 끊어진다.

③ 그란 릿세(grand lisse)

부드러움이 크게 되고 손가락 사이의 선을 끊어 당기면 바로 끊어진다.

④ 그란 펠레(grand perle)

실선의 점착성이 더욱 강하게 되고 끊어져 손가락 위에 떨어뜨릴 때 둥근 덩어리가 된다. 펠레는 진주란 의미로 그 상태를 나타내고 있다.

⑤ 휘레 filet

실이라는 의미이며 당액은 양 손가락 사이에 끈적거려 더욱 길다란 선을 만든다. 이 가늘고 긴 선이 생기지 않으면 휘레가 아니다.

⑥ 프티 스프레(petit souffle)

표면에 생기는 기포가 점점 크고 둥근 띠의 형태를 말한다.

이 당액을 선단이 원이 되어 가늘은 봉선에 붙여 불면 작은 기포가 생겼다 바로 사라진다.

⑦ 그란 스프레(grand souffle)

표면의 기포가 더욱 크게 되고 그 기포가 퍼지고 오랫동안 사라지지 않는 상태가 된다.

⑧ 프티 브레(petit · boule)

작은 공이란 의미이며 떨어뜨리면 실 같은 것에서 둥근 상태가 된다. 이 정도로 끓여 조리면 비중계보다 온도계를 사용하는 것이 정확하다.

⑨ 그로 블(gros boule)

더욱 조리면 표면에 진한 거품이 나온다. 물에 손가락으로 당액을 담그면 바로 물 안에서 크고 딱딱한 둥근 상태가 된다.

⑩ 프티 캇세(petit casse)

이 상태의 당액을 냉수에 넣으면 더욱더 굳어지며 굽어지기가 쉽고 살짝 늘릴 수도 있다. 씹으면 이빨에 접착한다.

⑪ 그란 캇세(grand casse)

당액의 수분은 대부분 수증기가 되어 발산하므로 온도의 상승이 급속하다. 숙련자라도 1초 1초의 미묘한 변화를 시각으로 판단하는 것이 곤란하다. 온도계를 사용하여 주의 깊게 작업을 해야 한다. 정확히 끓여 조리면 당액을 씹으면 바삭바삭 부서진다.

⑫ 캐러멜(caramel)

더욱 끓여 조려가면 당액은 아름다운 담황색으로 색깔이 나기 시작해 향기로운 냄새가 난다. 그 때 미량의 물을 넣고 조리면 캐러멜이 만들어진다.

4) 설탕액의 당도

■ 물에 설탕을 녹여 끓였을 때의 수치

물	설탕	끓임	당도(브릭스)
½ℓ	1.5kg	→	38
½ℓ	1kg	→	32
¾ℓ	1kg	→	30
1ℓ	1kg	→	25
1¼ℓ	1kg	→	22
1½ℓ	1kg	→	20
2ℓ	1kg	→	17

명 칭	당 도	온도℃	주용도
라 랏프	20	100	드라제
프티 릿세	25	102	아몬드
그란 릿세	30	103	크림 아이싱
그란 펠레	33	105	잼
휘 레	35	106	
프티 스프레	37	108	
그란 스프레	38	112	
프티 브레	39	115	펀던트
브 레	40	118	머랭,아몬드,펀던트
그로브레	41	121	
프티캇세		125	
캇 세		141	캐러멜, 설탕엿
그란캇세		145	
캐러멜		148~150	

※ 위 온도는 설탕을 끓여 녹인 설탕액이 끓어서 조려지는 중에 온도계를 넣고 측정한 것이다. 온도계의 눈금이 103℃를 나타낼 때에는 그란 릿세라 이름 붙여진 농도이다. 당도는 그 당액이 15℃일 때 측정한 것이다.

(1) 슈크레 휘레 sucre file

당액을 가열하여 가는은 실 상태로 만들어 과자위에 장식한다.

① 설탕을 140℃ 전후로 끓여 조린다.

② 볼에 물을 채워 끓는 설탕액의 냄비를 일순간 잠기게 하여 뜨거운 열을 빼낸다. 물에서 꺼내 표면을 태우지 않도록 주의하면서 1~2분간 식힌다. 끓인 채로 놓아두면 예열으로 온도가 너무 올라가 그것을 방지하기 위해 물에 담근다. 또한 그대로의 설탕액은 실상태 가 되지 않으므로 1~2분 정도 놓아둔다.

③ 면봉 같은 것을 2개 20cm 정도 띄워놓고 포크 2개를 사용하여 될 수 있는 한 높은 곳에 서 그 외 설탕액을 뿌려 실상으로 만든다. 포크의 끝이 5㎜ 정도에 뜨거운 설탕액을 묻혀 2개의 면봉을 향하여 손을 이용하여 뿌린다.

※ 뜨거운 설탕액이 너무 날라 퍼지므로 주위를 정리하고 바닥에는 철판이나 종이를 깔고 어린이들이 옆에 오지 않도록 주의한다. 작업하는 사람도 긴팔의 의복과 장갑을 끼고 화상을 입지 않도록 주의한다. 설탕액을 흔들 때 포크의 끝을 수평 이상을 향하면 설탕액이 손에 붙는다. 또한 한번에 다량을 묻히

면 덩어리져서 더덕더덕 떨어진다.
거품기의 끝을 잘라 사용하면 포크보다 조금 쉽다.

④ ③을 적당히 잘라 뭉쳐서 장식한다.
볼은 뒤집어 버터를 칠하고 그 위에 포크로 설탕액을 실상태로 뿌려 식은 뒤에 볼에서 떼 어내면 크리스탈과 같이 아름답고 투명한 돔상태가 된다.
※ 주위에 떨어뜨린 설탕액은 모아서 다시 끓여 조려 캐러멜에 이용한다.

5. 설탕과자의 종류

이러한 과자는 밀가루를 사용하지 않고 설탕을 주체로 하여 여러 가지 과실이나 견과실 등을 가공하거나 또는 설탕이 가지는 갖가지 특성을 살려서 가공한 것이다. 분류하면 다음의 4종류로 크게 나눈다. 설탕을 주원료로 하는 과자, 견과류(넛류)에 설탕을 가공하는 과자, 과실류에 설탕을 가공한 과실과자, 초콜릿을 이용하는 과자등이다.

(1) 설탕을 주원료로 만드는 것

① 퐁당(fondamt)

② 캐러멜(caramel)

③ 봉봉(bon bon)

(2) 설탕과 과일 넛류를 사용해 만드는 것

① 콩피즈리(confiture)

② 마말레이드(marmelade)

③ 젤리(gelee)

④ 파트드 퀴레(pate de fruit)

⑤ 마롱 글라세(marron glace)

⑥ 파트 다망드 그류(pate damande crue)

⑦ 파트 다망드 퐁당(pate damande fondante)

⑧ 퓌레 콩피(fruit confit)

⑨ 드라제(dragee)

⑩ 그랏그란 아망드(craquelin amande)

⑪ 프루츠 데기제(fruit deguise)

⑫ 누가 브륜(nougat brun), 누가 블랑(nougat blanc)

⑬ 파트 키모브(pate a guimauve)

(3) 초콜릿을 사용한 것

① 봉봉 · 오 · 초콜릿(bonbon au choclat)

② 봉봉 · 오 · 초콜릿은 콩피즈리 중에서도 독립된 분야가 되어 있다.

1) 퐁당(foudant)

(1) 퐁당의 정의

설탕액을 정해진 온도에 끓여 조린 후 뜨거운 열을 없애고 나무 주걱이나 기계를 이용하여 이기면 상당히 가는 결정이 된다. 부드럽고 유백색으로 녹기 쉬운 성질을 지니고 있으므로 퐁당(녹는 듯한) 의 이름이 붙여진 것일까.

퐁당이라는 이름은 설탕의 성질에서 유래한 것으로 입안에 넣으면 잘 녹는 것이 이 퐁당의 특징이지만, 프랑스어의 녹는 의미가 있는 폰도루란 이름이 붙여졌다.

전래에 의하면 1830년경 프랑스의 어떤 과자 기술자가 설탕의 안에 크림 타타(주석산)를 소량 넣었을 때 당액이 끓여 조리는 것에 따라서 미묘한 변화가 생기는 것을 발견하여 퐁당을 만들게 되었다. 퐁당은 부드럽고 녹기 쉽고 아름다움으로 과자를 장식하기 위해서는 빠질 수 없는 것인데, 주역이 아니라 어디까지나 보조적은 역할이다. 그러나 프랑스 과자는 퐁당의 창작에 의해 혁명적인 변화를 일으켰다고 한다. 현재에는 판매되고 있으므로 특별한 경우 이외에는 만드는 것이 적게 되었으나 그렇게 넓게 이용되었다고 할 수 있다.

설탕, 물, 물엿을 114~118℃(111~120℃)에 끓여 조린 하얀 페이스트상으로 이겨 합친 것이다. 여러 가지 색깔이나 향을 가미하여, 당과의 중심 내용물로 사용하거나, 물, 알코올을 넣어 술에 저린 과일, 제품등에 뿌리거나 피복, 장식하는데 사용한다.

(2) 퐁당의 종류

퐁당 초콜릿, 퐁당 카페, 퐁당 캐러멜, 퐁당 프루츠 등 그 외 퐁당에 양주를 첨가해 맛의 변화를 낸다.

(3) 퐁당의 제조법

배합공정

설탕 100% 물 20%(설탕 100 : 물 30%)
* 열이 잘 전달되도록 두꺼운 냄비를 사용한다.

만드는 법

① 설탕과 물을 114~118℃로 끓인다.
② 설탕 입자의 재결정을 방지하기 위해 끓이는 도중 냄비 벽에 물을 발라 준다.
③ 끓인 것을 40℃로 급냉하고 교반한다.
④ 교반은 대리석, 매끄러운 작업대 위에서 행해야 한다.
⑤ 보관은 마르지 않도록 비닐에 싸서 둔다.
⑥ 사용할 때에는 40℃ 전후에서 데워 사용한다.
⑦ 물엿, 전화당 시럽 첨가 : 퐁당이 부드럽고 수분 보유력이 증대된다.

(4) 퐁당의 결정상태

① 퐁당의 결정은 아주 작은 결정이 골고루 포함하는 것이 좋다.
② 조림온도를 정확히 지켜야 한다.
③ 40℃로 급냉한다(천천히 식히면 결정이 커진다).
④ 고온에서 교반하면 결정이 거칠다.
⑤ 저온에서 교반하면 작업성이 나쁘다.
⑥ 60℃ 이상 고온에서 중탕하면 결정이 커지고 품질이 떨어진다.

퐁당은 설탕의 가느다란 결정의 덩어리로 전화당의 엷은 막으로 싸여져 있다.
이 강도는 조린 설탕액의 최종 온도에 의해 좌우된다.
설탕액의 온도가 120℃를 넘어 식혀졌을 때 너무 딱딱하게 되어 이기는 것이 어

렵게 되어 112℃ 되지 않으면 잘 뭉쳐지지 않고 덩어리지기 어렵다.

또한 통상의 퐁당을 만들 때에는 전화당을 만들기 위해 주석산을 소량 끓는 액에 첨가하든지 결정을 방지하는 성질을 지닌 물엿을 소량 넣는다.

어느 쪽이든 양이 적절하지 않으면 실패한다.

적을 경우, 장시간 조리지 않으면 곧 결정이 시작되고, 많을 경우 상당히 저어도 크림 설탕액 상태다.

냄비의 내측에 물을 쳐주는 것은 냉각하는 설탕액에 재결정 당을 넣지 않기 위해서이다. 저으면서 냉각시켜 설탕액이 40℃ 정도 되었을 때 저으면 우수한 제품을 얻을 수 있다.

퐁당에는 설탕액의 조린 온도에 따른 강도가 다르므로 용도를 다르게 만든다. 115℃ 끓인 퐁당은 일반적인 과자류에 사용되고, 조금 조림이 강한 퐁당(118℃)은 당과(콩피즈리)용으로 사용된다.

(5) 퐁당의 사용법과 보존

부드럽게 된 퐁당을 만들어 양주나 시럽을 넣어 중탕해 사람의 체온(36℃ 정도)으로 따뜻하게 해 사용한다. 사용목적에 따라 퐁당에 열을 강하게 하든지, 열을 강하게 한 것은 열이 없어졌을 때 딱딱하게 굳어진다. 빛깔이 없어진다. 한번 사용한 퐁당은 전부 사용해 버리는 것이 좋다. 남았을 때는 표면에 시럽이나 물을 뿌려둬 표면이 건조하는 것을 방지한다.

만들어진 퐁당은 공기에 접속하지 않도록 어두운 냉장고에 보존한다.

2) 프랄리네(masse praline)와 누가(Nougat)

(1) 프랄리네 정의

설탕을 불에 올려 아름다운 색과 향으로 녹여 그 안에 구운 아몬드나 헤즐넛과 같은 견과를 섞어 만든 것이다. 이것을 롤러와 갈아 부어서 만든 유동성의 페이스트로 만든 것을 마스 프랄리네(masse praline)라고 한다. 견과실의 기름이 스며들어 양파 맛이 좋으므로 요리 과자나 아이스크림이나 초콜릿 등의 풍미를 내는데 많이 사용된다.

(2) 누가(Nougat)의 정의

누가는 뜨거울 때 대리석이나 철한의 위에 얇게 눌러 자르거나 여러 종류의 틀에 부어 넣어 굳힌 것으로 장식과자 등에 많이 사용된다.

이 누가를 갈아서 굵은 분말로 만든 것이 프랄리네와 크로캉트(Krokant)라 부른다. 그러나 나라에 따라서 마스 프랄리네를 누가라고도 하고 누가를 크로캉트라 부르기도 한다. 이것은 결정적으로 정해진 것이 아니라 습관상 부르는 경우가 많기 때문이다. 또한 누가라는 단어의 유래는 프랑스어에서 유래된 것이라 생각하기 쉬운데, 어원은 라틴어 호도라는 사전도 있다. 프랑스인은 누가라는 단어를 그리 사용하지 않고 크로캉(Croquant; 바삭바삭하다는 의미)로 부르는 것이 많은 것 같다.

크로캉트는 당과의 하나이다. 물을 넣지 않고 불에 올린 설탕에 아몬드 또는 그 밖의 견과를 더해 섞은 것이다. 설탕과 견과의 비율은 1:1이 기준이다. 독일의 크로캉트는 견과량이 많은 누가라 할 수 있다.

(3) 누가의 역사

역사적인 것을 찾아보면 고대 로마시대에는 현재의 누가의 전신인 또르찌아가 있었다고 한다. 그러나 현재와 같은 누가를 만들게 된 것은 르네상스 이후이고 주로 호도가 많이 사용되었다.

(4) 제법의 주의

① 준비

요리나 과자를 조리하는 경우는 반드시 사전에 재료와 기구 및 도구류를 준비해야 한다. 이것은 프랑스에서는 미스 안 플래시(mise en place; 장소에 놓아두는 것)라 말한다. 설탕을 고온에 가열하므로 불에서 내린 후에도 태워진다. 이것을 방지하기 위해서는 완전히 미스 안 플래시의 상태가 되어야 한다. 이것을 잊어버리면 색 뿐만 아니라 풍미도 잃게 된다.

② 안전

고온의 설탕액은 상당히 위험하다. 이 냄비를 안전하게 보관하기 위해서는 주위의 사람이나 혼에 흘리지 않도록 주의하는 것이 좋다.

(5) 마스 프랄리네와 누가의 분량

사용하는 아몬드나 헤즐넛은 통째 큰 알맹이의 것 또는 가는 분말의 것. 그 사용 목적에 나누어 사용하며 설탕의 분량도 다르다.

① 일반적인 누가의 배합

㉠ 재료

아몬드 전립 100g(또는 아몬드 전립 50g, 헤즐넛 전립 50g)

설탕 100g

㉡ 제법

색이 짙은 것을 만드는 것에는 생 아몬드를 껍질째 중간불에 균일하게 잘 볶아 사용한다. 헤즐넛은 모두 볶은 껍질을 벗겨낸다.

② 장식에 사용하는 누가

㉠ 재료

아몬드 슬라이드 100g, 설탕 200g

㉡ 제법

이 누가는 얇게 늘려 좋아하는 형태로 잘라 장식용에 많이 쓰인다.

아몬드를 볶는 것은 풍미를 좋게 하기 때문이지만, 동시에 누가의 색이 짙게 된다.

먹는 것이 목적이 아닌 장식과자로 옅은 색으로 만들고 싶을 때에는 아몬드를 볶지 않고 사용하기도 한다.

③ 프랄리네 누가

㉠ 재료

아몬드 굵은 분말 100g, 설탕 300g

㉡ 제법

이것은 좋아하는 형태로 나누거나 가늘게 부셔 퐁당, 아몬드 크림, 가나슈에 넣거나 풍미를 높이고 바삭한 식감을 줄 수가 있다.

또한 보다 얇고 가늘게 하기 위해서는 더욱 가늘게 한 분말 아몬드를 이용하는 것이 좋은데, 그 경우의 설탕의 분량은 1:3으로는 불충분하므로 여러

가지 문제가 생긴다. 그렇기 때문에 1 대 4의 배합 즉 아몬드 100g, 설탕 400g의 좋은 결과를 얻을 수 있다.

④ 장식용으로 세공하기 쉬운 누가

㉠ 재료

아몬드의 분말 100g, 설탕 500g

㉡ 제법

이것은 장미 등의 꽃과 같은 것을 만드는데 적합하다. 비교적 다량의 설탕을 사용하므로 일반적으로 프랄리네는 사용하지 않는다.

또한 소량의 글루코오스나 물엿을 넣으면 부드럽게 되어 세공하기 쉽게 된다.

(6) 제법의 중요사항

모두 기본적으로는 같은 방법으로 만드는데 실패하지 않게 만들기 위해서 중요한 2조건이 있다.

① 설탕은 뜨거운 캐러멜색의 유동성으로 녹여 놓는다.

② 견과류도 볶아 뜨거울 때 사용할 것

간단하지만 이 2가지를 지키는 것이 좋은 과자를 만드는 최대의 요점이라 할 수 있을 것이나, 차가운 견과류를 넣으면 엿 상태가 되어서 설탕이 부분적으로 굳어져 균일하지 않고 부슬거리는 누가가 되어 풍미도 떨어진다.

견・과실을 볶을 때에는 철판에 얇게 펼쳐 180℃ 정도의 오븐에 넣는 것이 제일 이상적이다. 양이 적을 때에는 프라이팬에 볶아도 좋다.

① 설탕을 동냄비에 넣고 불에 올린다. 이 때에는 물을 넣지 않는다.

② ①을 나무주걱으로 저어가면서 중간불로 깨끗한 투명상태로 녹인다.

나무주걱으로 저어주는 이유는 평균적으로 가열하여 균일하게 녹기 때문이다. 강한 불로 하면 냄비의 내부벽부분에 설탕이 빨리 녹고 또한 가열되지 않는 설탕을 섞어 합쳐 굳어 져 녹지 않고 결정이 되어 남는다.

레몬과즙을 넣어도 좋다. 결정화를 방지하기 위해서는 구연산을 넣는 것이 좋

으며 설탕에 적당량의 레몬과즙을 넣으면 과즙의 산(구연산과 문)이 당에 분해되어 너무 타지 않게 색을 내는 역할을 한다. 산에 의한 맛의 영향은 그 분량은 보통 설탕 1kg에 대해 1개분의 과즙이지만 1/2개 정도도 충분하다.

레몬과즙 대신에 글루코오스나 물엿, 꿀 등을 사용하는 경우도 있지만, 그 안에 풍미, 색과 함께 글루코오스가 제일 좋다. 이것의 분량은 설탕의 10% 정도이며 그 이상을 넣으면 설탕은 녹기 쉬우나 만들어진 누가는 빨리 습기가 차는 경우도 있다.

그러나 대량의 어떤 장식과자를 만들 때에는 글루코오스를 조금 첨가한다.

※ 글루코오스를 사용하는 경우는 최초 동냄비에 글루코오스를 넣고 약한 불로 녹여 설탕을 조금씩 넣는다.

다른 하나의 방법은 종이를 깔은 철판에 1cm 정도의 두께로 설탕을 펼쳐 수증기가 전혀 없는 건조한 180℃ 오븐에 넣고 균일하게 가열하여 냄비에 옮겨 불에 올려 녹인다. 이 방법은 대량을 만들 때 작업시간을 최소한으로 하며 또한 투명도가 높은 당액이 만들어지는 합리적 방법이다.

③ ②가 옅은 캐러멜 색이 되면 약한 불을 준비하여 뜨거운 견과류를 빠르게 넣고 섞어 중간불로 섞어, 얇게 식용유를 바른 철판 또는 대리석에 올려 파레트 나이프로 얇게 펼쳐 어느 정도 식으면 임의의 형태로 만든다.

※ 고온이므로 예열로 색이 짙게 된다. 초심자는 빨리 견과류를 넣는 것이 실패하지 않는다. 너무 빨리 넣으면 수분이 흡수하여 풍미가 떨어진다.

제2절 초콜릿(CHOCOLATE)

1. 초콜릿의 정의

초콜릿(chocolate)은 카카오 특유의 향을 쓰고 풍미를 지닌 과자. 그리고 코코아(cocoa)는 분말로 음료로 하는 것 등이 있다.

이것의 원료인 카카오(cacao)를 코코아라 부르는 것이 영국의 관습이 되었지만, 프랑스, 독일, 스페인 등에서는 음료와 과자도 초콜릿과 당과 과자 초콜릿이다.

2. 초콜릿의 역사

1494년 미국 대륙을 발견한 콜럼버스는 카카오 콩을 가지고 귀국하여 이것이 유럽에 전해진 최초였음에도 그는 그 이용가치를 알지 못했다.

식용으로 소개한 사람은 스페인의 페르난데스 코르테스였다. 1519년 멕시코를 정복한 코르테스는 멕시코의 아스텍 왕이 카카오 콩을 음료로 마시고 병사에게도 음료로 제공하는 것을 보고 한잔으로 하루의 피로를 회복시킬 수 있음을 느끼고 그때부터 거의 강제적으로 마시게 하였다고 한다.

당시 멕시코에서는 카카오 콩은 신이 인간에게 준 선물이라 여겨져서 화폐 대신으로 사용되었다고 한다. 아스텍 왕은 그 콩을 불에 구어 갈아서 초콜릿(쓴맛)이라는 음료로써 대량 저장하였다고 한다.

그 초콜릿이 스페인어가 되고 다시 프랑스어의 쇼콜라, 영어의 초콜릿으로 변화한 것이다.

스페인에 전해진 초콜릿은 진기한 음료로써 먼저 부인이나 수도자가 마시게 되었다. 1615년에 스페인의 왕 필립3세의 딸이 프랑스의 루이 13세의 신부가 되어 결혼과 함께 초콜릿이 프랑스에 전해져 그 후 스페인의 수도자가 프랑스의 친구에게 선물로써 초콜릿에 설탕을 넣어 먹는 방법을 전수한 것을 계기로 많은 사람들이 애용하게 되었다고 한다.

초콜릿이 유럽 전역으로 퍼진 것은 16세기부터이다. 프랑스 왕실에 초콜릿 제조

소가 설치된 것은 1760년인데, 그 이후 유럽 전역에 코코아하우스 또는 초콜릿하우스가 만들어짐으로써 도박자등 많은 손님을 모아 유행을 만드는 장소가 되었고 또 크게 번성하였다. 그때까지 초콜릿은 현재와 같은 고형의 것이 아니라 조합 맛이 크게 달랐고, 아즈텍 문명시대와 같이 변하지 않는 "음료" 즉 코코아 상태의 것이었다.

1624년 원의 라우후는 성직자가 타락하고 있는 것은 초콜릿 때문이므로 그 유교를 금지하는 것이 좋다는 의미의 팜프렛을 내어 충격을 주었는데, 오히려 세상 사람들의 홍미를 갖게 하는 것이 되었다고 한다.

영국에서는 1650년 옥스퍼드에서 처음으로 초콜릿이 음료로 마시게 되었다고 한다.

그 후 7년 후에는 런던의 비숍게드 거리에서 프랑스의 코코아 하우스를 열었다. 그것이 계기가 되어 17세기 후반에 시내의 각지에 코코아 하우스가 생겼다.

당시 카카오 콩에는 고액의 수입세가 매겨져 있어 초콜릿 가격은 1파운드 10~15 실링이었는데, 18세기 중순경에는 수입세가 내려 점차 유행하였다. 그리고 코코아 하우스는 18세기 사이에 문학자나 정치가 또는 도박을 좋아하는 손님들이 모여 일시적으로 도박장처럼 되었는데, 그 중에서 「화이트 코코아 하우스」는 후에 제일 오래된 클럽의 하나로 되어 있는 센트 제임스경의 「크림화이트」가 되었다.

1795년에 브리스톨의 죠셉 후리이가 코코아 콩을 볶는 증기 엔진을 도입하여 특허권을 획득하여 대규모의 공장생산에 들어가게 되었다.

1780년에는 제임스 베이카가 미국에 최초의 초콜릿 공장을 건설하였는데 둘 모두 현재에도 계속되고 있다.

지금까지는 마시는 초콜릿에 대해 서술하였는데, 식용이 아니라 먹는 초콜릿이 만들어지게 된 것은 빅토리아 왕조의 시대인 1842년경으로 과자점의 가격표에 식용의(구운)판 초콜릿이 게재되었다.

초콜릿이라고 하면 스위스 과자의 대표라고 생각되어 카카오 콩의 최고품은 스위스에 모두 있다고 이야기하지만, 스위스에서는 1815년에 알렉산더 카이예가 처음으로 초콜릿을 만들었다. 조금 늦게 베린에서는 루돌프 린트가 다른 것에 앞서 퐁당 초콜릿을 만들었다. 1875년에는 다니엘 페타가 세계 최초의 밀크 초콜릿을 쟝 도브라는 꿀 등을 혼입한 제조기술을 개발하여 1년 후에는 판 초콜릿이 만들어졌다.

카카오 콩은 지방분이 많은 53%로 물이나 우유가 녹기 어렵고 그 때문에 전분을

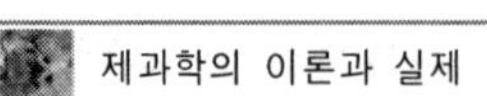

혼합하여 끓여냈다. 1826년에는 네덜란드의 반 호텐이 알카리처리에 의한 지방을 추출하는 방법을 고안하였다. 이것은 획기적인 발명으로 1860년에 영국에 전해져 코코아라고 불려지게 되고 고형의 것은 초콜릿이라 부르게 되었다. 프랑스에서는 모두 다 쇼코라, 스페인에서는 초콜릿이라 부른다.

이것이 음료에서 음식으로 된 것은 빅토리아시대(1838~1901년)부터라고 한다.

현재 세계 제일이라는 스위스에서 처음으로 초콜릿이 만들어진은 1819년 프랑소아 루이 카이라에 의해서였다고 한다. 그는 이탈이라 상인 이 가져온 초콜릿을 만나 맛에 감격하여 자신의 쥬네브에서 제조를 시작하였다.

또한 오늘날같이 한알의 초콜릿, 즉 봉봉 · 오 · 쇼코라(초콜릿 봉봉; bonbons chocolat)의 기초가 된 퐁당 초콜릿은 1820년대 같은 스위스의 로드르휘 린드에 의해 만들어졌다.

그는 초콜릿 사상 위대한 공적을 남기고 있다. 즉 그때까지 어쩔 수 없이 알맹이의 껍질이 남아 입안에서 녹는 것이 나빴다. 이것을 장시간 혼합 저어주는 것에 의해 부드럽고 또한 카카오버터를 넣는 것에 의해 지금까지 없었던 입안에서 녹는 것을 만들어내는데 성공하였다. 즉 1842년이 되어서야 처음으로 캔드바리 회사에서 먹는 초콜릿의 명칭이 등장했다. 초콜릿의 혁명이 시작되어 여러 가지 재료와 제조법이 만들어져 중점을 압축하였다.

예를 들어 쟝드브라 회사는 꿀등을 초콜릿에 혼합하는데 성공하여 더욱 진보시켰다.

한편, 앙리 넷슬이 연유를 개발하였는데, 이것이 계기가 되어 한번에 현대풍의 초콜릿에 근접하게 되었다.

M · 다니엘 피타라는 청년이 초콜릿계의 선두인 카이라가의 장녀와 결혼함으로써 그는 초콜릿에 대해 홍미를 갖게 되었다.

거기서 네즐네 회사의 조언을 받아 밀크 초콜릿과 연계하게 되었다. 그리하여 1876년 처음으로 딱딱한 밀크초콜릿이 탄생하였다.

미국은 네덜란드인에 의해서 초콜릿 제조 기술이 처음으로 도입되었다. 1765년에는 죤하론이라는 사람이 영국에서 보스톤에 와서 초콜릿 사업을 시작하였다. 이것을 계기로 초콜릿이 퍼지기 시작하여 19세기 후반에는 도밍고 기라룰티가 샌프란치스코에 초콜릿공장을 만들어서 크게 성공하였다.

오늘날의 판 초콜릿의 대명사로 친숙한 하스의 모습이 나타나게 되었다. 1900년 에하스는 펜실베이니아주 델리 챠지에 공장을 만들고 생산을 개시하였다. 그는 급속하게 성장하여 오늘날에 이르고 있다.

카카오와 코코아

코코아는 스페인사람들이 유럽에 가져가 전파된 이름이다.

영국에서는 카카오의 발음이 잘 나지 않아 코코아로 변하였다.

오늘날의 카카아오는 카카오 빈스 콩에서 카카오 버터를 짜내고 남은 가루를 분쇄하여 만든 것이다. 이것은 1876년 네덜란드인 반호텐씨가 고안한 것으로 이후 반호텐은 코코아의 대명사가 되어 세계에 알려지게 되었다.

3. 초콜릿의 성분

초콜릿의 제법을 간단히 서술하면 카카오 콩을 볶아 껍질을 벗기고 가열하여 갈아 부슨 것에 카카오 버터, 설탕, 우유 등을 혼합하여 부드럽게 정렬한 것이다.

그 혼합은 비율에 따라 여러 종류의 초콜릿이 만들어지게 되는 것인데, 입안에서 부드럽게 녹는 부드러움과 손으로 용이하게 부서지는 등을 들어있는 여러 가지 카카오 버터의 특질이라 할 수 있다. 일반적으로 시판하고 있는 판 초콜릿은 바로 녹으면 곤란하므로 카카오 버터의 첨가율을 낮게 만드는데, 봉봉에 피복하는 쿠베르츄르는 녹기 쉽게 하기 위해 많이 넣어 만든다. 그 성분은 카카오 버터 30~40%, 설탕 및 카카오의 고형분 60~70%가 균일하게 섞어져 있다.

그 성분에 따라 품질이나 색상 만들어진 과자의 풍미를 결정하는 제일의 요소라 할 수 있다.

이것들을 자세히 설명하면 카카오 버터는 다른 조성요소 설탕 카카오 성분, 분유 등을 결합시켜 하나로 뭉쳐 일정 온도에 달하면 유동성, 반유동성, 고형상에 변화되어 움직인다. 그런 까닭에 첨가 지방분이 40%에 달하면 보다 부드러움을 혀로 느낄 수 있게 마무리 되고 녹기 쉽게 될 뿐 아니라, 반대로 굳어지기 쉬운 성질을 지니게 된다.

또한 큐베르 츄르를 사용하지 않고 카카오 미스에 스위트 초콜릿이나 우유 초콜

릿에 카카오 버터를 첨가하여 피복에 필요한 유동상태로 조절하여 만들 수 있는데 이것은 오랜 경험과 숙련이 필요하다.

초코 케이크

(1) 카카오 버터

카카오 콩은 지방분이 많고 그대로는 녹기 어려운 것으로 그 지방을 추출하는 방법이 고안될 때까지는 바순 콩을 섞어가면서 마실 수 있는 특별한 주전자가 필요하였다. 그런데 추출한 지방 카카오 버터는 다른 유지에 없는 복잡한 특징을 지니고 있다.

① 황색을 지닌 백색의 고형물과 초콜릿. 여러 가지 방향이 있다.

② 융점은 30~36℃로 사람의 체온으로 쉽게 녹고 응고점은 27℃이기 때문에 바싹하게 기분 좋게 나누어지게 된다.

(2) 카카오 마스

카카오 콩을 가공하여 카카오 성분 50%, 카카오 버터 약 50%로 만든 것으로 비타 초콜릿(쓴 초콜릿)이라 부르고 있다. 본래 초콜릿은 카카오 성분, 설탕, 분유, 향료 및 카카오 버터를 혼입한 것으로 그 정의라고 하면 엄밀하게 초콜릿의 이름을 붙일 수 있으나 일반적으로 그렇게 부르는 것이 통례가 되었다.

4. 초콜릿의 종류

쿠베르 츄르 초콜릿, 바닐라, 밀크, 화이트 초콜릿 등이 있다.

1) 쿠베르 츄르 오 쇼코라

쿠베르 츄르는 프랑스어의 쿠베르루(couvrir; 싸다, 덥다)에서 나온 단어로 쿠베르 츄르 오 쇼코라(couver-ture au chocolat)는 피복재료의 초콜릿이란 의미이다. 이것은 원래 봉봉등의 피복용에 넣는 것이나, 그 외에 과자의 위에 씌우거나 포장에 넓게 이용하고 있다.

쿠베르 츄르에는 「흑」이라 부르는 것과 「우유」라 부르는 것이 있다. 「흑」은 카카

오 성분에 카카오 버터와 설탕을 넣고 가공한 것이다.

이것은 우유(분유)등에 넣어 우유 풍미를 강조한 것이 쿠베르 츄르 오 제로색도 조금 얇게 된다. 이것 이외에 「백색 쿠베르츄르」가 있다. 이것은 카카오 버터와 고형 성분 등으로 가공한 것으로 주로 포장용으로 쓰이는 일종의 가짜 초콜릿이다. 쿠베르 츄르는 대부분 약간의 온도의 변화나 실온, 습도에 따라 미묘한 변화가 생기고 광택이 없게 마무리되므로 취급에 주의하지 않으면 여러 가지 노력이 거품이 된다. 다음은 이것들의 기본적인 기법과 원리 및 주의에 대해 설명하겠다.

(1) 쿠베르 츄르의 온도조정(템퍼링)

카카오 버터의 분자는 5가지 다른 지방분자로 만들어져 있다.

이것들은 각각 26℃, 28℃, 29℃, 30℃, 31℃ 등 다른 융점을 지니고 있고 보통 각각 결정한 상태가 되어 있다. 초콜릿을 보다 광택이 있는 부드럽게 하는 것에는 그것들을 한번 녹여 하나의 안정된 상태로 하지 않으면 안된다. 그 작업을 템퍼링(온도조정)이라 한다.

① 쿠베르츄르를 가늘게 잘라 건조한 볼에 넣고 중탕한다.
쿠베르츄르를 대소가 없도록 가늘게 잘라 평균적으로 녹인다. 수분이나 수증기가 초콜릿 안에 들어가면 굳어지지 않게 되거나 광택이 없이 마무리된다. 또한 초콜릿은 타지기 쉽고 타지면 풍미를 잃어서 버릴 수밖에 없으므로 직접 불에 올리지 않도록 주의가 필요하다.

② 나무주걱으로 1을 섞어 저어가면서 40~50℃로 녹인다. 이 온도에 달하면 중탕에서 내린다.

③ 마른 대리석의 위에 2의 2/3의 양을 흘려 파렛트 나이프를 사용하여 전체를 균일하게 식도록 주위에서 중앙을 향해 저어 섞는다.
빠르게 열을 빼는 작업이므로 차가운 대리석의 위에 부어 펼친다.
파렛트 나이프가 아니면 나무주걱으로 한다.

④ ③이 굳기 시작하면(약 20℃ 전후의 온도) 끓어서 남은 1/3의 양을 중앙에 부어 잘 혼합하면서 부드럽고 조밀한 상태로 만든다. 이 시점에서 쿠베르츄르의 온도는 29~31℃이 되어 있다.
앞에서 서술한 것처럼 카카오 버터에 들어있는 융점의 다른 5가지의 지방분자

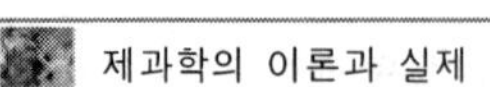

를 40~50℃로 녹여 급속히 29~31℃ 온도로 내리는 것에 의해 각 분자의 특성을 살리는 시간을 주는 것이다. 즉, 각각으로 결정하지 않고 부드럽고 광택이 있는 쿠베르츄르가 되어 피복하기 쉽게 된다.

이러한 상태가 될 때 쿠베르츄르를 올바른 템퍼링된 것이라 할 수 있다.

녹일 때 급격히 가열하거나 급격한 냉각, 예를 들어 볼에 냉수를 담그거나 하면 일종 또는 다수의 분자가 부서져 불안정한 상태가 된다. 이러한 때에는 다시 한번 템퍼링을 다시 고쳐 할 필요가 있다.

⑤ ④을 30℃전후로 온도조절한 템퍼링 기구에 옮겨 필요한 목적에 사용한다.

(2) 온도의 주의점

쿠베르츄르의 온도가 높으면 과자에 피복한 경우 그 표면은 하얗게 되고 아름다운 광택이 없고 바삭거리는 외관이 된다. 반대로 온도가 낮은 경우에는 외관은 어느 정도 광택이 생기지만, 내부가 흙처럼 바슬바슬하게 된다. 모두 좋은 결과를 얻을 수 없다. 광택이 있는 좋은 초콜릿을 만들 때에는 피복기술 뿐 아니라 실온의 조절도 중요하다.

(3) 제일 적합한 실온과 조온

① 작업실의 온도는 18~20℃, 습도는 70% 이하이다.

② 쿠베르츄르의 용해시의 가열온도는 40~45℃이다. 50℃ 이상이 되어선 안된다.

③ 템퍼링한 큐베르츄르의 온도는 29~31℃이다.

④ 냉장고에 넣어 굳힐 필요가 있는 것은 습도가 없는 10℃ 정도가 좋다.

⑤ 저장온도는 15~18℃로 습도가 낮은 장소에 저장한다.

2) 초콜릿의 온도 조정(템퍼링·Tempering)

카카오 버터의 융점은 한 종류가 아닌 감마(γ)형의 결정의 융점은 16~18℃, 알파(α)형은 21~24도, 베타 탓슈형은 27~29℃, 제일 안정된 베타(β)형의 결정의 융점은 34~36℃로 수 종류의 융점의 결정이 존재되어 있어 녹인 초콜릿을 자연에 방치시켜 놓으면 카카오 버터의 분자가 굳어지는 것은 먼저 루-즈한 감마형 결정을 만든다.

그런데 이 감마형의 결정은 약 1시간에 다음의 베타 탓슈형 결정으로 변하여 최

종적으로 제일 안정된 베타형에 안정감을 찾기에는 1개월 이상의 일수가 필요하게 된다.

이 사이에 결정의 덩어리가 크게 성장해 껄끄러움이 있는 입안에서 녹지 않는 나쁜 거칠은 결정이 되고 불륨현상이라는 독특한 약화현상을 만들게 된다.

그래서 카카오 버터를 사용한 초콜릿을 사용하기 위해서는 자연의 결정이 베타형으로 전환 되어 가는 녹인 초콜릿을 차게 굳혀서 최초의 단계로 조정의 온도조작을 행한다. 이것이 템퍼링이라는 작업이다.

템퍼링의 조작

템퍼링의 조작을 3종류로 표시하면

① 45℃ 정도 초콜릿을 녹여서 저어가면서 27℃ 이하 차게 한다.
초콜릿이 굳어지는 것을 확인한다. 주의깊게 30~32℃ 온도로 올린다.

② 45℃ 정도의 초콜릿을 녹여 2/3량을 마블작업대 위에 흘려서 파렛토 나이프로 이겨가면서 끈기를 낸다(27~26℃). 원래의 그릇에 부어넣고 ⅓량과 함께 젖어준다(30~32℃).

③ 45℃ 정도로 초콜릿을 녹여 이것을 34℃ 정도까지 저어주면서 온도를 낮춘다. 5% 정도의 양을 잘게 자른 쿠베르츄르에 넣고 젖어주면서 30~32℃로 한다.

※ 초콜릿의 취급엔 습기나 수분이 들어가지 않도록 충분히 주의한다.

① 작업실 온도: 18~20℃ 정도.
② 작업실 습도: 60% 이하, 75% 이상이 되지 않도록 주의.
③ 중심온도 20~22℃ 정도.
④ 저장온도 15~18℃ 정도.
⑤ 기구는 청결하고 건조한 것을 사용한다.

3) 블룸 현상

카카오 버터의 결정이 굵게 되어 설탕의 결정이 단출하여 초콜릿의 조직이 약화되는 현상

(1) 팟토 블룸

봉봉 오 쇼코라나 보통의 초콜릿의 표면에 흰곰팡이처럼 엷은 막이 생기는 현상이다. 템퍼링이 충분치 않고 초콜릿을 보존하는 동안 온도관리가 부적당한 경우에 나타나는 카카오 버터의 결정.

(2) 설탕 블룸

굳어진 초콜릿의 표면에 적은 회색의 반점이 생기는 현상.

온도가 높은 곳에 오랫동안 놓아두든지 급격히 차게 하는 경우에 생기기 쉽다.

표면에 대해서는 습기가 설탕을 녹여 그것이 건조되어 설탕의 표면이 재결정하여 반점상태가 보이게 되는 현상.

4) 봉봉·오·쇼코라

봉봉(bonbon)은 프랑스어로 「좋은」이라는 의미이다. 이것은 2가지를 붙여 봉봉(bonbon)이라고 하면 설탕과자의 것으로 술 봉봉과 초콜릿 봉봉으로 알려져 있다. 후자인 봉봉・오・쇼코라(bonbon au chocolat)에 대해 서술하고자 한다.

이것은 주로 가나슈, 쟝듀쟌, 파트 다망드 퐁당, 각종 프랄리네 등을 중심으로 향료나 양주를 넣고 가공 조합하여 만든다. 기본적으로는 표면을 쿠베르츄르로 피복하는데, 중요한 것은 색이 되는 반죽에 부드러움을 보유하는 정도의 얇은 쿠베르츄르를 씌우는 것이다.

초콜릿이라고 하면 먼저 판 초콜릿을 들 수 있으나, 부드럽고 바삭한 쓴 판 초콜릿은 맛과 담백함을 좋아하는 유리의 입맛에 맞지 않으나, 만드는 쪽에서는 여러 종류의 재료를 조합하여 보다 깊은 맛과 멋있는 형태를 만들어 봉봉・오・쇼코라 말로 만들어 내고 싶은 과자이다. 유럽의 유명한 과자에는 기술자는 일급의 재료를 사용하여 매력 있는 맛과 형태를 만들어 내어 자신의 이름을 새겨 윈도우에 장식하거나 연회에 제공한다.

그것을 음미하는 사람들은 맛뿐만이 아니라 틀이나 장식의 예술성을 감상하여 화제가 되므로 만드는 측에서는 한층 더 노력하는 것이다. 이처럼 매력있는 분야이지만 봉봉・오・쇼코라의 크기는 "한 입에 먹을 수 있는" 이라는 원측으로 3×2.5cm정도이다.

프랑스에서는 다른 가정을 방문할 경우 생과자를 가지고 가는 습관은 없다. 과자는 가정에서 만드는 것이 되어 있다. 일반적으로는 꽃을 가지고 가는데 초콜릿만은 예외인 것 같다. 특히 크리스마스에서 정월 동안에는 진품 초콜릿을 가지고 찾아간다.

5) 봉봉오·쇼코라의 분류

(1) 가나슈 류(ganaches)

원래 보통의 초콜릿 크림으로 생크림과 쿠베르츄르가 주원료이지만 좋아하는 것에 따라(기호) 양주나 그 외의 부재료를 넣어 맛의 변화를 시킨다.

① 가나슈 · 바닐라(ganaches Vanille)

② 가나슈 · 오 · 레(ganaches au lait)

③ 가나슈 · 브란슈(ganaches blanche)

④ 가나슈 · 오 · 블(ganaches au beurre)

그 외 달걀을 넣은 것, 캐러멜에 풍미를 한 것, 홍차나 말차 맛을 들인 것, 과일맛을 첨가한 것 등의 많은 조화성을 가지고 있다.

(2) 마스빵류, 마지빵류(massepains)

① 마지팬의 정의

스위스의 프랑스어권에서는 마스빵(massepain), 독일에서는 마르쯔이 빵(MARZIPAN), 영어로는 마지팬(Marchepane), 프랑스에서는 특히 아몬드를 주최로 한 것을 파트 · 다망드(pate damande)라고 한다.

② 마지팬의 종류

㉠ 로마지빵(Marzipan Rohmasse) 아몬드 2 : 설탕 1

㉡ 마지 빵(Marzipan) 아몬드 1 : 설탕 1

㉢ 파트 다만도 퐁당(pate damande fondante) 아몬드 1 : 설탕 2~3

㉣ 파트 다만도 그류(pate damande crue) 아몬드 1 : 설탕 1

그 외 아몬드가 주류이지만 헤츠넛이나 호도, 피스타치오을 넣은 마지빵도 있다.

(3) 마스 · 프랄리네 류

① 프랄리네의 정의

마스 프라리네는 아몬드나 헤즐넛을 설탕에 바싹 조려 당액을 카라멜화 하여 분쇄해 롤러로 페이스트 상태로 만든 것이다. 초콜릿의 중심내용물 뿐 아니라 시에르 등의 재료로서 폭넓게 사용된다.

② 프랄리네의 종류

㉠ 마스 · 프랄리네 · 오 · 자망드(Mssse Prline aux Amande)

㉡ 아몬드 · 프랄리네

㉢ 마스 · 프랄리네 · 그레루(Masse Praline Clair)

㉣ 아몬드와 헤즐넛의 프랄리네

㉤ 마스 · 프랄리네 · 퐁당(Masse Praline Force)

㉥ 헤즐넛의 프랄리네

(4) 누가류(Nougats)

① 누가의 정의

일반적으로 누가라고 하는 경우는 아몬드 등의 견과류에 녹인 설탕을 섞어 만든 것이다. 입안에서 녹는 것이 딱딱한 것과 부드러운 것이 있다.

② 누가의 종류

㉠ 누가 브룬(Nougat Brun): 딱딱한 종류의 누가

㉡ 누가 브란(Nougat Blanc): 부드러운 종류의 누가

㉢ 누가 몬테리마루(Nougat de Montelimar): 누가 몬테리마루는 거품 올린 흰자에 바싹 조린 꿀과 설탕액을 넣고 적절하게 조려서 다시 여러 종류의 견과나 콩피를 넣어 굳어서 자른 것이다.

(5) 잔도자류(Giandujas)

① 정의

마스 프랄리네와 동일하게 넛류와 설탕을 사용해 만드는데 설탕을 녹이지 않고 그대로 넛류와 함께 롤러를 통해 깨어 이겨 쿠베르츄르나 카카오 버터를 넣고 페이스트로 만든다.

넛류의 향을 내기 위해선 가볍게 볶아서 사용하고 설탕은 분당을 쓴다.

② 종류

㉠ 쟌도자 · 오 · 아망드(Gianduja aux Amandes)

㉡ 쟌도자 · 오 · 헤즐넛(Gianduja aux Noisettes)

㉢ 쟌도자 · 오 · 레 · 오 · 아망드(Gianduja au lait aux amandes)

(6) 퐁당(fondant)

① 퐁당 · 브루 · 콩피스리(Fondant pour Confiserie)

② 퐁당 · 오 · 프루츠(Fondant au Fuit)

③ 퐁당 캐러멜 바닐라(Fondant Caramel Vanille)

(7) 캐러멜(Carmel)

캐러멜은 문자처럼 설탕을 쪼려 캐러멜 상태로 만든 것에 생크림, 버터 등을 넣어 강도 맛을 맞추어 초콜릿의 중심내용물로 하는 것이다.

(8) 과일 · 넛류(Fruits)

① 정의

보통 초콜릿의 중심 내용물에 생과일을 사용하지 않고 쨈이나 설탕에 적셔둔 또는 건조과일, 알코올에 적셔둔 가공된 것을 용도에 맞게 사용한다.

② 종류

㉠ 아나나 · 콩피(Ananas Confit) 등

㉡스리즈 알코올(Cerise aleool) 등

㉢ 건조 프람(Pruneau) 등

(9) 봉봉 리큐류(Bonbon Ligueurs)

① 정의

봉봉 리큐류는 설탕의 재결정화를 이용한 과자로 시럽의 외측에 당화시켜 굳혀 놓은 깨물면 안에서 시럽이 흘러넘치도록 한 것으로 시럽에 여러 가지의 양주를 넣어 맛의 변화를 시킨 과자로 초콜릿 중심내용물로 사용되고 있다.

그 반투명한 껍질의 시럽에 소량의 색소를 넣어 그대로 과자로서 판매하고 있다.

제3절 젤리(Jelly)

1. 젤리의 정의

젤리란 여러 가지 과즙이나 와인, 커피등에 설탕을 넣고 단맛을 증대시켜 젤라틴을 혼합하여 딱딱하게 굳힌 것을 젤리라 한다. 즉 겔상태의 젤라틴, 펙틴, 한천, 알긴산 등의 콜로이성 응고제를 넣어 굳힌 식품이다.

2. 젤리의 역사

젤리의 어원은 라틴어의 세라타 슈레(gelee), 영어 젤리(jelly)라 한다.

대형의 앙트르메에서 소형의 프치가도에 이르기까지 넓게 친숙해져 있다.

또한 젤리는 투명하게 굳어지므로, 각종의 과자의 상면에 흘려 부어 아름답게 마무리한다.

제과 용어로는 차게 굳힌 과육이나 과일을 말한다.

현대의 젤리는 입안 감촉이나 녹는점에서, 여름의 상온에서 녹는 정도의 상태, 즉 수분에 대해 3% 정도의 젤라틴을 섞는 것이 맛이 좋게 된다.

앙난 카렘이 활약하던 18세기 후반에서 19세기에는 현재와 거의 비슷한 1.5배~2배 정도인(4.5~6%) 젤라틴을 사용했다.

당시에는 냉장하는 방법이 없었으므로 보형성을 주려면 식감을 희생하여서라도 딱딱하게 만들 필요가 있었다고 한다.

또한 응고력의 상반도 고려할 필요가 있다. 미각, 식감도 유행이나 취향에 맞도록, 해야 하는데, 이것은 당시 잘 맞았던 식감이라고 추측된다.

3. 젤리의 종류

여름의 꽃이라 할 수 있는 젤리는 젤리반죽에 과즙이나 양주 등을 넣는 것에 의해 무한의 종류를 얻을 수 있다. 응고제에는 젤라틴을 사용하지만 이것은 입안에서 잘 녹는점을 중요시한 것이다. 경우에 따라서는 한천, 펙틴, 카라킨난 등의 다른 응고제를 함께 사용해도 좋다. 젤라틴 젤리, 한천 젤리, 펙틴 젤리가 있다.

① 젤라틴 젤리

젤라틴을 녹여 설탕, 주재료인 과일 와인, 커피 등과 향료를 넣고 식혀 굳힌 것이다.

② 한천 젤리

젤라틴 대신에 한천을 이용하여 굳힌 젤리이다.

③ 펙틴 젤리

젤라틴 대신에 펙틴을 이용하여 굳힌 젤리이다.

4. 젤리의 재료

원료의 젤라틴은 소나 돼지, 생선 등 동물의 뼈나 껍질에서 만드는 것으로 나폴레옹시대 프랑스에서 생겨났다고 한다. 젤리는 깨끗한 투명감이나 부드러움이 입안에서 매력이다.

그렇기 때문에 충분히 이취를 없애고 사용하는 도구가 더럽혀진 것이나 기름기가 없도록 주의한다. 장시간 차게 두면 딱딱하게 되므로 오랫동안 놓아두지 않고 바로 만들어 1시간 정도 먹는 것이 좋다.

젤리와 비슷한 한천이 있는데, 한천은 주성분이 함수탄소이고 불소화이다. 한 번 굳으면 상온에서 녹지 않는 것에 비하여 젤리는 단백질이 많고 소화가 좋고 한 번 굳으면 냉장고나 얼어서 꺼내도 상온에서 녹아버리는 등 다른 성질을 가지고 있다.

5. 젤리 제조 배합과 용도

젤리의 배합도 용도에 맞추어 여러 가지 생각을 할 수 있다.

과일 젤리의 경우 과일은 과즙을 시럽의 상태로 젤리 반죽을 넣는다. 그때에 젤리액에 대한 당도는 18~24%, 산도는 0.9~1.2%가 적절하다. 또한 젤리액에 들어있는 당분과 산의 율은 당분 100에 대해 산이 5가 되도록 조절해야 한다. 와인 등 양주를 사용할 때에는 알코올 도수가 12%가 되도록 조절하여 넣고 젤리액에 대해 알코올의 도수가 2.5~6%가 되도록 한다. 이 경우 당분을 20~24%, 산도는 0.6~1%가 적당하다.

과일속의 펙틴, 유기산, 당분이 가열에 의해 결합, 응고한 것이다.

표 계절에 의한 젤라틴량의 변화(물1000ml당 단위 g)

월	중량 g	월	중량 g
1월	30~45	7월	40~60
2월	30~45	8월	43~65
3월	32~48	9월	40~60
4월	33~50	10월	37~55
5월	35~52	11월	33~50
6월	37~55	12월	30~45

1) 젤라틴 젤리

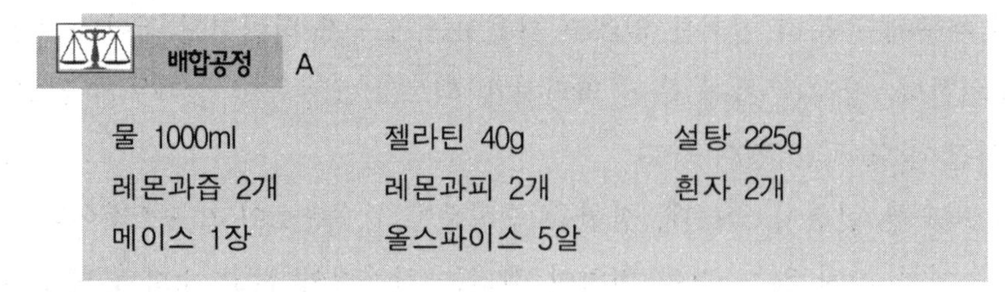

배합공정 A

물 1000ml　젤라틴 40g　설탕 225g
레몬과즙 2개　레몬과피 2개　흰자 2개
메이스 1장　올스파이스 5알

만드는 법

① 흰자와 달걀 껍질은 젤리 거품을 없애기 위해, 또 스파이스는 젤라틴의 냄새를 없애기 위한 것으로 최종적으로 꺼내 버린다.

② 흰자와 설탕을 거품 올리고 그 안에 레몬과즙과 표피, 물과 팽창시킨 젤라틴을 넣는다. 끓은 물을 투입하여 잘 저은 후, 달걀 껍질과 스파이스류도 넣고 약한 불에 올려 흰자가 완전히 응고할 때까지 끓인다. 이것을 천에 걸러 식힌다. 굳기 직전에 과일주스나 와인, 술 등을 넣는다.

③ 젤라틴의 양은 만드는 작품의 크기나 계절에 의해 변해야 한다. 그 기준은 다음과 같다.

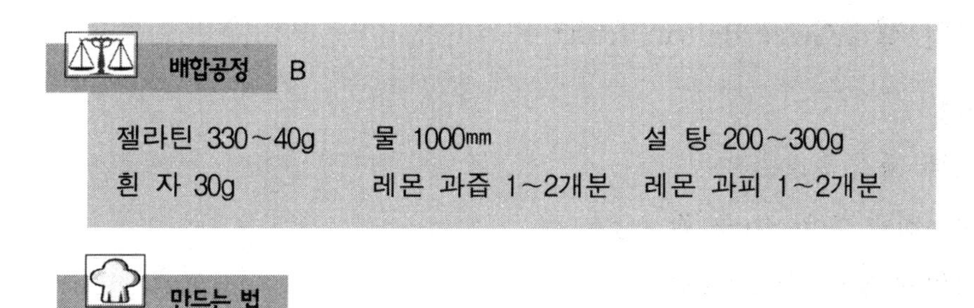

배합공정 B

젤라틴 330~40g	물 1000㎜	설 탕 200~300g
흰 자 30g	레몬 과즙 1~2개분	레몬 과피 1~2개분

만드는 법

① 젤라틴을 분량 외의 물을 침투시키고 부드럽게 해 둔다.

② 물을 끓여 ①의 젤라틴에 넣고 녹인다.

③ 뜨거운 열을 식힌다.

④ 설탕, 레몬 과즙, 레몬 과피 및 흰자를 넣고 가볍게 저어 섞어서 약10분간 방치한다.

⑤ 다시 불에 올려 충분히 거품과 나쁜 냄새를 없앤다.

⑥ 다시 불에 올려 천천히 저어가면서 약한 불로 10분간 끓인다.

⑦ 불에서 내려 뚜껑을 덥어 2~3분 방치한다.

⑧ 고운 체로 거른다. 투명도가 낮아지면 다시 체로 거른다.

과일 젤리의 경우 과일은 과즙을 시럽의 상태로 젤리반죽을 넣는다. 그때에 젤리액에 대한 당도는 18~24%, 산도는 0.9~1.2%가 적절하다. 또한 젤리액에 들어있는 당분과 산의 율은 당분 100에 대해 산이 5가 되도록 조절해야 한다. 와인 등 양주를 사용할 때에는 알코올 도수가 12%가 되도록 조절하여 넣고 젤리액에 대해 알코올의 도수가 2.5~6%가 되도록 한다. 이 경우 당분을 20~24%, 산도는 0.6~1%가 적당하다.

과일속의 펙틴, 유기산, 당분이 가열에 의해 결합, 응고한 것이다.

2) 젤리 드 블랑(Gelee de vin branc)

① 배합

기본 젤리액 500mℓ

백 포도주 100mℓ

3) 과일 젤리(Gelee de vin fruit)

① 배합

기본 젤리액 500mℓ

좋아하는 과일, 과즙 적당량

과일에 맞는 술. 적당량

4) 커피 젤리

배합공정

물 800mℓ	커피(으캔) 60g	설탕 90g
분말커피 5g	분말젤라틴 15g	물 75mℓ
모카술 10mℓ	브랜디술 15mℓ	

▸마무리 재료 : 크림

① 공정

㉠ 손 냄비에 물을 넣고 끓인다.

㉡ 커피를 넣고 불을 끄고 뚜껑을 덮은 채로 3분간 방치한다.

㉢ 짜는 주머니를 사용해 커피액을 추출한다.

㉣ 이 액에 설탕, 분말커피, 물에 불린 젤라틴을 넣는다.

㉤ 체를 통과해 뜨거운 열을 뺀 후, 모카술, 브랜디를 넣는다.

㉥ 컵에 부어 넣어 차게 해 굳힌다.

㉦ 거품올린 크림을 짠다.

제5장

발효 반죽

제1절 발효 반죽

1. 발효 반죽의 역사

밀가루에 물을 넣고 이긴 반죽(도우)은 미생물의 움직임에 의해 부풀려 굽는 빵의 기원은 실로 고대 이집트시대까지 거슬러 올라간다. 헤브라인이 이집트의 압정에서 탈출한 것을 기념하여 축제에는 발효시킨 빵을 먹는 습관이 있었으나, 이것은 당시에 모두 효모를 사용해 발효시킨 빵을 사람들이 일상적으로 먹고 있는 것을 나타내는 것이다.

빵의 종으로서의 효모를 발전시킨 것은 그리스인들로 그 이후 독립된 효모를 사용한 빵이 유럽을 중심으로 퍼지게 되었다.

발효 반죽의 제법기술에 대해서는 빵기술인 사이에 입으로 전해져 왔기 때문에 역사적인 과정이 확실하진 않지만, 중세 때 기술은 현재 것보다 훨씬 복잡했던 것 같다. 그 시대에는 이스트 사용한 빵제법이 채택된 것이 아니고 효모가 포함된 소량의 빵반죽을 원종으로 사용하는 방법이 일반적이었던 것 같다. 발효 반죽의 기법은 그 대부분이 그리스 로마시대에 완성되어, 그 후 큰 진보는 없었으나 공업화가 급속히 진행된 19세기 말에서 20세기에 걸쳐 단순하며 효율적인 빵제법이 개발되어 오늘날의 번성의 기초가 된 것이다.

2. 발효 반죽의 종류

발효 반죽이 지니는 기본적인 형태는 밀가루와 물과 효소(이스트)를 함께 섞어 반죽한 것으로 이것은 고대의 종이 없는 빵(갈레트 또는 딱딱한 빵이라 한다)에서 직접 발전된 것이다. 이 소박한 발효 반죽에서 현재의 다종다양한 제품들이 어떻게 생겨 성장한 것인가에 대한 해답은 그리 간단하지 않다.

유럽을 중심으로 하는 넓은 지역에 빵은 주식이었고 기원을 같이하는 각각의 지역에 전해져 그곳에서 뿌리내린 발효제품은 그 지역의 풍습, 식생활 등의 여러 가지 조건에 맞추어 개별적 복잡한 발전을 해온 것이다. 예를 들어 프랑스에서는 발효 반죽이 Boulangerie(브랑젤리)와 Patisserie(파티쓰리)로 분류된다.

Patisserie는 다시 Paüte levee, Paüte fuilletüee, Gaüteaulevee 3종류로 분류된다.

paüte levee에는 브리오슈나 바바, 사바랭이라는 제품, Paüte levee, Paüte Fuilletüee에는 크로와상이나 데니슈 제품으로 나누어진다. 다른 나라에서도 꼭 이러한 계통으로 분류되는 것은 아니지만, 기후 풍토와 함께 원료의 변화나 제빵·제과 업계의 구조적인 차이 등으로 인해 발효 반죽은 여러 가지로 분류되어 왔다. 발효 반죽을 분류하는데 어려운 점은 이것은 그 지역에서 독자적인 발전의 결과로서 차이이외 배합이나 제법, 구울 때의 형태들도 발효 반죽 자체가 지닌 차이가 있는 것은 당연하기 때문이다.

3. 과자 반죽 전체에서 차지하는 발효 반죽의 위치

과자의 업태가 완전히 분류되지 않는 것과 달리 유럽에서는 과자와 빵이 엄밀하게 구별되어 있고 발효 반죽은 빵집에서 취급하는 제품과 과자점에서 취급하는 제품은 각각 다르다. 이것에는 물론 역사적 배경이 있는 이유이고 더욱 근원을 거슬러 올라가면 같은 것에서 나뉘어진 것이다. 과자 전체의 기원은 단순하지 않지만, 발효 반죽의 원시적인 형태인 갈레트(딱딱한 빵)에서 찾아 볼 수 있다. 발효 반죽과 과자와 구별하는 것은 효모의 존재이다.

제2절 발효 반죽의 원리

1. 발효 반죽의 원리

발효 반죽을 만드는 데에는 최저 한도 이스트(발효 효소), 밀가루, 물이 필요한 이것은 제일 원리적이고 원시적인 형태이다.

밀가루에 물을 넣고 반죽하면 글루텐이라는 단백질이 완성되는 것이다. 이것에 이스트를 넣으면 전분을 분해하고 당을 변화시키는 활동을 지니고 있다. 이 당이 최종적으로는 알코올과 탄산가스 등으로 분해된다. 발생된 탄산가스는 글루텐을 강화시킨 밀가루 반죽을 안에서 들어 올려 팽창된다. 또한 알코올은 반죽에 독특한 풍미를 준다.

이스트는 밀가루 중의 단백질에서 작용한다. 프로테아제나 아밀라아제 효소에 의해 단백질과 아미노산으로 분해되어 이 아미노산이 역시 제품 풍미에 미묘한 효과를 주는 것이다.

이스트균은 미생물이므로 그 응용이나 작용도 베이킹파우더 등의 무기물질처럼 단순하지 않다. 활동하는 환경, 즉 온도, 습도, pH, 시간, 효소의 유무, 첨가물의 종류 및 양 등에 의해 그 움직임이 크게 변한다. 이러한 이스트의 성질을 잘 파악하는 것이 맛있는 발효과자를 만드는 첫걸음인 것이다.

발효작용을 이와는 반대로 이스트의 관점에서 살펴보자.

이스트균은 단세포식물로 적절한 조건을 주는 것에 의해 활발한 활동을 한다. 그 조건에는 먼저 제일 온도와 산도이다. 이스트의 활동은 20℃에서 활발해지기 시작해 40℃에서 절정이 되고, 50℃가 되면 사멸하기 시작한다. 산도에 대해서는 pH 4.5가 이스트 활동에 제일 적합하다고 판단되어 왔으나, pH가 5이하가 되면 산미가 강하게 되어 제품의 풍미에 영향을 주므로 보통 pH 5~5.5 정도의 환경에서 발효활동을 하는 것이 된다. 반죽의 pH가 높을 경우에는 인산칼슘 등을 첨가해 산도를 조절한다.

1) 발효

발효란 유기물질이 미생물의 작용으로 분해되는 것으로 이것은 실로 현상적으로는 부패와 같다. 발효와 부패의 다른 점은 사람에게 유익한 것인가 유해한 것인가의 차이에 있다. 물과 함께 반죽에 이겨 넣은 이스트균은 여러 가지 조건을 주는 것에 의해 밀가루 안의 성분을 영양분으로 세포 중에 흡수하여 여러 종류의 효소의 움직임으로 대사활동을 한다. 그 결과 최종 생성물로써 알코올과 이산화탄소를 세포의 바깥으로 배출한다. 이산화탄소(탄산가스)가 글루텐을 강화시켜 반죽을 들어올려 팽창하게 한다. 그러므로 발효를 효율적으로 좋게 하여 양질의 발효 반죽을 만들기 위해서는 다음의 것이 필요하게 된다.

① 반죽안의 이스트균의 영양이 충분해야 한다.

② 반죽의 pH가 적절하게 지켜져야 한다.

③ 반죽 온도가 40℃ 정도가 되어야 한다.

④ 밀가루 글루텐이 잘 형성되어 있다.

좋은 반죽이 되는 조건은 이스트균의 활동에 의해 좌우된다. 일반적으로 발효 반죽에 쓰이는 원재료, 첨가물에 이스트의 활성을 방해하는 움직임이 있는 것에는 설탕과 소금이 있다.

이 두 가지는 물과 연결되어 반죽의 침투압을 높인다. 그 결과 세포내의 수분을 밖으로 추출하여 이스트는 죽게 된다. 발효 반죽에 설탕이나 소금을 넣는 경우에는 양에 주의할 필요가 있다.

2) 발효 반죽의 원재료

발효 반죽에 사용하는 원재료는 밀가루와 밀과 이스트, 소금의 4종류가 기본이다. 이것만으로도 발효 반죽을 만들 수 있으나, 보통 4종류뿐 아니라 여러 가지 부재료를 넣는다. 그 목적은 이스트의 발효를 돕기 위한 것도 있고 또는 제품에 풍미를 좋게 하거나 또는 제품을 좋게 하기 위해서이다.

기본적인 원재료와 부재료에 대해 알아보자.

(1) 밀가루

발효 반죽에 있어 밀가루에 관하여 제일 문제가 되는 것은 그 강도에 있다. 일반적으로는 강력분을 사용한다. 글루텐이 약한 밀가루로 만든 반죽을 발효시키면 이스트에서 발생한 탄산가스가 반죽을 팽창시킬 때 기포가 너무 커서 팽창되지 않고 파괴된다. 이것은 좋은 질의 고무로 풍선을 부풀릴 때와 같은 현상이다. 그러므로 발효 반죽에는 글루텐이 강한 강력분을 사용한다.

밀가루의 특성 다음으로 중요한 것은 흡수율인데, 이것은 그 밀가루가 어느 정도 물을 흡수하는가이다. 일반적으로 밀가루 안의 전분 및 단백질 양이 많을수록 흡수율이 강하다. 즉, 박력분보다는 중력분보다 강력분이 같은 정도의 반죽을 만들 때 필요한 물의 양이 많게 되는 것이다. 또한 밀가루의 등급도 흡수율에 관계한다. 밀가루는 그 품질에 의해 특수분에서 말분까지 5등급으로 나누어져 있는데, 흡수율은 등급이 내려갈수록 높게 된다. 그러나 등급이 낮은 밀가루에서는 전분의 전상이 많으므로 물에 접착하는 힘도 약하고 한번 밀가루 중 내 흡수된 물을 발효 중에 방출해 버려서 그 때문에 반죽이 부드럽게 되어 버린다.

밀가루의 보존상태도 흡수율에 영향을 준다. 보존상태가 나쁜 밀가루는 공기 중의 습기를 흡수해 수분이 많게 되고 이러한 밀가루는 당연히 흡수율도 내려간다.

밀가루의 산도도 발효 반죽을 만드는데 적절한 요소가 된다. 밀가루의 pH는 일반적으로는 5.5~6.0정도 이므로 이 밀가루로 만든 반죽을 이스트 발효시키면 조금씩 내려간다.

발효가 적절하게 행해진 경우, 최종적인 반죽의 pH는 일반적으로 5.5~6.0 정도로 이 밀가루로 만든 반죽을 이스트가 발효시키면 pH는 조금씩 내려간다. 발효가 적절하게 행해진 경우 최종적인 반죽의 pH는 5.2 정도이다. 5이하가 되면 이스트의 움직임은 활발하게 되나 제품 자체에 산미를 느끼게 되므로 5.1~5.5의 범위로 하는 것이 좋다.

밀가루의 흡수율도 pH도 발효 반죽을 만들 때에는 상당히 중요한 요소이다.

(2) 이스트

이스트에는 생이스트나 드라이 이스트, 인스턴트 이스트가 있다.

생이스트는 효모균을 당밀의 배양액에 손수 배양하여 원심분리를 거쳐 압축으로

굳어지게 한 것이다. 수분이 많이 들어있기 때문에 효모균이 활성상태에 있어 장기 보존할 수 없다. 대략 4℃에서 1~2주간 보관이 가능하다.

또한 드라이 이스트는 생이스트에서 90% 수분을 뺀 과립상의 것으로 20℃ 이하의 장소이면 3개월 보존할 수 있다.

효소는 휴면상태이므로 사용할 때는 온수를 넣어 활성화할 필요가 있다. 둘 다 이스트는 신선한 것을 될 수 있는 한 빨리 사용하는 것이 좋다. 또한 이스트이외에 발효 반죽에 사용하는 효소가 몇 가지 있으나 그리 일반적이지 않다.

(3) 물

발효 반죽에 있어 물의 역할은 재료를 균일하게 혼합하고 서로 접촉시켜 발효를 촉진하는 것이다. 밀가루와 이스트를 함께 접촉시켜도 발효현상은 일어나지 않는다. 수분의 모체가 필요불가결하다.

반죽 안에서 물은 3가지 형태를 취한다.

① 밀가루 안의 단백질이나 전분의 분자와 화학적으로 연결한다.

② 밀가루의 조작 등 안에 물리적으로 들어 있는 것이다.

③ 배합안의 유기물이나 무기물을 녹여가면서 혼합물 안을 자유롭게 돌아다니게 하는 것이다.

첫째로 물은 결합수라 불리우고 단백질의 글루텐 형성을 만들고, 전분의 알파화를 시킨다. 제3의 물은 자유수라 불리우고 배합중의 물질의 수용액이 되어 이스트균의 세포 안에 출입하여 영양소를 공급하거나 생성물을 배출하는 역할을 한다. 이 자유수는 구울 때에 그 일부가 전분에 대해 결합수로 변화하여 알파화에도 역할을 한다.

발효 반죽에 사용하는 물에 신경써야 할 것은 수질이다. 혼합하는 물이 경질인가 연질인가, 산성인가 알칼리성인가에 의해 발효의 상태가 크게 좌우된다. 이스트균의 활력에는 인이나 칼슘, 마그네슘 등 미네랄분이 필요하고, 이러한 것은 밀가루 글루텐을 강화하는 움직임이 있으므로 발효 반죽에는 연수보다 경수가 적합하다. 그러나 너무 센 경수는 글루텐 수축이 지나쳐 반죽이 딱딱하게 되므로 증류수보다 조금 경수인 약산성수가 적합하다. 산성, 알칼리성에 대해서는 이스트의 발효조건을 생각해 중성 또는 약산성이 좋은 것이다. 알칼리성수는 이스트의 활동뿐 아니라 글루텐 형

성에도 좋은 영향을 주지 않는다.

발효 반죽에 사용하는 수질은 상당히 중요하다. 수질이 부적절한 경우에는 그것에 적합한 처리가 필요하다. 경질의 물은 배합중의 이스트의 양을 늘린다. 연질의 물일 때에는 미네랄류를 넣으면 좋다. 수질 개선용의 이스트 푸드가 있으나 소금을 넣으면 연수는 개량된다. 알칼리성의 물에는 적당량의 식초를 넣어서 pH를 조절한다.

(4) 이스트 푸드

이스트 푸드는 이스트균의 발효활동을 촉진시키기 위하여 반죽에 넣는 첨가물 수종류의 목적에 맞추어 배합한 것으로 여러 회사에 의해 이스트 푸드가 생산되고 있다.

이스트 푸드에 들어있는 성분에는 크게 나누면 이스트균의 발효를 돕는 것과 반죽의 상태를 개선하는 것이 있다. 발효를 돕는 것에는 즉 이스트균의 활동하기 쉬운 반죽의 환경을 만드는 것으로 이스트균이 필요로 하는 영양원(당류, 무기질 등)이나 pH 조절제가 있다. 또한 반죽을 개선하는 것에는 연수를 경수로 바꾸는 것이나 글루텐의 그물망 형성을 하기 쉽게 하는 것, 만들어진 글루텐을 강화시키는 것이 있다. 각각의 용도에 맞추어 선택하여 사용하면 된다.

(5) 달걀

발효 반죽에 달걀을 넣는 이점은 3가지가 있다.

① 풍미를 좋게 한다.

② 영양가를 높인다.

③ 노른자에 들어있는 레시틴의 유화작용으로 밀가루 중에 글루텐의 팽창을 좋게 하고 반죽이 부드럽게 되어 구운 후 제품을 부드럽게 한다. 배합에 달걀을 넣을 때에는 그 수분량을 계산하여 그 수분을 물과 바꾼다. 즉, 달걀의 수분량을 전란으로 75%, 흰자 88%이다.

달걀은 그 안에 들어있는 단백질의 밀가루의 글루텐을 보강해 보다 질긴 반죽을 만들어 내는 역할을 한다.

(6) 우유류

우유류가 들어간 발효 반죽은 영양가가 높게 되고 내상이 부드럽고 표에 구운 색

이 좋게 된다. 한편 내상이 조밀하게 되어 부피가 조금 떨어지고 전분의 노화를 빠르게 하는 판정도 있다. 사용하는 방법으로는 우유의 경우 물의 전량 또는 일부를 바꾸어 사용하면 좋다. 분유의 경우는 최대한 밀가루의 12%까지 밀가루와 혼합하여 사용한다. 이때 분유의 양에 적합한 물의 양을 증가한다. 우유류를 다량으로 첨가하면 반죽의 pH가 높게 되고 이스트의 발효력이 약하게 되므로 물만 반죽보다도 이스트를 조금 많게 한다. 또한 분유류를 혼입할 때 그 안의 무기질 등의 영향으로 반죽이 조금 딱딱하게 되므로 유지들을 넣어 부드러움을 주는 것이 좋다.

(7) 소금

발효 반죽에 소금을 넣는 데에는 몇 가지 목적이 있다. 첫째로 소금은 밀가루의 글루텐 형성을 돕고 반죽을 수축시킨다. 둘째, 소금에 들어있는 미네랄성분이 이스트균의 영양원이 된다. 셋째로 소금의 풍미를 준다. 이것은 소금 맛을 내는 것보다도 아마 다른 재료, 예를 들어 밀가루 등의 풍미를 끌어내는 숨은 맛에 사용되는 것이다.

소금을 발효 반죽에 넣을 때에 제일 신경 써야 할 것은 그 분량이다. 소금은 침투압의 관계로 이스트균의 활동을 방해하는 움직임이 있다. 반죽의 안에서 소금이 점하는 역할이 높게 괴면 이 작용의 영향이 현저하게 되고 발효가 잘 되지 않게 된다. 일반적으로 이스트의 발효에 적합한 소금의 분량은 반죽에 대해 3%가 한도이다. 보통은 1~2% 정도가 적당하다. 넣을 때 혼합물에 녹여 넣는다. 이스트와 함께 넣지 않는다.

(8) 설탕

설탕을 첨가하는 발효 반죽은 그 첨가의 목적에 따라 2가지로 나뉜다. 즉 이스트균의 발효촉진을 목적으로 하는 것과 그리고 제품에 단맛을 주는 목적이다. 설탕에도 소금과 같이 침투압 작용이 있고 분량이 많으면 당연히 이스트균의 발효활동은 억제된다. 한편, 적절량의 설탕은 수용액의 형태로 이스트균의 세포내에 들어가 영양원이 되어 발효를 촉진시킨다.

설탕을 이스트의 영양원으로 사용할 경우는 밀가루에 대해 6% 이내의 범위가 좋다. 이 정도의 양이면 제품의 단맛에는 거의 영향이 없다. 단맛을 내기 위해서는 10% 이상 첨가가 필요하나, 이 경우는 이스트균의 발효가 억제되므로 이스트를 증

가하게 되고 이스트 푸드를 추가해야 한다. 그렇다고 하여도 20%가 넘으면 발효력은 상당히 저하된다.

발효 반죽에 있어 당류에는 설탕과 과당, 맥아당, 물엿, 꿀 등이 있다. 발효 반죽에 있어 당류의 역할은 이스트균의 영양원에는 제품의 풍미에 한정되지 않는다. 당분이 들어간 반죽은 불의 통합이 좋고 굽는 시간이 짧다. 그 결과 수분의 증발을 억제하여 촉촉하고 부드럽게 구워진다. 또한 밀가루의 전분의 노화를 늦게 하는 작용이 있으므로 보존성이 좋다.

(9) 유지류

발효 반죽에는 유지류가 들어가지 않는 것이 많으나 브리오슈처럼 밀가루의 50% 이상이 들어가는 것도 있다. 과자점에서 취급하는 발효 반죽에는 유지가 들어가는 것이 많다.

발효 반죽에 있어 유지에는 밀가루 글루텐의 그물구조 안에 들어가 끈기를 없애고 반죽의 신전성을 좋게 함과 동시에 제품에 뛰어난 풍미를 주는 역할이 있다. 유지가 많이 들어가는 발효 반죽에는 2가지 넣는 방법이 있다. 유지를 반죽에 이겨 넣는 방법과 유지를 반죽에 접어서 넣는 방법이 그것이다. 유지를 반죽에 이겨 넣는 발효과자는 브리오슈 등이 있다. 또한 유지를 반죽에 접어서 넣는 발효과자에는 대표적으로 크로와상과 데니슈, 페이스츄리가 있다.

반죽에 유지를 이겨 넣을 때 주의할 점은 반죽을 충분히 이겨 밀가루의 글루텐을 생성한 후에 유지를 투입하는 것이다. 그렇지 않으면 유지의 작용으로 글루텐의 형성이 방해되어 좋은 발효 반죽이 될 수 없다.

2. 발효 반죽의 배합

발효 반죽에 기본이 되는 원재료는 극히 단순하므로 기본적인 배합도 간단하다. 밀가루에 대한 물의 양은 밀가루의 흡수율로 자동적으로 정해지고 그것에 대한 이스트량도 결정된다.

기본 배합으로는 사전에 발효 반죽의 기본인 식빵의 배합을 이해하자.

배합공정

밀가루 100%	생이스트 3.5%	유지 5%
설탕 5%	탈지분유 20%	제빵개량제 0.1%
물 65%		

밀가루의 종류나 흡수율에 따라 물의 양은 변한다. 또 이스트도 그 보존상태에 의해 달라진다. 물 대신 우유나 달걀로 바꿀 수 있는 등 여러 가지 변화를 줄 수 있다.

(1) 믹싱

반죽의 믹싱은 그 공정의 차이에 따라 스트레이트법과 스펀지법으로 크게 나누어진다.

스트레이트법은 모든 재료를 한꺼번에 넣고 믹싱하는 법이다. 스펀지법은 믹싱을 두 번하는 방법이다. 보통 소형의 곳에서는 스트레이트법으로 제품을 만들고 대량생산 공장에서는 스펀지법으로 만든다.

발효 반죽은 충분히 믹싱한다. 최초의 발효는 믹싱이 끝나면 바로 개시한다. 이것을 제1차 발효라 부른다. 발효 개시점의 반죽 온도는 27℃가 가장 적합한데 이 온도가 되도록 믹싱을 조절한다. 발효는 30℃ 정도의 온도가 안정된 장소에서 발효시킨다. 이때 반죽의 표면이 마르지 않도록 반죽을 넣은 용기에 청결한 천을 덮어둔다. 발효시간은 반죽의 배합이나 분량에 따라 상당히 변화하는데 대부분 30분에서 90분 정도이다.

발효의 기준은 반죽의 표면을 손으로 눌러보아 판단하기도 하는데 그 손가락의 구멍이 수축하면 발효부족, 퍼지면 발효과다가 된다.

(2) 가스빼기

제1차 발효가 끝난 반죽은 그 상면에 눌러서 이스트 발효에 의해 발생한 탄산가스를 뺀다. 이 작업을 가스빼기 또는 펀칭이라고 한다. 이것은 이스트균이 내는 탄산가스 믹싱중에 반죽에 쌓여서 반죽을 팽창시키는 성질을 가지고 있다.

제1차 발효가 끝난 단계에서 반죽은 상당히 기공이 큰 것이 되어 있다. 이것을 가

스빼기 하는 것에 의해 기포를 보다 가늘게 만든다. 이 상태에서 다시 발효를 하면 세밀한 내상의 제품을 얻을 수 있다.

(3) 펀칭

가스를 뺀 반죽은 성형에 들어가기 전에 필요한 크기로 분할하여 둥글리기 하여 15분~20분 정도 휴지시킨다. 이것이 펀칭이다.

이것에 의해 반죽이 안정되어 형성하기 쉽게 된다. 이 작업은 시간을 단축할 경우 생략하며 데니슈나 크로와상 등의 발효과자에는 펀칭을 하지 않는다.

(4) 성형

발효 반죽의 성형은 제품의 형태를 결정하는 작업이다. 성형이 적합하지 못하면 구운 제품도 당연히 부적합하게 된다. 발효 반죽의 성형에는 몇 가지 방법이 있다. 둥글리기, 눌러 가스빼기, 접거나 말기 등이 있다. 또는 면봉으로 누르거나 꼬기도 한다. 중요한 것은 반죽을 편일하게 하는 것에는 상당히 숙련된 기술이 필요하다.

(5) 최종발효

제2차 발효라 한다. 성형한 반죽을 발효실에 넣어 적당한 습도를 주고 30℃~40° C에서 발효시킨다. 발효가 끝난 시점에서 반죽은 본래의 2.5~3배로 팽창되어 있다.

(6) 굽기

굽기의 온도는 제품에 따라 다르다. 보통 200℃~220℃가 기준이 되는데 브리오슈나 크로와상 등 저배합 반죽에는 180℃~200℃ 정도 굽는다. 당류가 많은 배합에서는 타지 않도록 주의해야 한다.

3. 특수한 발효 반죽

(1) 사워 반죽

인공적으로 배양한 이스트균을 효모로 이용하는 근대의 발효 반죽의 제법이 확립되기 이전에는 공기 중에 자연히 존재하는 효모균을 이용하여 발효 반죽을 만들고 있다. 이 발효 반죽은 일부를 남겨 놓고 다음의 발효 반죽을 믹싱할 때 원종으로 한다.

이러한 반죽에서는 천연효모에 의한 발효에 겸해 유산균에 의한 발효도 행해지므로 반죽은 조금 산미를 나타낸다. 그렇기 때문에 이 반죽을 사워(Sour Dough)라 부른다.

유산균이 필수이므로 유산에는 효모를 불활성시키는 움직임이 있으므로 사워도우를 도를 만든 반죽은 그리 부풀지 않고 무겁고 딱딱한 제품이 된다. 사워도우를 만들기 위한 효모는 독일 및 프랑스 등에서는 포도에서 얻었다. 포도의 열매나 잎을 설탕이나 물, 밀가루, 호밀 등으로 만든 죽을 섞어 방치해 두면 효모균이 번식되는 것이다.

이러한 사워도우에 의해 발효제품 만들기는 현재에도 유럽의 농촌지대 등에서 옛날부터 만들어지고 있다.

(2) 호밀빵

호밀빵은 밀가루 대신 호밀을 사용해 만드는 빵이다. 호밀에는 밀가루와 달리 글루텐이 되는 글리아딘과 글루테닌이 거의 들어있지 않다. 그런 까닭에 물을 넣어도 글루텐이 형성되지 않는다. 그러나 호밀에는 프로라민이라는 단백질이 들어있고 이 프로라민은 산과 결합하는 것에 의해 글루텐과 같은 점탄성을 가진다. 이것이 호밀빵의 골격이 된다. 호밀빵의 반죽에는 산의 존재가 불가결이 된다. 이 산은 효모에 사워도우를 사용하면 그것에 들어있는 유산에 의해 자동적으로 공급되는 것으로 호밀에는 보통의 사워도우를 사용하고 있다. 다만, 사워종은 유산의 작용으로 발효가 억제되어 부피가 작고 무거운 제품이 되므로 가볍게 굽는 제품은 호밀 20~30% 정도를 밀가루와 바꾸어 사용하면 좋다.

(3) 독일의 호밀빵

배합공정

사워종 280g 생이스트 280g 물 5,100ml
호밀가루 9,200g 소금 200g 버터 300g
설탕 300g

만드는 법

26°C의 물 1,100ml을 나누어 그 일부로 이스트를 녹여준다. 남은 것을 3200g 의 호밀에 넣고 거기에 녹인 이스트와 사워종을 넣어 이긴다. 이것을 28°C에서 4~5시간 발효시킨다.

29°C의 물 4,000ml를 호밀 600g에 넣고 이겨 이것에 발효시킨 종을 넣고 다시 이긴다. 믹싱이 끝나면 30°C에서 3시간 발효시킨다.

※ 이 반죽의 일부를 보존해두면 다음의 반죽 때 원종으로 사용할 수 있다. 이것은 3,4번 반복해서 사용하는데 반드시 6℃ 이하의 냉장고에 보존해 두어야 한다.

4. 도넛(Dough)

1) 도넛의 정의

도넛은 과자 반죽이나, 빵반죽(발효 반죽)을 기름에 튀긴 것으로 링모양의 튀긴빵 또는 튀김과자로서 일반적으로 널리 알려져 있다.

밀가루를 주원료로 하여 각종 혼합물을 섞어서 반죽을 만들어서 이것을 기름에 튀긴 빵, 과자의 형태는 유럽에 상당히 많고 오랜 역사를 지니고 있으며, 미국을 중심으로 각국에 친숙한 튀김과자이다.

2) 도넛의 종류

도넛은 크게 케이크 도넛, 이스트 도넛, 반죽에 향료, 과일, 견과 첨가 도넛으로 나눈다.

① 케이크 도넛

팽창제를 사용한 반죽을 성형하여 튀긴 것으로 노화가 느리다.

3) 도넛 제조

(1) 배합

유지(버터, 쇼트닝)	5~15%
설탕	25~40%
전란	10~30%
밀가루	100%
팽창제(B.P)	3~5%
분유	4~8%
소금	0.5~2%
물(우유)	30~50%
향, 향신료	0.5~2%

(2) 공정

① 믹싱 : 크림법

- 볼에 유지와 설탕을 넣고 잘 저어 섞는다.
- 달걀을 깨서 3회 정도 나누어 넣고 잘 섞는다.
- 밀가루, 베이킹파우다를 넣고 섞는다.
- 우유(물) 향, 향신료를 넣고 섞는다.

* 프리믹스일 경우 : 2~4분정도 1단계법으로 제조한다.

② 반죽 온도 : 22~24℃

- 반죽을 뭉쳐 1cm 정도를 밀어 펴서 늘린다. 도넛틀로 찍는다.

③ 반죽 휴지

- 휴지시간 : 10분~15분
- 휴지목적 : 재료의 수화(밀가루) 가스발생(이산화 탄소), 껍질 형성을 느리게 한다.
- 밀어펴기, 성형이 용이하게 한다.

*껍질이 마르지 않도록 주위한다.

④ 정형

- 밀어펴기 : 1cm 정도의 두께로 균일하게 밀어 편다.
- 성형 : 도넛 틀(기계)로 찍어낸다.
- 휴지 : 껍질이 마르지 않도록 하고, 먼저 성형한 순서로 튀긴다.
- 시간 : 10분 정도 휴지시킨다.

⑤ 튀김

- 온도 : 180~195℃(185~195℃) : 제품, 크기에 따라 조정
- 저온 : 기름흡수가 많고, 퍼짐이 크다
- 고온 : 속이 익지 않는다. 껍질색이 진하다. 튀김시간 : 한면 30~45초 정도

⑥ 튀김 기름의 조건

- 냄새가 중성이다
- 튀김물에 기름이 남지 않고 튀긴 후 바로 응결한다.
- 저장성, 안정성이 높다
- 발연점이 높다
- 오래 튀겨도 산화와 가스분해가 일어나지 않는다.
- 수분함량 0.15% 이하

튀김기름의 4대 적

물 : 수분 이물질, 공기 : 산소, 온도 : 열

4) 도넛 재료

(1) 밀가루

케이크 도넛 : 박력분, 중력분 9.5~10.5% 글루텐 함량 밀가루

이스트 도넛 : 강력분 80%, 박력분 20% 혼합용 사용.

프리믹스 : 수분 11%이하 흡수율이 높다.

※ 감자전분, 면실분, 대두분분말 아몬드, 전립분, 메밀가루, 호박가루 등을 사용하기도 한다.

(2) 설탕

감미제, 수분 보유제, 노화방지제, 제품 껍질색, 저장성 증대, 제품의 부드러움을 준다.

- 케이크 도넛 : 35~50%
- 이스트 도넛 : 10~15%
- 설탕이 증가하면 흡수율이 증가한다.
- 믹싱시간이 짧아 용해성(잘 녹는) 좋은 설탕 사용: 분당, 입자가 고운 입상형 설탕 껍질색을 개선하기 위해 5%이하 포도당 사용

(3) 유지

용적 증대, 조직과 내상의 균일화, 표준화, 색체 양호, 부드러운 촉감 양호, 향, 식감 개선, 저장성 신장성 증대, 수소첨가 경화 쇼트닝, 면실유, 대두유, 채종류, 옥수수유 등의 식용유 사용. 라드, 팜유.

- 안정성이 높은 유지 : 가수분해 산패가 낮아야 한다.
- 밀가루 글루텐의 연화, 윤활효과
- 맛을 위해 버터를 첨가 사용.

(4) 달걀

풍미의 개선, 내상, 외상의 색깔을 좋게 한다. 보존성, 부드러움, 볼륨, 식감에 영향을 준다.

- 영양 강화, 구조 형성.

- 노른자 : 레시틴이 유화제 역할.

(5) 소금

미각의 조화, 잡균 방지 억제, 글루텐의 강화, 발효조절, 세포막을 부드럽게 하여 균일한 내상을 만든다. 설탕의 단맛을 강하게 한다.

(6) 유제품

- 우유 : 글루텐 구조에 나쁜 영향, 볼륨을 떨어뜨린다. 믹싱을 길게 하고, 발효시간을 늘린다.
- 분유 : 분유중의 유당: 껍질 색을 개선(젖당에 반응)한다. 흡수율 증대, 글루텐의 보완작용으로 구조를 강화하며 영향가치 증대시킨다. 제품의 내상에 광택이 있는 크림색으로 개선한다.

(7) 팽창제

케이크 도넛에 베이킹파우다 사용한다. 밀가루에 대해 2~4% 사용, 제품 특성 배합률, 설탕사용량, 도넛 중량, 크기, 밀가루량에 따라 조절 사용한다.

종조

- 과다 중조 : 어두운 색, 거친 결, 비누맛을 낸다.
- 과다한 산 : 여린 색, 조밀한 기공, 자극적인 맛이 된다.
- 중조는 미세하고 밀가루에 잘 섞여야 노란 반점이 생기지 않는다.

(8) 향, 향신료

빵, 케이크 도넛에 공통으로 가장 많이 사용되는 향신료는 넛메그이다.

넛메그의 보완제로는 메이스가 있다.

- 우리 입맛에 가장 익숙한 향 : 바닐라 향
- 오렌지, 레몬 등의 구연산계 향
- 코팅용 : 초콜릿, 코코아 사용

5) 도넛 설탕, 글레이즈

(1) 정의

글레이즈란 과자류의 표면에 광택을 내는 일. 또는 표면이 마르지 않도록 젤리 등을 바르는 일로 도넛에는 설탕, 퐁당, 초콜릿, 코코아, 잼 코팅이 있다.

(2) 글레이즈 종류

① 종류

㉠ 도넛 설탕

포도당 56~90%

전분 5~30%

쇼트닝 5~10%

소금 1%

향 1%

㉡ 계피설탕

설탕 94~96%

계피가루 3~6%

㉢ 도넛 글레이즈

분 설탕 80~82%

물 18~20%

안정제 1%

향 1%

분설탕에 물을 부어 넣고 반죽한 후에 안정제, 향을 넣고 만든다.

색소를 사용 채색할 수 있으나 흰색이 많이 쓰인다.

㉣ 초콜릿, 코코아 코팅

도넛위에 초콜릿, 코코아를 덮어 씌운다.

초콜릿 코팅 후 땅콩, 아몬드, 코코넛 등을 묻힌다.

㉤ 충전물

도넛 안에 잼류, 젤리류, 크림류를 충전한다.

6) 도넛의 문제점

(1) 황화(yellowing), 회화(graying)

도넛의 지방이 설탕을 녹아 적시는 현상을 황화라 한다.

내부 수분이 껍질로 옮아간 결과 설탕이 녹는 현상이 회화이다.

튀김 기름의 경화 : 스테알린 첨가(전체기름의 3~6%정도)한다.

설탕의 녹는점을 높여 기름침투를 방지한다.

(2) 발한

도넛의 설탕이 보관하는 동안에 자체의 수분이 배어나와 설탕이 녹는 현상

설탕에 수분이 많은 경우.

도넛의 보관온도 조절 : 온도가 상승하면 발한현상이 증가

(20~37℃ 사이에서 온도 5.5℃ 상승 포도당 용해도 4% 증가)

포장용 도넛의 수분 : 21~25%

(3) 발한방지법

① 충분한 냉각후 아이싱한다.

② 튀김시간이 증가한다.

③ 도넛에 묻히는 설탕사용량 증가한다.

④ 설탕에 점착력 있는 튀김기름을 사용한다.

(4) 도넛에 기름 흡유량 과다 원인

① 설탕, 유지, 수분, 팽창제 과다 사용(기공이 열려 과도한 흡유)

② 반죽상태 불량 : 기공 불규칙하고 팽창 불량으로 기름이 많이 흡수

③ 튀김시간이 길다

④ 지친 반죽, 어린 반죽

⑤ 튀김온도가 낮다.

⑥ 글루텐의 발전 부족, 반죽 중량이 적다.

(5) 글레이즈가 금이 가고 부서지는 원인

① 도넛의 피복 온도 부적당(글레이즈는 품온 49℃ 근처에서 피복)

② 도넛의 냉각시 수분 증발 9%(표면 건조상태)상태이다.

(6) 글레이즈의 부서짐 방지방법

① 설탕 일부를 전화당 시럽, 포도당으로 대치.

② 안정제 사용(젤라틴, 한천, 펙틴)

③ 안정제 사용량 : 0.25%~1% 사용

(7) 도넛의 부피가 작다

① 배합, 반죽 제조, 공정 불량

② 강력분 사용, 반죽이 단단해짐

③ 화학 팽창제 사용적다. 빵 도넛의 지친 반죽사용

④ 튀김시간이 짧다

(8) 튀김 색이 고르지 않다.

① 튀김온도가 다르다

② 재료 혼합 불량, 덧가루 사용 과다

③ 어린 반죽, 지친반죽

④ 튀기는 동안 기름 찌꺼기의 부착

(9) 튀기는 동안 껍질의 터짐

① 팽창제 사용 과다

② 저율배합 반죽, 반죽 불량

(10) 도넛 표면 설탕의 끈적거림

① 냉각하지 않고 설탕을 묻혔다.

② 수분이 많다 ; 적정수분 21~25%

③ 보관온도가 높다.

④ 배합재료중 흡습제 부족

7) 도넛이 유래

도넛이라면 우리들은 링 형태로 튀긴 과자를 바로 떠올리는데 오늘날에는 더욱 넓고 튀긴 과자의 대명사로 세계 속의 공통어가 되어 있다.

튀김과자는 예부터 유럽의 부활절, 크리스마스, 사육제 등의 축제일에 만든 것으로 지방색이 짙고 종류도 다양하다. 그 중 에서도 보헤미아 지방의 감자가 들어간 것, 동구의 와인이 들어간 이스트 반죽에 과실을 넣어 튀긴 것 또는 럼주, 호도, 건포도, 잼, 크림치즈나 카테지 치즈 등을 다량으로 넣어 튀긴 것도 있다. 이것들의 튀김과자 중에 현재에는 1년 중 만들어 팔고 있는 것이 많고 특히 독일이나 오스트리아에 사육제로 만들어지고 있는 크락프펜(krapten)이라는 튀김빵과 같은 것이 인기가 있다. 우리들에게 제일 잘 아려져 있는 링 형태의 도넛은 미국 스타일이라 불리우는 것으로 많은 유럽의 튀김과자에 비교해 굴곡 없이 평균적으로 튀겨져 시간도 짧게 하는 이점이 있다. 그것은 합리적이고 생산제일주의 미국인다운 발상이지만, 아마도 미국에서 생겼다는 것에 대해 전설 같은 이야기가 만들어져 있다.

그 하나는 1800년대 초기에 배를 타기 위해 고안되었다는 것이다. 또 하나는 200년 이전에 미국의 인디언이 부인이 만들고 있는 튀김과자의 반죽에 화살을 쏘았는데 부인이 놀라서 튀김과자의 반죽을 기름 안에 떨어뜨렸다. 그 반죽은 중앙을 화살이 관통하여 링 형태가 되었고 그 때문에 튀겨져 맛있게 되었으므로 그 후 링상태로 만들게 되었다는 재미있는 이야기이다.

그러나 현재의 도넛의 기원에 대해서는 미국 초기의 식민시대의 유럽에서 이주한 청교도가 네덜란드 이민이 전해졌다는 것이 제일 정확한 설이 되었다. 그 이유는 옛날 네덜란드의 주부는 페트쿡카라돈가 오르케그라 불러 중앙에 호도를 올린 원형의 튀김과자를 만들고 치즈나 버터와 함께 먹고 있었다고 한다.

한편, 메이플라워호에서 신대륙으로 이주한 영국의 청교도는 영국을 나와 잠시 네덜란드에 체재했는데 그때 그 튀김과자를 먹고 제법을 습득하였다고 전해진다. 모두 다 도(dough)반죽, 넛(nuts)호도라는 이름도 그 네덜란드의 튀김과자를 나타내게 되었는데, 그 후에 호도를 중앙에 올리지 않고 링형태로 변했다고 생각하는 것이 제일 맞는 것이라는 것이다.

그렇다고 하여도 반죽을 링형태로 찍어내 기름에 튀기게 되었다는 것이 훌륭한

노력으로 그것이 도넛을 보다 대중적으로 먹는 음식이 되었다고 생각한다.

도넛의 종류와 제법을 크게 나누면 이스트가 들어간 반죽으로 만드는 것과 중조, 베이킹파우더를 넣은 반죽으로 만든 것 2종류로 나누어진다. 이스트가 들어간 도넛을 이스트 도넛, 베이킹파우더가 들어간 것을 케이크 도넛이라 부르고 있다.

현재 미국이나 일본의 과자점에서 팔고 있는 도넛은 이스트 도넛이 전체의 약 20%, 케이크 도넛이 12%, 나머지는 최근 유행하고 있는 퐁당 필링 등을 사용하여 표면을 장식한 것으로 "글라"라고 불리 우는 가늘고 긴 형태로 튀긴 것이 있다.

(1) 중조와 베이킹 파우더

밀가루에 중조를 혼합하여 반죽하여 기름에 넣고 가열하면 탄산가스를 발생하여 반죽이 부풀게 된다. 그러나 중조만으로는 탄산가스 발생력 효율이 나쁘고 발생한 후 알칼리성의 탄산나트륨이 남아서 맛을 떨어트릴 수 있다. 또한 밀가루 중의 플라보이드가 변색하여 황색이 되는 결점도 있다. 이것을 방지하기 위해서는 중조에 적당한 산성물질을 넣으면 탄산나트륨을 중화시켜 알칼리성이 되는 것을 방지해 탄산가스의 발생효율도 2배가 되는 이점도 있다. 이것이 베이킹파우더이다. 그러나 베이킹파우더는 이스트보다 부풀음이 떨어지므로 끈기가 적은 박력분을 많이 사용하나, 케이크 도넛이 이스트도넛보다 좋은 점은 발효시킬 필요가 없고 단시간에 만드는 것이다.

(2) 도넛에 사용하는 재료

① 밀가루

케이크 도넛에는 박력분이 좋다. 박력분의 안에는 단백질이 많은 글루텐의 양이 9~10% 정도가 적합하다. 일반적으로 박력분과 중력분을 혼합해 사용한다. 이스트 도넛은 배합에 따르지만 케이크 도넛보다 글루텐이 많은 밀가루 강력분, 중력분, 박력분을 혼합해 섞어 사용한다.

② 설탕

입자가 가는은 과당이 제일 적합하다. 입자가 굵은 설탕을 사용하면 도넛 표면이 두껍고 기공이 많게 되어 기름을 많이 흡수하므로 맛이 나쁘고 식으면 부서지기 쉽게 된다. 즉, 설탕의 입자가 커서 녹기 어려운 것이 생기는 것이 최대의 결점이라 할 수 있다.

③ 버터 · 쇼트닝

품질이 좋은 최고품을 사용한다. 특히 버터는 수분이 적은 신선한 것을 선택한다.

④ 달걀

버터와 같이 신선한 것을 사용한다.

⑤ 베이킹파우더

분량을 많게 하면 잘 부푼다고 생각하면 대단히 틀린 것이다. 튀길 때 너무 부풀어 올라 기공조직이 굵게 되고 기름을 많이 흡수한다. 또한 오븐에서 굽는 것이 아니고 기름으로 튀기기 때문에 보통 케이크를 사용할 좋은 것이라도 도넛에 적합한 것은 아니다. 만족한 결과를 얻지 못할 때에는 중조와 산성염을 적당히 넣으면 품질이 좋은 것이 될 수 있다.

⑥ 우유

분유도 마찬가지지만 신선한 것을 사용한다. 도넛의 색과 맛을 확실히 영향을 준다. 크림이 많이 들어있는 우유는 당분과 유지의 조화를 갖고 있기 때문에 기본배합의 안에서 설탕과 유지를 조금 줄이는 것이 필요하다.

(3) 이스트도넛(Yeast doughnuts)

배합공정 직경 7.5cm의 틀 17개분

우유 94cc	설탕 78g	소금 3g
버터 90g	이스트 15g	온수(35~40℃) 94cc
전란 75g	밀가루(강력분 또는 중력분) 360g	
바닐라에센스 소량	넛메그 소량	식용류

만드는 법

① 우유를 냄비에 넣고 불에 올려 냄비의 주위에 조금 거품이 오르기 시작하면 불에서 내려 설탕, 소금, 이스트를 넣고 완전히 녹을 때까지 섞는다.

② ①에 온수를 넣고 잘 섞는다.

③ 볼에 소량의 밀가루, 달걀, 버터 그것에 ②를 혼합하여 2~3분 정도 손으로 잘 이긴다.

④ 남은 밀가루와 바닐라에센스 넛메그를 넣고 끈기가 나올 때까지 잘 혼합해 가면서 빵 반죽이 되도록 반죽하여 버터를 칠한 볼에 옮겨 표면이 건조하지 않도록 주의하면서 따뜻한 장소에 약 1시간 정도 놓아둔다. 반죽이 2배 정도 크기가 될 때까지 발효시킨다.

⑤ ④의 반죽을 가스를 빼고 밀가루를 충분히 뿌린 천의 위에 올려 표면에 젖은 천이나 비닐을 씌워 약 10~15분간 휴지 발효시킨다.

※ 작업대 위에서 끈적끈적하지만 천을 깔고 하면 작업이 편리하다. 도넛 뿐만이 아니라 크로와상 등의 경우도 천의 위에서 늘려 펴면 좋다. 대량의 반죽을 늘릴 경우는 크로와 상용의 두꺼운 시트(두께 2~3mm 천) 위에서 펴는 경우도 있다.

⑥ ⑤의 반죽을 두께 1cm로 늘려 직경 6~7cm의 링형태로 찍어낸다.

※ 늘리기 나쁠 때에는 무리하지 않고 잠시(10분 정도) 놓아둔 후 늘려편다.

⑦ 링틀로 찍어내고 천을 씌워 40~45분 정도 발효시킨다. 약 2배로 크게 부풀어 오르며 180℃ 정도 기름에 넣고 양면이 황금갈색이 되도록 튀긴다.

⑧ 색이 좋게 튀겨지면 흡습성이 있는 종이 위에 올려 기름을 빼고 따뜻할 때 설탕을 뿌린다. 꿀이나 그라세를 표면에 코팅하는 경우도 있다.

※ 링형태로 찍고 남은 반죽은 둥글리기 하여 늘려 사용해지면 처음 반죽보다 만들어짐이 나쁘게 된다.

배합공정 꿀 그라세

분설탕 450g	꿀 20g	뜨거운물 90cc
젤라틴 10g	바닐라에센스 또는 레몬에센스 소량	

만드는 법

재료를 전부 한꺼번에 합쳐 약한 불이나 중탕하여 섞어 저어가면서 50℃ 정도로 데운 젤라틴은 사전에 녹여 놓는다.

(4) 허니문 도넛(Honey-moon doughunts)

배합공정 직경 7cm, 틀 25개분

버터 150g	설탕 50g	소금 10g
베이킹파우더 10g	분유 45g	절란 1개
온수 200cc	중력분 360g	박력분 220g
이스트 20~25g	레몬과피 2개분	잼 적당량

만드는 법

① 스트레이트법에 의해 반죽을 만든다. 반죽 온도 32℃정도가 적당하다.

② ①의 반죽을 15~30분 정도 가볍게 발효시킨 후 작업대 위에서 1cm 정도의 두께로 늘려 원형틀로 찍어낸다(중앙에 구멍이 없다).

③ 충분히 발효시킨다.

④ 180℃ 기름에 튀긴다.

⑤ 뜨거울 때 표면에 꿀 그라세를 바르고 중앙에 좋아하는 잼을 넣는다.

5. 가또 도미 섹(Gateaux demi secs)

가또 도미 섹은 문자로 해석하면 「반 건조 과자」이다.

버터와 달걀을 다량으로 사용하여 굽기 때문에 농후한 풍미를 지니고 아름다운 구운색을 낸다. 그런 까닭에 마무리에 여러 종류의 크림을 첨가하거나 당의(설탕)를 코팅하지 않고 대부분은 그대로의 상태로 제공되는 과자이다.

즉 반 구운 과자는 구운 색이 장식이 되고 그 고급스런 반죽은 깊은 맛이 또한 지금까지 서술한 다수의 과자의 분야와 비교하면 그리 넓지 않고 제법상의 형태도 분산적이지 않다. 그러나 구운 색이 생명이기 때문에 오븐의 온도에 충분한 주의와

기술이 필요하다. 프랑스의 반 건조 과자에는 요리와 같이 각 지방의 풍토와 그 지역에 생산되는 재료를 기술적으로 조형되게 적절하게 배합하여 긴 세월에 걸쳐 만들어낸 것이 많이 있다. 그런 까닭에 다소 지방 향토적이며 고전적이기는 하지만 기교를 부리지 않고 소박하고 밝음이 있는 것이 특징이다. 그것의 과자는 오늘날에도 오랜 전통과 함께 제법도 그 지방의 사람들의 기호에 맞는 풍미를 지닌 명과로써 정착하고 있다.

(1) 쿠글로프(Kouglof)

그 중에서 특히 잘 알려져 있는 것은 알사즈 지방의 「쿠글로프」로 가정과자 중에서도 큰 위치를 차지하고 있다.

쿠글로프의 기원에 대해서는 2가지 설이 있다. 하나는 오스트리아에서 만들어진 후에 독일에서 완성되어 프랑스의 알자스 지방에 정착하였다는 설이다. 다른 하나는 스위스의 고대 민족이 그런 과자를 만들어 내 쿠글로프의 틀에 굽게 되어 프랑스에 전해졌다는 설이다. 그 연대는 불분명하지만 철판 등 구움틀이 만들어진 것이 17세기말이라고 하므로 아마 그때쯤이 아닐까 추측된다. 그러나 버터가 일반인들의 손에 들어오게 된 것은 18세기 말경이므로 본격적으로 만들어지게 된 것은 그 후 일 것이다.

오늘날 쿠글로프는 알자스 이외에 근접 지역에 퍼져 배합량이나 만드는 방법도 상당히 다른것도 있다. 예를 들어 이스트를 사용한 브리오슈 알자젠느라 부르고 있는 것이나 슈가 배터법으로 만드는 반죽에 거품올린 흰자를 혼합하는 방법 등이 있다. 이렇게 구워낸 과자는 독일이나 오스트리아에서 간식뿐만 아니라 아침 식사용으로 제공되고 있다.

배합공정 18cm 2대분

버 터 400g	설 탕 400g	노른자 7개
흰자 7개분	소 금 소량	바닐라 소량
레몬과 피2개	분밀가루 400g	우유 90cc
건포도 적당량		

만드는 법

① 포마드 상태에 이긴 버터의안에 설탕 약 2/3을 넣고 잘 혼합한다.

② ①의 안에 노른자를 조금씩 넣고 다음 바닐라와 레몬껍질을 혼합하고 향을 내게 한다.

③ ②에 우유, 소금, 건포도를 넣는다.

④ 흰자에 남은 설탕을 조금씩 넣어가면서 무랑그 상태로 거품을 올린다.

⑤ ③에 ④의 흰자를 반쯤 넣고 가볍게 섞고 밀가루를 넣고 잘 섞어 다시 ④의 남은 것을 넣는다.

※ 흰자를 2번으로 나누어 넣는 것이 밀가루가 섞기 쉽다.

⑥ 쿠글로프 틀에 녹인 버터를 얇게 칠하고 밀가루를 가볍게 뿌려 ⑤를 70%정도 넣고 중간불의 오븐에서 구워낸다.

※ 최근에는 철판 가공이 좋은 쿠글로프 틀이 있다. 이것은 버터를 칠하지 않아도 좋다.

(2) 쿠글로프 올디넬(Kouglof ordinair)

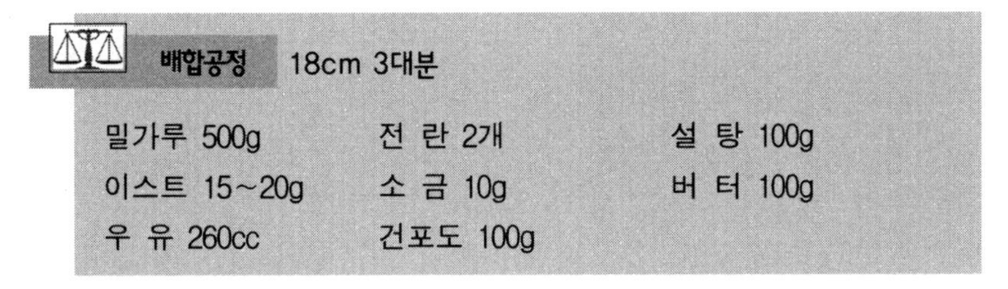

배합공정 18cm 3대분

밀가루 500g	전 란 2개	설 탕 100g
이스트 15~20g	소 금 10g	버 터 100g
우 유 260cc	건포도 100g	

만드는 법

① 밀가루를 체질하여 1/4량 정도 볼에 꺼내 이스트와 소량의 물 또는 미지근한 물을 넣는 다. 손가락으로 섞어가면서 부드러운 빵 반죽을 만들고 발효시킨다.

※ 밀가루는 강력분보다 박력분을 반쯤 하는 것이 좋다.

② 작업대 위에 남은 밀가루를 폰티뉴 형태로 놓아 달걀, 소금 , 설탕, 우유를 넣고 가볍게 혼합한다.

③ ①의 빵 반죽이 발효하면 포마드 상태로 이긴 버터와 함께 양손으로 자르듯이 하면서 잘 반죽한다. 마지막에 건포도를 넣고 균일하고 부드러운 반죽을 만든다.

④ ③을 휴지시켜 2회 발효시킨다. 반죽이 발효하여 2배 정도 되면 손으로 펀치를 주어 가스를 뺀다.

⑤ 반죽을 틀에 넣고 다시 발효시켜 중간불보다 조금 강하게 오븐에 넣고 50분간 구워 낸다.

⑥ ⑤가 식는 것을 기다려 틀에서 꺼내 분설탕을 조금 두껍게 뿌려 제공한다.

제6장

요리과자

1. 요리과자(토레토울 ; Traiteur)

프랑스에 있어 과자점에서 취급하는 일의 한 분야이다.

특별주문 또는 출장요리를 만드는 요리인을 토레토울이라고 한다. 보통 과자점 기술자가 겸임한다. 레스토랑 등의 점포에서 기다리지 않는다. 취급하는 요리는 과자, 빵, 설탕과자 분야에 소속하여 운반, 다시 데워주는 일, 한 번에 많은 인원의 공급에 맞추는 것이 요구되었다. 출장요리, 배달요리라고도 할 수 있는 부분이다. 판매 매상에도 큰 비중을 차지하고 있다.

프랑스에서는 일상적으로 여러 가지 파티가 개최되는데 이러한 때에는 친한 과자점에 사람의 수를 맞춘 요리, 디저트를 시작으로 과일, 치즈, 주스, 칵테일에 이르기까지 모두 갖추어 납품한다. 이러한 형태를 토레토울이라고 한다.

토레토울은 원래는 여행자를 위한 숙박시설에서 처음으로 숙박여행객을 위한 식사를 제공한 데서 시작되었다. 18세기 이전 사람들은 토레토울에 나가서 식사를 즐겼다. 그리고 그런 연장으로써 연회도 받았다고 생각된다. 그리고 요리만을 판매하는 것은 없었던 것 같다.

이것이 발전하여 요리부분으로 독립하여 레스토랑이 탄생하였고 이런 형식의 과자점이 계속 전승되었다. 오늘날 결혼식이나 세례식, 크리스마스의 모임 등에서는 그 종류에 맞는 과자점으로 독립하게 되었다.

특별주문에 내는 요리 또는 집으로 가져갈 수 있도록 만든 요리 또는 요리인을 말하는데 보통 과자기술자가 겸임한다.

레스토랑이라는 다른 점포를 가지지 않는다. 취급하는 범위는 파티세리, 콩퓌쓰리, 글라스리, 비에노와즈, 샤르큐도리(Chrcuterie: 원래는 돼지육 가공의 의미였으나, 현재는 파테, 테리누, 햄, 소세지, 훈제류, 포아그라, 리에트 등 넓게는 육가공품을 나타낸다)의 분야이다.

들어 운반하는 것, 덥혀서 고쳐낼 수 없는 것 등 한번에 많은 인원에의 제공에 대응하는 것 등이 요구된다.

(1) 토레토울은 레스토랑의 전신(라루스 제과사전 인용)

토레토울이란 음식물은 제공하는 것, 판매하고 있는 사람을 말한다. 토레테(Traiter)라는 동사에는 누군가를 초대하여 접대하는 의미가 포함되어 있다. 간단한 이야기이지만 토레울은 「레도토라텔(restaureteur): 레스토랑의 경영자의 의미」의 전신이다. 사실 옛날(18세기이전)에는 토레울이라 불리우는 점포가 있었고 그곳에서 연회를 하였던 것이다. 그러나 19세기의 중반에는 이런일 종래와 같은 의미를 지니지 않고 다소 경박스러운 다른 의미를 지니게 되었다. 토레울이라는 단어는 하류 계급상대의 레스토라울이나 식사도 제공하는 선술집만으로 이용하게 된 것이다. 파리의 인구 밀착지역에서는 T와인을 겸해서 내는 집 Marchand de Vins-Traiteur라 쓰여진 간판을 걸고 있던 이런 종류의 레스토랑이 몇 개 보였다. 그 이전의 18세기 경에는 레스토랑이라는 것이 일반화되어 있지 않고 상점이라면 식료품점만 있었던 시대였는데, 그러한 점포에서도 그 장소에서 먹을 수 없었다. 그 경에 토레울에서는 요리를 잘라 판매하지 않고 점포에서 먹을 수 있었던 것이다. 1870년경 브리야 사바란은 토레울에 대해서 다음과 같이 말하고 있다.

"파리에 오는 외국인이 맛있는 것을 먹을려고 생각하여도 그런 장소는 대부분 없었다. 여관 종업원에게 요리를 부탁하는 수밖에 없었다. 이것은 일반인에게 상당히 나쁜 것이었다. 물론 「토레울」에 가면 맛있는 것이 있었으나 전부 판매되어 떨어져 버리고 친구들과 여럿이 갈려고 생각하여도 사전에 주문하지 않으면 안 되었다. 그런 까닭에 부유한 가정에서라도 초대되는 행운을 맞이하지 못한 사람은 파리의 요리의 내용이나 맛을 알지 못하고 이 대도시를 떨어져 갔다" 미각의 생리학 명상 제27

장에서 브리야 사바란의 이 인용문에 의해서도 알 수 있듯이 당시의 토레울은 그 전부라고 말하지 않아도 상당수가 자신의 점포를 지니고 있고 그 곳에서 식사를 하고 있어 결국 레스토라텔이라는 단어가 생기기 오래전부터 토레울의 실체는 모두 그러한 것들이었던 것이다.

(2) 파티쎄리(과자점)에서 토레울 점포를 함께 하는 의미

과자도 토레울도 모두 음식이라는 것이 대전제이다. 음식이라는 것 안에는 과자도 토레울도 들어있고 거기에서 요리의 분야까지도 넓게 가지는 것이다. 과자점은 과자뿐이라는 생각은 절대 아니다. 원래 과자는 요리의 일부이다. 거기에서 독립하기 쉽고 단순하여 장사하기 쉬운 분야였기에 오늘과 같은 형태가 된 것이다. 빵도 하나의 식사 안에서 생겨난 것이다.

요리는 소재가 전부 살아있고 언제나 시간이 승부이다. 시간을 염두에 두고 여러 가지를 조합하고 그것에 맞는 움직임이라는 훈련은 폭이 넓다. 물론 과자점에서도 제조라는 훈련도 중요한 일이다. 어떻게 하면 시스템을 조립하여 합리화시켜 생산성을 올리는 것이 중요한 일이다. 간단히 말하자면 과자와 요리의 차이점은 제조와 조리의 차이나 짜고 장식하고 칠하고 자르고 이러한 것뿐만 아니라 좀더 큰 것을 보고 느끼고 먹어야 한다고 생각한다.

(3) 토레올(요리점)이 파티쎄리(과자)일에 포함되는 이유

토레올이라 불리우는 제품이 파티쎄리 일이 된 것은 크게 다음의 3가지 이유에 있다고 생각한다.

① 기본반죽에서 만드는 제품

토레올에 많이 볼 수 있는 컷슈나 휘이타쥬 샤레 등 파티쎄리가 사용하는 기본 파트로 만드는 제품은 그대로 과자점 일의 범위가 된다. 파타, 컷슈, 브리제, 파테, 휘이타쥬, 크로와상, 브리오슈, 피자 등이 요리에 사용된다. 각각의 반죽에 대해서 설명할 필요가 없다고 생각되지만 파타, 파테에 대해서는 파타컷슈와 다른 점을 보충하면 그대로의 형태로 구워내기 때문에 보다 보형성이 추구되고 있는 것이다. 보다 딱딱하여 부드럽지 않은 파트로써 강력분을 사용한다. 틀 등의 모양을 뚜렷이 낼 목적과 안에 젤리 등 흘려붓는 경우에 구멍이 비어있으면 흘러버리지 않게 할 필연성이

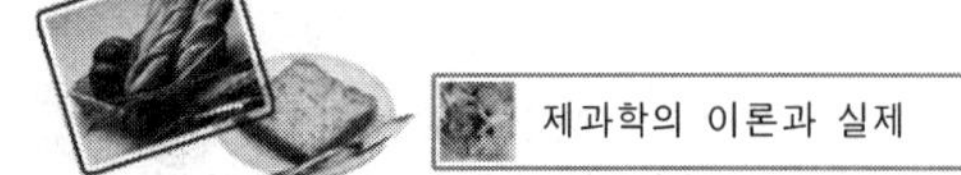

있다. 반죽을 만들기에 나중에 자신의 아이디어는 자유롭게 넓으면 좋다. 소세지를 싸거나 찍어내거나 베샤멜소스를 필링하거나 포아그라나 샤본의 무스를 짜거나 하는 등 여러 가지 종류의 폭이 넓다.

② 주방에 온도에 의한 제품

주방의 작업대 온도는 설명할 필요없이 파티쎄리의 주방쪽이 저온을 유지하도록 된 이유에서 만들어지는 제품이다. 젤리를 사용한 것 등 당연히 작업하기 쉬운 환경인 파티쎄리일로 대부분 만들 수 있다. 과자점에 따라서는 무스나 바바로와를 만드는 감각의 것이 있으므로 별 저항이 없다.

③ 오븐 온도에 의한 제품

과자를 만드는 오븐의 온도에 따라 제품이 만들어진다. 보통 고온이고 그리고 열고 닫는 것이 미묘하다. 그것에 비교해 과자 오븐은 150~200℃ 사이를 유지하고 안정되어 있다.

이 온도대에 확실히 구워지는 것은 옛날에도 과자점 오븐은 사용하였다.

파테, 테리누, 브란 등이 그것이다. 그 외에도 고기나 생선을 휘이타쥬나 브리오슈로 싼 것등 확실히 불을 통한 요리들이 몇 가지 있다. 이것을 근거해서 요리과자는 과자점의 안 범위라고 말할 수 있다.

본래 토레토올(요리과자)는 파티 등의 주문을 받아 그 회장까지 「운반한다」라는 것에 큰 의미가 있다. 운반할 수 없는 요리도 많이 있으므로 「운반될 수 있는 요리」「밖으로 갈 수 있는 요리」라는 점은 토레토올의 큰 요소의 하나이다.

요리과자라는 것은 손님에 있어 또한 흥미있는 분야이므로 과자뿐만 아니라 요리과자도 만들고 있다고 보여주면 좋다.

눈앞에서 맛을 알 수 있고 그 반응을 볼 수 있다고 생각에서 시작된다. 점포에서 조그마한 테이블에 있다면 점심시간에 조금 만들어 보는 것이 제일 효과적인 방법이라 생각된다.

㉠ 파테 · 앙 · 그레토

그레토란 화장품이라는 의미로 파타. 파테의 인안 파테의 고기를 싸서 구운 것이다. 구울 때에는 2개 정도 공기구멍을 내고 식으면 그 구멍 안에 콩소메 젤리를 부어넣는다.

틀의 모양을 확실히 내고 안의 수분량이 많은 것을 확실히 모양을 만들기 위해 파라. 파테를 사용한다.

㉡ 달걀 젤리

달걀 젤리는 찐 달걀로 간단하게 만들 수 있다.

달걀이 식용유를 나타내고 합치는 것은 샤몬의 무스와 젤리와 입안에서 녹는데 잘 맞는 부드러운 식감의 것이 맞는다.

㉢ 백색 생선과 샤본의 테리수

테두리 부분은 시금치를 합친다. 이것도 몇 가지 조합으로 만들 수 있다. 야채의 테리수는 간단하게 만들 수 있고 결국 재미있다. 과일도 같은 방법으로 하면 좋고 들어가기 쉬울 것이다. 색채나 모양도 여러 가지 생각할 수 있고 이것은 과자점 분야일 수 있을 것이다.

2. 장식과자, 공예과자

(1) 설탕 공예

① 슈그레 수플레(surce souffle) : 불어서 부풀리는 설탕과자

② 슈그레 티레(sucre tire) : 끌어 늘리는 설탕과자

③ 슈그레 그레(sucre coule) : 흘려 붓는 설탕과자

④ 슈그레 푸레(sucre file)

⑤ 슈그레 로젯(sucre rocher)

(2) 누가 세공

아몬드와 설탕을 캐러멜화한 딱딱한 누가를 사용한다. 엿을 씌운 슈 껍질을 짜 맞춘 크로캉브슈라는 웨딩과자나 허브 엿(세례)을 씌운 축하용으로 만들어지고 있다.

(3) 초콜릿 세공

초콜릿의 틀로 찍어내기 등에 이용되는 여러 가지 형태를 만든다.

역형성 있는 초콜릿과 플라스틱도 섬세한 세공에 사용된다.

(4) 파스티야주

분당과 젤라틴이나 도라간도, 고무등 페이스트 상태의 반죽을 만들어 늘려 펴 틀에서 찍어내 건조시킨 후 조립한다. 일본의 전통공예 과자의 재료인 운페이등도 파스티야주의 재료로서 일본에서는 쓰이고 있다.

(5) 얼음 세공

얼음 전용의 끌 톱, 칼을 써서 조각하는 것으로 정말 호화로운 분위기와 시원한 상태를 연출하여 파티에 쓰인다. 그냥 보이는 것뿐만 아니라 아이스크림이나 셔벗을 보기 좋게 하든지 차게 해 두어 요리에 놓아 장식하는 등 실용 면을 갖추고 있다.

제7장

얼음과자, 빙과자

1. 얼음과자의 정의

글라스(glass)란 프랑스어로 얼음의 의미이고 얼려서 만드는 과자의 총칭이다. 일반적으로 아이스크림이라고 불린다. 글라스 · 아 · 라 · 크렘(glass, a', la, crame)류를 과즙, 와인, 술 등으로 만들어 지방분이 들어있지 않는 소르베(sorbet)로 잘 알려져 있으나, 그 외 파다 혼부에 생크림을 섞어서 얼린 파르페나 액체와 얼음이 섞인 상태의 그라니테와 같은 것이다. 유리컵에 아이스크림과 소다수를 넣은 아이스크림 프로드와 같은 것까지를 빙과의 분류에 들어 있다.

(1) 아이스크림

① 아이스크림의 정의

아이스크림(ice-creme)는 프랑스어로 「글라스(glace)」라 한다.

그라스는 얼음 또는 두꺼운 유리등의 의미가 있고 아이스크림이 역사를 이야기하고 있는 듯 생각된다. 얼음에 과즙이나 꿀을 뿌려 먹는 것은 로마제국 시대부터 있었다고 한다.

얼음이라 하여도 그것은 높은 산의 눈으로 노예에게 명령하여 운반시킨 것으로 황제나 귀족이 아니면 먹을 수 없는 귀한 것이었다. 13세기 황금의 나라 실크로드를 발견하려고 동방을 여행한 마르코 폴로는 그의 저서「동방견문록」의 안에 우유빙과를 좋아했다고 쓰고 있고 그 제법도 기록하였다.

이렇게 퍼진 얼음과자는 이탈리아의 귀족들 사이에도 유행했고 피렌체의 명가 메디치가의 딸과 앙리 2세의 결혼에 의해 프랑스에 전해졌다. 과즙이나 우유를 넣은 설탕액을 얼리는 데에는 얼음에 소금이나 주석 등의 냉제를 추가해 다시 저온에 놓아두면 좋은데 그것이 이론적으로 알기까지는 대단히 불가사의한 것 같던 것으로 아이스크림은 긴 기간 귀족계급의 비밀의 음료였고 디저트였다.

② 아이스크림은 유제품이다.

높은 산의 눈을 운반했던 옛날의 아이스크림과 마르코 폴로의 유빙과는 아이스크림이라고 하기보다는 셔벗에 가까운 것이었다.

아이스크림은 성분규격이 「유지방분 8% 이상, 이것을 포함하는 유고형분 15% 이상」으로 정해져 있다. 아이스크림을 혀에 올렸을 때 얼음의 차가움과 달리 소프트하고 길게 계속되는 것은 지방분이 많기 때문이다.

2. 아이스크림의 종류

우유 및 유제품의 성분규격에 관한 법령에는 아이스크림은 지방분 즉 크림이 8.0% 이상, 유고형분 즉 우유단백질, 당질, 무기질이 15% 이상 1g당의 세균 수는 10만 이하로 대장균은 음성으로 나타나야 한다.

유지방분, 유고형분에 도달하지 않은 것을 아이스크림, 락트아이스가 있다.

1) 아이스 밀크

유지방분 3% 이하 유고형분 10% 이하, 세균 수 5만개 이하, 대장균 군은 음성으로 규정되어 있다.

2) 락트 아이스

유고형분 3% 이상, 세균 수 5만개 이하, 대장균 군은 음성으로 규정되어 있다.

아이스크림, 빙과의 제조는 식품위생법의 규정에 기초하여 『아이스크림 제조업』의 허가를 받지 않으면 영업할 수 없다.

유지방이 많을수록, 고급의 것일수록, 차가울수록, 부드럽고 그것이 아이스크의 몸체이고 궁중귀족의 비밀의 음료로 애용되었다고 할 수 있다.

이 “유제품이 있다”라는 것은 크림 파티시에르의 부분에 서술했지만 세균류가 번식하기 쉬운 것이다. 아이스크림은 빙과이므로 얼리면 괜찮다고 생각하는 것은 크게 틀린다. 그럴수록 상당히 부패하기 쉽고 취급에 주의하지 않으면 식중독을 일으킨다. 그런 까닭에 사용하는 기구류는 전부 청결하고 재료가 되는 우유, 생크림, 달걀은 신선한 것을 사용해야 한다.

3) 얼음과자(Glass)의 종류

(1) 글라스·아·라·크렘(glass á la creme)

생크림, 우유, 설탕을 기본으로 바닐라, 초콜릿, 커피, 캐러멜이나 알코올을 넣어 맛을 변화시키거나 과일이나 과즙을 넣은 아이스크림, 프리자등으로 혼합, 동결시킨 것 노른자를 넣어 맛을 진하게 할 것도 있다.

(2) 셔벗 소르베(sorbet)

① 정의

먹는 것을 부드럽게 하게 하기 위해서 거품 올린 흰자를 넣은 것도 있다. 식사의 중간에 입안을 행구기 위해 내 놓는 디저트에 사용된다. 소르베에는 유제품. 지방이 들어 있지 않다.

② 종류

㉠ 포도주, 리큐르, 알코올에 시럽을 섞어 혼합 동결시킨 것.

㉡ 과일 퓨레나 과즙에 시럽을 넣어 혼합 동결시킨 것.

(3) 파르페(parfait)

① 정의

혼부 반죽(노른자+설탕)을 만들어 거품 올린 크림에 섞은 것, 알코올이나 과일, 견과, 콩피 등 맛을 바꾼다. 다른 아이스크림이나 소르베와 조화시킨 앙트르메 글라세를 만든다.

② 종류

㉠ 앙트르메 글라세(enterment glaces) : 앙트르메 글라세는 비스큐이나 건조시킨 머랭의 밑받침으로 아이스크림 소르베, 파르페 등을 조립해 만드는 과자 풍으로 만드는 글라스이다.

㉡ 수플레 글라세(souffles glace's)

㉢ 무스 글라세(mousse glace's)

㉣ 파르페 글라세(parfait glace's)

㉤ 폼므 글라세(bombe glace's) 등

(4) 퓌레 시브레(fruit givre)

과일의 소르베 각각의 껍질을 쪼려 동결시킨 것으로 표면이 적은 얼음 알맹이로 데워져 있다. 오렌지, 레몬, 파인애플, 메론 등.

(5) 그라니테(Ganite)

소르베에서 파생된 것으로 안에 가늘은 얼음 알맹이가 많이 들어 있어 상쾌한 풍미의 냉동 가공품.

3. 아이스크림 제조의 위생면의 주의점

(1) 재료에 부착하고 있는 세균

우유, 생크림, 안정제, 감미료, 향료, 착색료, 달걀, 과실이나 나무열매를 혼합할 때에는 그것들에도 많은 세균이 존재하고 있다. 씻을 수 있는 것은 잘 씻고 특히 달걀의 껍질에는 세균이 많으므로 잘 씻는다.

(2) 살균 불충분한 세균

판매하는 아이스크림은 재료를 조합한 혼합액을 살균기에 넣는다.

살균온도는 제조기술에 의해 68℃ 정도 30분이라 규정되어 있지만 유성분이외의

것이 혼합되어 있으므로 앞의 온도 이상으로 충분한 효과가 있는 온도와 시간을 주는 것이 안전하다. 살균온도를 68℃ 이상으로 한 경우는 유지시간은 단축할 수 있으나 15분 이내는 안된다.

또한 살균기에 정량이상의 혼합액을 넣으면 혼합과 살균이 불충분하게 되므로 위험하다. 살균 중에는 될 수 있는 한 거품이 생기지 않도록 주의한다. 거품을 실제 온도보다 4~6℃ 낮으므로 거품의 부분의 살균효과가 불충분하게 되기 때문이다.

(3) 물에 들어있는 세균

수돗물은 별도이지만 우물물 등에는 대장균이 용이하게 들어있을 가능성이 있다.

세균오염의 주 원인이 된다. 그렇기 때문에 우물물을 사용하는 경우는 5분 이상 끓여서 살균하도록 법으로 정해져있다.

(4) 사용하는 후리자, 기구류부터 살균

세척, 소독이 불충분한 경우도 대장균이나 세균 수 초과의 원인이 되므로 알코올 세제나 산성세제, 뜨거운 물을 충분히 사용하여 유성분 침전물이나 이 물질을 제거하고 염소수를 사용하여 충분히 소독한다.

기구, 도구가 99% 청결하더라고 1%의 빠트림이 있다면 그 오염으로 세균이 번식되므로 노력이 수포로 돌아간다.

그러므로 호텔이나 레스토랑에서 아이스크림을 만드는 경우는 노력과 작업시간의 대부분 세척과 소독에 정성들이는 것이 상식이 되어 있다.

(5) 조리장의 환경에서부터 세균

세균은 공기 중, 물, 오물, 파리, 바퀴벌레 등 곤충, 쥐 등 여러 가지 곳에서 존재하고 있다. 재료나 기구 도구에서 세균 오염을 완전히 없애고 동시에 곤충이나 쥐를 접근하지 못하도록 한다.

(6) 만드는 사람부터 세균

인간은 세균뿐만 아니라 병원세균, 식중독 원인, 물 오염에 큰 요소이다.

몸의 표면에는 물론이고 머리, 코, 목 등에 세균이 붙어있기 쉽고 포도구균의 절호의 번식처가 된다. 특히 이질균의 보균자나 존재는 무시할 수 없다.

이것들의 세균이 침입하여 아이스크림을 오염하는 경로는 무엇보다 두 손과 손가락이다. 손은 반드시 소독해 청결한 백색 위생복을 입고 마스크를 착용한다.

(7) 살균후의 주의

완전 살균한 혼합액은 바로 10℃ 이하까지 온도를 내린다. 보존하는 경우는 4℃ 이하의 저온으로 냉각해 다시 세균이 침입하여 오염되지 않도록 주의한다.

대부분은 2~4시간 숙성하는 것이 혼합액이 안정되고 좋은 결과를 얻을 수 있으나 위생면에서 보면 살균 직후 바로 후리저로 혼합 동결해 냉장고에 보존하는 것이 바람직하고 위험을 방지하게 된다.

또한 살균한 혼합액을 균질기에 넣는 경우는 액체온도 65~68℃일 때이다.

이 기계에 넣는 것에 의해 들어있는 지방구가 분산되어 입안에서 부드럽게 된다. 옛날에는 혼합액을 살균하여 균질화 하였는데 위생면에서는 순서를 반대로 하는 것이 오염의 기회가 적으므로 현재에는 균질기에 넣어 살균하는 것이 많다.

가정에서 만드는 경우의 주의

위생면의 주의가 길게 되므로 「아이스크림을 만드는 것을 그만둔다」생각한다. 그러나 가정에서는 살균기에 넣을 필요가 없다. 신선한 재료를 청결한 도구로 될 수 있는 한 맛있는 아이스크림을 만들면 된다.

(8) 아이스크림의 먹을 시기와 보존의 주의

즉석에서 만든 것이 좋으나 제일 맛있는 것은 3시간 지난 후이다. 그 이상이 되면 굳어져 풍미가 떨어진다. 점포에 판매되는 것은 전일 또는 수일 전, 수개 완전한 것도 있다. 이러한 점에서도 집에서 만드는 것이 맛이 있다.

신경 써서 위생적으로 만든 것도 나중의 취급을 소홀이하면 재 오염될 위험이 있다. 또한 기구나 보존용기, 취급하는 사람의 위생에도 충분히 주의한다.

(9) 재료의 비율

노른자를 너무 많이 사용하면 풍미가 떨어지는 원인이 되기 쉽고 설탕이 많으면 동결하기 어렵게 된다.

또한 단 것은 온도가 내려갈수록 강하게 느껴지므로 액상일 때 조금 부족할 정도

가 좋다.

우유 1ℓ에 대하여 설탕을 350~400g이 사용되고 그 이상이 되면 부동결을 일으켜 불쾌한 맛이 된다.

(10) 아이스크림 후리저에 대하여

아이스크림이라면 나이든 사람은 얼음과 소금을 넣고 돌려서 만드는 통을 생각할 수 있다.

그것은 수동식 종형 후리저이다. 최근에는 대부분 전통식이 되고 횡형 후리저 만 들어졌는데 원리는 같다. 종형은 소량으로 만들어지는 것이 편리하지만 뚜껑이 없는 것을 공기 중의 낙하균이 들어가기 쉬우므로 좋지 않다. 횡형은 위생적이지만 재료를 가득 넣을 능력이 떨어진다. 가정용에는 냉동고의 냉동실에 넣는 후리저가 수동으로 사용할 수 있다.

또한 제빙실에서 얼린 재료를 꺼내 혼합하는 기구를 팔고 있는데 아이스크림을 공기가 가득 들어가 부풀어진 것이 맛이 있으므로 혼합하면서 냉동하는 후리저쪽이 맛이 좋은 아이스크림을 만들 수 있다.

(11) 조화와 서비스

바닐라 아이스크림을 만드는 것은 기본으로 과일을 잘라 넣거나 체질하여 추가하거나 커피나 초콜릿 맛을 내는 등 여러 가지 변화를 즐길 수 있다.

반원형으로 떠주는 기구를 아이스크림 티샷이라고 하고 백화점에서 팔고 있다. 이런 도구를 사용하지 않고 컵에 가득 넣은 것이 손으로 만들 것 같아 보인다. 그릇과 기구도 잊지 말고 차게 해 두어야 한다.

(12) 바닐라 아이스크림(Glace · a · la · vanille)

배합공정 20인분

노른자 10개분	설탕 250g	전분 18~20g
우유 1ℓ	바닐라 에센스 소량	
생크림(유지방분 45~50%) 270g		

만드는 법

① 볼 안에 달걀노른자를 깨어 넣고 설탕, 전분을 넣고 거품 올릴 정도로 잘 젓는다. 설탕을 한 번에 넣으면 노른자가 덩어리지는 경우가 있으므로 젓어 섞어가면서 넣는다. 또한 소량의 우유를 노른자에 넣으면 덩어리를 방지한다. 전분은 연결역할을 한다. 놓지 않는 것이 맛이 좋으나 끈기가 나기 어렵고 기능이 없으면 실패하기 쉽다.

② 우유를 불에 올려 75℃까지 덥혀 1의 안에 조금씩 넣어가면서 혼합하여 체질한다. 체질하여 낮은 거품은 불순물이 들어있는 것이 많으므로 버린다.

※ 우유의 살균은 보통 75~80℃에서 15분 이상 덥힌다.
우유 표시를 잘 확인하고 그렇지 않으면 75℃에서 15분간 끓여 사용한다. 최근의 우유는 120~130℃에서 2초이다.

③ 약한 불로 2를 올려 태우지 않도록 나무주걱으로 천천히 섞어가면서 조금 끈기가 생기고 부드러운 상태가 될 때까지 끓인다.

※ 끈기가 부드러운 상태가 아이스크림의 맛을 좌우하는 중요한 요점이다. 농도가 부족하면 바삭 바삭거리고 진한 맛이 없는 것이 된다. 또한 반대로 너무 끓으면 노른자가 작은 입자가 되어 굳어져서 혀의 촉감에 부드러움을 잃게 된다. 전분을 소량 넣으면 이 실패를 방지할 수 있다.

※ 적절한 농도는 혼합액을 소량 접시에 올려 강하게 불면 수면이 돌을 던질 때처럼 파도가 생긴다. 그 형태가 확실한때가 좋다.

※ 노른자가 굳어지게 되면 거품기로 강하게 젖어 혼합하면 어느 정도 방지할 수 있다.

※ 노른자를 많이 사용하면 맛이 좋게 될 것이라 생각하지만 과도의 황색화와 응고성이 강하기 때문에 좋지 않다.

④ ③을 얼음에 차게 식힌다.

⑤ 완전히 식으면 바닐라를 넣고 후리저에서 60% 정도 거품올리고 혼합, 냉동한다. 후리저에 가득 넣으면 나중에 생크림을 넣을 수 없다.

⑥ 70% 정도 굳어지면 역시 70% 정도 거품올린 생크림을 넣고 다시 젓고 냉동해 굳힌다. 생크림은 그대로 보다 거품올린 것이 부드럽고 유연하여 입안 촉감이 좋은 것이 된다.

⑦ 적당한 딱딱함으로 동결되면 용기에 넣고 냉동고에 보존한다.
혼합냉동의 시간은 후리저에 의해 다르므로 기구의 표시에 맞추어야 한다. 그러나 너무 딱딱하게 되어도 맛이 없다.

2) 셔벗(Sherbot 소르베)

(1) 셔벗의 정의

셔벗(Sherbot)을 프랑스어로는 「소르베(sorbet)」라고 한다. 우리말로 번역하면 「얼음술」이라 할 수 있다.

셔벗(소르베)은 과즙에 설탕, 향이 좋은 양주, 포도주 술 등을 넣고 흰자와 젤라틴을 잘 섞은 액체를 동결시켜 굳힌 과자이다. 크림같은 유제품을 포함하지 않는 빙과이다.

(2) 셔벗의 역사

디너 파티, 정찬의 코스를 보면 스프에서 시작하여 생선요리, 앙트르메, 로스트, 샐러드, 디저트, 커피 순으로 되어있다. 앙트르메는 정채 그 날의 주요리이며 요리장의 자신을 나타낸다.

로티는 고기요리이며 여기에서는 소 등심, 찜, 구이(로스트비프)가 되어 있다.

앙트르메도 로디로 무거운 요리이다. 각각을 충분히 음미하기 위해 요리 전에 그때까지의 요리로 피곤한 미각 신경을 변화시켜 새로운 미각을 불러일으켜야 한다. 그렇기 위해 입의 휴식을 위해 얼음술이 제공된다. 옛날 정찬일수록 강한 리큐르 술을 마시는 습관이 있었다.

언제부터인지 리큐르를 넣은 소르베로 바꾸었다고 한다.

그렇게 생각해보면 로티의 맛을 잃지 않도록 단맛의 것은 좋지 않으며 동결로 얼마만큼 보충할 수 있다.

(3) 셔벗의 종류

과실의 셔벗은 2가지 만드는 방법이 있다. 당도 18~22℃를 지켜야 맛이 변하지 않는다.

① 과일즙이나 퓌레를 사용한 것.

㉠ 신선하고 잘 숙성된 과실을 퓌레로 만들어 그 안에 시럽을 넣고 당도 18~22℃ 동결한다.

㉡ 과피를 벗긴 과실에 설탕을 넣고 잘 갈아 잠시 놓아 둔 후 퓌레를 만들어 물을 넣고 당도 18~22℃로 하여 동결하는 방법이다.

② 술, 와인을 같은 술을 사용한 것

㉠ 글라스 오 후루이 : 과일즙이나 퓌레를 사용한 것을 말한다. 우리들이 오렌지나 레몬 등 과즙을 사용한 것도 셔벗이라 부르고 있다.

「글라스 오 후루이(glace aux fruits)」라 부르고 프랑스에서는 확실히 구별하고 있다.

미국이나 일본, 우리나라에서는 셔벗이라 부르고 있으므로 여기에서는 리큐르를 사용한 것과 과즙을 사용한 것 2종류가 있다.

그러나 글라스·오·후루이는 디저트이고 코스의 도중에 나오지 않는다.

(4) 셔벗 제조의 주의점

① 과실을 잘 씻는다. 사용하는 도구류도 아이스크림과 같이 소독한다.

② 과실의 껍질을 벗길 필요가 있는 것은 껍질을 벗기고 퓌레로 만든다. 과실은 대부분 산을 포함하고 있으므로 급속제의 망을 사용하면 맛이 떨어진다. 반드시 말의 털의 체를 사용한다.

③ 시럽은 당도계로 정확히 계량하여 차게 해둔다. 단맛은 온도가 내려가는 것에 의해 단맛을 느낄 수 있으므로 단맛이 강한 것 일수록 동결하기 어렵고, 동결하여도 시럽만이 분리 해 버린다.

④ 딱딱하게 너무 얼면 바삭 바삭하여 입안 느낌이 나쁘게 된다.

또한 반대로 동결 불충분한 경우는 물기가 있게 된다.

⑤ 후리저를 사용하지 않고 얼리는 경우 혼합이 부족하면 표면에 물이 뭉쳐지게

되어 그 수분만이 얼게 된다. 이 경우도 과즙과 시럽이 분리하므로 주의한다.

⑥ 샴페인주와 같은 발포성이 있는 술을 추가하는 경우는 시럽과 혼합하여 바로 동결하지 않아도 맛이 빠져나가 버린다. 또한 만들어서 장시간 놓아두는 것도 좋지 않다. 제공할 때를 생각하여 동결시켜야 한다.

⑦ 셔벗은 음식이 아니고 부드러운 음료이므로 얼음처럼 딱딱하게 동결시켜선 안 된다. 특히 소르베는 그라스・오・후루이 보다 조금 적게 혼합하여 젖어준다.

⑧ 로디의 앞에 내는 소르베의 분량은 일품요리와 디저트에 제공하는 것보다 조금 적은 30~40% 정도이다.

⑨ 녹기 쉬운 것이므로 기구는 다리가 붙은 컵이나 펀치 컵에 넣는다.
소르베는 손잡이 달린 소르베컵을 사용하는 것이 정식이다.

(5) 수박 소르베(Glace au melon deau)

배합공정

수박 과육 1.3~1.4kg　설탕 150g　레몬과즙 1/2개분
키르슈 술 소량　흰자 1개분

만드는 법

① 수박 과육을 스푼으로 파내어 설탕을 뿌리고 으깨어서 퓌레를 만든다.

※ 설탕은 다소 색이 있고 수박자체의 단맛에 의해 설탕의 분량을 조절하여야 하므로 150g은 대체로 기준이라 생각한다.

② ①에 레몬 과즙과 키르슈 술을 넣고 맛을 낸다.

③ 후리저에 넣고 혼합, 동결하여 70% 정도 굳으면 거품올린 레몬과즙과 키리슈를 넣고 맛을 낸다.

※ 흰자를 넣으면 뭉실해져 눈처럼 사각사각 혀에 느끼게 된다.
즉, 흰자의 기포성을 이용하여 빙결의 딱딱함을 내고 매끄러움과 볼륨부피를 낸다. 본래는 흰자를 거품 올려 뜨거운 설탕액을 넣어 머랭 이탈리안을 만들어 넣는다. 숙련이 되지 않으면 당도의 계산이 복잡하게 된다.

④ 초콜릿을 중탕하여 사람 체온정도 녹여 봉지에 넣고 초콜릿 칩의 형태로 위선지로 짜서 굳힌다.

⑤ ③이 어느 정도 동결하면 ④의 반죽을 섞어 컵에 장식해 제공한다.

※ 초콜릿칩을 셔벗에 넣고 오래두면 딱딱하게 되어버리므로 본래의 초콜릿 칩이라 생각되어 먹지 않는 사람도 있을 수 있으니 주의한다.

제과용 초콜릿이 없으면 판초코를 사용한다. 버터나 생크림이 많은 것이 잘 굳어지지 않는다.

1) 블랑망제

(1) 블랑망제의 정의

블랑망제(Blanc-manger)을 직역하면 블랑(백색)망제(음식)로 하얀 과자 제품을 뜻하는 용어로 아몬드를 넣은 희고 부드러운 냉과를 말한다.

(2) 역사

하얀 음식이라 하여도 오랜 이전부터 과일이나 초콜릿 등 색, 맛을 변화시켜왔고, 오늘날의 블랑망제는 젤리나 바바루아 등처럼 냉과의 분류상 명칭이 되어있다. 이것과 비슷한 것에는 바바루아가 있다. 바바루아가 독일의 바바루아 지방에서 만들어졌듯이 블랑망제는 프랑스의 남서부의 랑그·독그 지방에서 만들어졌다. 저명한 요리 전문가인 그모·드리니엘은 이 지방을 여행했을 때 처음으로 블랑망제와 접했고 「이 맛이 훌륭한 블랑망제가 파리에서는 전혀 만들어진 적이 없음」이 상당히 안타깝다고 기록하였다.

(3) 블랑망제의 종류

만드는 방법은 프랑스식과 영국식이 있다.

① 프랑스식은 젤라틴과 아몬드를 사용한다.

② 영국식은 전분을 사용한다.

(4) 블랑망제 아 라 블랑제즈(Blanc-manger a la francaise)

배합공정 프랑스식 블랑망제 기본(직경 13cm 젤리틀 1대분)

아몬드(생을 껍질 벗긴 것) 100g 우유 450cc 분설탕 100g
젤라틴 13g 키루슈 술 소량

만드는 법

① 껍질을 벗긴 아몬드를 굵게 잘라 믹서기에 넣고 부순다. 껍질 있는 아몬드라면 뜨거운 물에 1분 정도 담가 손으로 껍질을 벗긴다.

② 냄비에 우유를 넣고 ①을 넣고 불에 올려 끓으면 불을 끄고 10~15분 정도 뚜껑을 덮어 놓아 아몬드 향을 낸다.

③ 천을 사용해 ②을 거르고 분설탕을 넣는다.

④ 젤라틴은 물에 담가 부드럽게 중탕하여 끓여 녹여 ③에 넣는다.

⑤ ④에 향을 내고 키리슈 술을 넣고 차게 해 사전 열을 빼낸다.

⑥ ⑤이 사전 열이 빠지면 얼음물에 식혀 끈적끈적하게 되면 틀에 부어넣고 차게 해 굳힌다.

⑦ 굳으면 미지근한 술에 틀을 조금 담가 가볍게 흔들어 빼내고 크림샹티를 짜고 좋아하는 과실을 장식한다.

부 록

국가기술자격검정 필기시험문제

1. 불량한 표백 밀가루를 사용하게 되었을 때 조치하여야 할 사항은?

가. 쇼트닝과 설탕의 사용량을 증가시킨다.
나. 전분을 첨가한다.
다. 계란의 사용량을 증가시킨다.
라. 물의 사용량을 증가시킨다.

2. 비중 0.75인 과자 반죽 1 *l* 의 무게는?

가. 75g　　나. 750g
다. 375g　　라. 1750g

3. 용적 2,050cm^{3}인 팬에 스펀지 케이크 반죽을 400g 분할할 때 좋은 제품이 되었다면 용적 2,870cm^{3}인 팬에 적당한 분할 무게는?

가. 440g　　나. 480g
다. 560g　　라. 600g

4. 다음 중 만드는 방법이 나머지 셋과 다른 것은?

가. 쇼트브레드 쿠키　　나. 오렌지 쿠키
다. 핑거 쿠키　　라. 버터스카치 쿠키

5. 도넛에 묻힌 설탕이 녹는 현상(발한)을 감소시키기 위한 조치로 틀린 것은?

가. 도넛에 묻히는 설탕의 양을 증가시킨다.
나. 충분히 냉각시킨다.
다. 냉각 중 환기를 많이 시킨다.
라. 가급적 짧은 시간 튀긴다.

6. 언더 베이킹(Under Baking)에 대한 설명 중 틀린 것은?

가. 너무 낮은 온도에서 굽는 것이다.
나. 중앙부분이 익지 않는 경우가 많다.
다. 윗면이 갈라지기 쉽다.
라. 속이 거칠어지기 쉽다.

7. 퍼프 페이스트리 제조시 충전용 유지가 많을수록 어떤 결과가 생기는가?

가. 밀어펴기가 쉽다.
나. 부피가 커진다.
다. 제품이 부드럽다.
라. 오븐 스프링이 적다.

8. 다음 설명 중 고율 배합의 의미는?

가. 설탕양이 소맥분양보다 적은 배합
나. 소맥분양이 설탕양보다 적은 배합
다. 계란이 소맥분보다 많은 배합
라. 계란이 소맥분보다 적은 배합

9. 파운드 케이크를 제조하려할 때 유지의 품온으로 가장 알맞는 것은?

가. -5℃～0℃　　나. 5℃～10℃
다. 18℃～25℃　　라. 30℃～37℃

10. 반죽형 케이크 제조시 분리 현상이 일어나는 원인이 아닌 것은?

가. 반죽온도가 낮다.

나. 노른자 사용비율이 높다.

다. 반죽 중 수분량이 많다.

라. 일시에 투입하는 계란의 양이 많다.

11. 소다 1.2%를 사용하는 배합비율의 팽창제를 베이킹파우더로 대체하고자 할 경우 사용량으로 알맞은 것은?

가. 1.2% 나. 2.4%

다. 3.6% 라. 4.8%

12. 밀가루, 설탕, 노른자, 식용유 및 물등을 같이 혼합한 후 머랭을 투입하여 반죽하는 제법으로 알맞은 것은?

가. 별립법 나. 공립법

다. 시퐁법 라. 단단계법

13. 다음 중 제과용 믹서로 알맞지 않은 것은?

가. 에어믹서

나. 버티컬믹서

다. 연속식믹서

라. 스파이럴믹서

14. 도넛의 흡유량이 높았다면 그 이유는?

가. 고율배합 제품이다.

나. 튀김시간이 짧다.

다. 튀김온도가 높다.

라. 휴지시간이 짧다.

15. 스펀지 케이크에서 계란사용량을 15% 감소시킬 때, 밀가루와 물의 사용량은?

가. 밀가루 3.75% 증가, 물 11.25% 감소

나. 물 3.75% 감소, 밀가루 3.75% 증가

다. 밀가루 3,75% 감소, 물 11.25% 감소

라. 밀가루 3.75% 증가, 물 11.25% 증가

16. 제빵시 탈지분유를 1% 증가시마다 몇%의 흡수량이 증가 되는가?

가. 1% 나. 3%

다. 5% 라. 7%

17. 스펀지법에서 스펀지에 밀가루 사용량을 증가할 때 나타나는 현상으로 틀린 것은?

가. 반죽의 신장성이 증가한다.

나. 발효 향이 강해진다.

다. 도우 발효시간이 단축된다.

라. 도우 반죽시간이 길어진다.

18. 스펀지법에서 사용할 물의 온도는? (원하는 반죽온도 : 26℃, 마찰계수 : 20, 실내온도 : 26℃, 스펀지 반죽온도 : 28℃, 밀가루 온도 : 21℃)

가. 19℃ 나. 9℃

다. −21℃ 라. -16℃

19. 제빵용 팬기름에 대한 설명으로 틀리는 것은?

가. 종류에 상관없이 발연점이 낮아야 한다.

나. 백색 광유(mineral oil)도 사용된다.

다. 정제 라드, 식물유, 혼합유도 사용된다.

라. 과다하게 칠하면 밑껍질이 두껍고 어둡게 된다.

20. 적당한 2차 발효점은 여러 여건에 따라 차이가 있다. 일반적으로 완제품의 몇%까지 팽창시키는가?

가. 30～40%　　나. 50～60%
다. 70～80%　　라. 90～100%

21. 다음 설명 중 오버 베이킹(over baking)에 대한 것은?

가. 낮은 온도의 오븐에서 굽는다.
나. 윗면 가운데가 올라오기 쉽다.
다. 제품에 남는 수분이 많아진다.
라. 중심 부분이 익지 않을 경우 주저앉기 쉽다.

22. 빵의 껍질이 갈라지는 경우는?

가. 덧가루 사용과다
나. 질은 반죽
다. 뜨거운 팬 사용
라. 발효과다

23. 빵의 노화현상이 아닌 것은?

가. 곰팡이 발생
나. 탄력성 상실
다. 껍질이 질겨짐
라. 풍미의 변화

24. 식빵의 가장 적합한 포장온도는?

가. 15℃　　나. 25℃
다. 35℃　　라. 45℃

25. pH 측정에 의하여 알 수 없는 사항은?

가. 재료의 품질 변화
나. 반죽의 산도
다. 반죽에 존재하는 총산의 함량
라. 반죽의 발효 정도

26. 조직의 원칙에 해당하지 않는 것은?

가. 권한과 책임의 원칙
나. 명령의 원칙
다. 직무할당의 원칙
라. 감독범위의 원칙

27. 경질밀과 연질밀의 상대적인 차이점에 대한 설명 중 틀린 것은?

가. 경질밀은 배유조직이 치밀하다.
나. 연질밀은 전분함량이 경질밀에 비해 높다.
다. 연질밀은 수분함량이 경질밀에 비해 많다.
라. 경질밀은 연질밀보다 단백질 함량이 적다.

28. 분할을 할 때 반죽의 손상을 줄일 수 있는 방법이 아닌 것은?

가. 스트레이트법 보다 스펀지법으로 반죽한다.
나. 반죽온도를 높인다.
다. 단백질 양이 많은 질좋은 밀가루로 만든다.
라. 가수량이 최적인 상태의 반죽을 만든다.

29. 냉동반죽법에서 동결방식으로 적합한 것은?

가. 완만동결　　나. 지연동결
다. 오버나이트법　　라. 급속동결

30. 성형몰더(moulder)를 사용할 때의 방법으로 틀린 것은?

가. 휴지 상자에 반죽을 너무 많이 넣지 않는다.

나. 덧가루를 많이 사용하여 반죽이 붙지 않게 한다.

다. 롤러 간격이 너무 넓으면 가스빼기가 불충분해진다.

라. 롤러 간격이 너무 좁으면 거친 빵이 되기 쉽다.

31. 다음 설명 중 맞는 것은?

가. 식물 전분의 현미경으로 본 구조는 모두 동일하다.

나. 전분은 호화된 상태의 소화 흡수나 호화가 안된 상태의 소화 흡수나 차이가 없다.

다. 전분은 아밀라아제(amylse)에 의해서 분해되기 시작한다.

라. 전분은 물이 없는 상태에서도 호화가 일어난다.

32. 다음 형태의 향료 중 굽는 케이크 제품에 사용하면 휘발하여 향의 보존이 가장 약한 것은?

가. 분말 향료　　나. 유제로 된 향료
다. 알콜성 향료　　라. 비알콜성 향료

33. 모노, 디글리세라이드(mono, diglyceride)는 어느 반응에서 생성되는가?

가. 비타민의 산화　　나. 전분의 노화
다. 지방의 가수분해　　라. 단백질의 변성

34. 제빵에 사용되는 효모와 가장 거리가 먼 효소는?

가. 프로테아제　　나. 셀룰라아제
다. 인버타아제　　라. 말타아제

35. 다음 중 단위 무게 당 흡수율이 가장 높은 것은?

가. 전분　　나. 단백질
다. 펜토산　　라. 회분

36. 건조 이스트는 같은 중량을 사용할 때 생이스트 보다 활성이 약 몇배 더 강한가?

가. 2배　　나. 5배
다. 7배　　라. 10배

37. 제빵용 이스트에 의해 발효되지 않는 당은?

가. 설탕　　나. 맥아당
다. 유당　　라. 포도당

38. 반죽에 사용하는 물이 연수일 때 무엇을 더 첨가하여야 하는가?

가. 설탕　　나. 탈지분유
다. 이스트푸드　　라. 쇼트닝

39. 소맥분의 패리노그래프를 그려 보니 믹싱타임(mixing time)이 매우 짧은 것으로 나타났다. 이 소맥분을 빵에 사용할 때 보완법으로 옳은 것은?

가. 소금양을 줄인다.

나. 탈지분유를 첨가한다.

다. 이스트양을 증가시킨다.

라. 설탕양을 늘인다.

40. 아밀로그래프(Amylograph)에 대한 설명 중 틀린 것은?

가. 반죽의 신장성 측정
나. 아밀라아제 활성 측정
다. 빵의 내상에 큰 영향
라. 400～600 B.U가 적당

41. 빵류에 부드러움을 주기 위하여 사용하는 유지 제품의 특성을 무엇이라 하는가?

가. 유화성
나. 가소성
다. 안정성
라. 기능성

42. 각 회사마다 제분율이 다르다. 어느 회사가 밀가루 생산량이 가장 적은가? (제분율은 A사 70%, B사 72%, C사 74%, D사 76%)

가. A사는 밀 2850kg을 제분한다.
나. B사는 밀 2800kg을 제분한다.
다. C사는 밀 2750kg을 제분한다.
라. D사는 밀 2700kg을 제분한다.

43. 설탕에 대한 설명으로 틀린 것은?

가. 설탕은 과당보다 용해성이 크다.
나. 혼당이란 설탕의 결정성을 이용한 것이다.
다. 설탕이 이스트에 의해 발효된 후 남은 잔류당은 굽기 공정에서 전화된다.
라. 빵의 굽기 공정에서 일어나는 껍질의 착색은 주로 마이야르 반응에 의한 것으로 볼 수 있다.

44. 유산발효크림을 원료로 하여 제조하는 버터는?

가. 유염버터　　나. 무염버터
다. 발효버터　　라. 저수분 버터

45. 초콜릿을 템퍼링한 효과에 대한 설명 중 틀린 것은?

가. 입안에서의 용해성은 나쁘다.
나. 광택이 좋고 내부 조직이 조밀하다.
다. 팻 브룸(fat bloom)이 일어나지 않는다.
라. 안정한 결정이 많고 결정형이 일정하다.

46. 입속의 침(타액)에서 분비되는 전분 당화 효소는?

가. 펩신　　나. 프티알린
다. 리파아제　　라. 트립신

47. 스펀지 케이크를 먹었을 때 가장 많이 섭취하게 되는 영양소는?

가. 당질　　나. 단백질
다. 지방　　라. 무기질

48. 다음 영양소 중 1차, 2차, 3차, 4차 구조를 가진 물질은?

가. 탄수화물　　나. 단백질
다. 지질　　라. 무기질

49. 리놀레산(linoleic acid)가 결핍시 발생할 수 있는 장애가 아닌 것은?

가. 성장지연　　나. 시각 기능 장애
다. 생식장애　　라. 호흡장애

50. 우유의 칼슘 흡수를 방해하는 인자는?

가. 비타민 C　　나. 인
다. 유당　　라. 포도당

51. 제과 · 제빵의 부패요인과 관계가 먼 것은?

가. 제품의 수분함량
나. 제품의 색
다. 제품의 보관온도
라. 제품의 pH

52. 식품 위생의 대상과 가장 거리가 먼 것은?

가. 영양 결핍증 환자
나. 세균성 식중독
다. 농약에 의한 식품 오염
라. 방사능에 의한 식품 오염

53. 감자에서 독성분이 많이 들어 있는 부분은?

가. 감자즙
나. 노란 부분
다. 겉껍질
라. 싹튼 부분

54. 식품에 세균이 오염되어 증식시 이들이 생성한 유독 물질에 의해 발생되는 생리적 이상현상은?

가. 감염형 세균성 식중독
나. 독소형 세균성 식중독
다. 화학적 식중독
라. 동물성 식중독

55. 독소형 식중독은 체외 독소에 의하여 일어나게 된다. 보툴리누스 식중독균이 생성하는 독소는?

가. 엔테로톡신
나. 엔도톡신
다. 뉴로톡신
라. 테트로도톡신

56. 세균성 식중독을 예방하는 방법과 가장 거리가 먼 것은?

가. 조리장의 청결유지
나. 조리기구의 소독
다. 유독한 부위의 세척
라. 신선한 재료의 사용

57. 유지의 산패 원인이 아닌 것은?

가. 고온으로 가열한다.
나. 햇빛이 잘 드는 곳에 보관한다.
다. 토코페롤을 첨가한다.
라. 수분이 많은 식품을 넣고 튀긴다.

58. 질병 발생의 3대 요소가 아닌 것은?

가. 병인　　나. 환경
다. 숙주　　라. 항생제

59. 적혈구의 혈색소 감소, 체중감소 및 신장장해, 칼슘대사 이상과 호흡장해를 유발하는 유해성 금속물질은?

가. 구리(Cu)
나. 아연(Zn)
다. 카드뮴(Cd)
라. 납(Pb)

60. 빵 및 생과자에 사용할 수 있는 보존료는?

가. 안식향산

나. 파라옥시 안식향산 부틸

다. 파라옥시 안식향산 에틸

라. 프로피온산나트륨

■ 2003년 기능사 기출문제 제1회 정답 ■

01	다	02	나	03	다	04	가	05	라	06	가	07	나	08	나	09	다	10	나
11	다	12	다	13	라	14	가	15	라	16	가	17	라	18	나	19	가	20	다
21	가	22	라	23	가	24	다	25	다	26	나	27	라	28	나	29	라	30	나
31	다	32	다	33	다	34	나	35	다	36	가	37	다	38	다	39	나	40	가
41	라	42	가	43	가	44	다	45	가	46	나	47	가	48	나	49	라	50	나
51	나	52	가	53	라	54	나	55	다	56	다	57	다	58	라	59	라	60	라

제2회 국가기술자격검정 필기시험문제 2003년 시행

1. 반죽형 케이크의 특성에 해당되지 않는 것은?
   가. 일반적으로 밀가루가 계란 보다 많이 사용된다.
   나. 많은 양의 유지를 사용한다.
   다. 화학 팽창제에 의해 부피를 형성한다.
   라. 해면같은 조직으로 입에서의 감촉이 좋다.

2. 쿠키를 만들 때 가장 정상적인 반죽 온도는?
   가. 4～10℃ 나. 18～24℃
   다. 28～32℃ 라. 35～40℃

3. 과즙, 향료를 사용하여 만드는 젤리의 응고를 위한 원료 중 맞지 않는 것은?
   가. 젤라틴 나. 펙틴
   다. 레시틴 라. 한천

4. 계란이 기포성(起泡性)과 포집성이 가장 좋은 것은 몇 도에서인가?
   가. 0℃ 나. 5℃
   다. 30℃ 라. 50℃

5. 굳어진 설탕 아이싱 크림을 여리게 하는 방법으로 부적당 한 것은?
   가. 설탕 시럽을 더 넣는다.
   나. 중탕으로 가열한다.
   다. 전분이나 밀가루를 넣는다.
   라. 소량의 물을 넣고 중탕으로 가온한다.

6. 슈의 필수재료가 아닌 것은?
   가. 중력분 나. 계란
   다. 물 라. 설탕

7. 다음 제품 중 이형제로 팬에 물을 분무하여 사용하는 제품은?
   가. 슈
   나. 시퐁케이크
   다. 오렌지케이크
   라. 마블파운드케이크

8. 도넛 튀김용 유지로 가장 적당한 것은?
   가. 라드 나. 유화쇼트닝
   다. 면실유 라. 버터

9. 다음 제품 중 거품형 제품이 아닌 것은?
   가. 과일 케이크 나. 머랭
   다. 스펀지 케이크 라. 엔젤푸드 케이크

10. 열원으로 찜(수증기)을 이용했을 때 열 전달방식은?
    가. 대류 나. 전도
    다. 초음파 라. 복사

11. **제품의 중앙부가 오목하게 생산되었다. 조치하여야 할 사항이 아닌 것은?**

가. 단백질 함량이 높은 밀가루를 사용한다.

나. 수분의 양을 줄인다.

다. 오븐의 온도를 낮추어 굽는다.

라. 우유를 증가시킨다.

12. **공장 설비 중 제품의 생산능력은 어떤 설비가 가장 기준이 되는가?**

가. 오븐　　나. 발효기

다. 믹서　　라. 작업 테이블

13. **고율배합의 제품을 굽는 방법으로 맞는 것은?**

가. 저온 단시간

나. 고온 단시간

다. 저온 장시간

라. 고온 장시간

14. **도넛 반죽의 휴지 효과가 아닌 것은?**

가. 밀어펴기 작업이 쉬워진다.

나. 표피가 빠르게 마르지 않는다.

다. 각 재료에서 수분이 발산된다.

라. 이산화탄소가 발생하여 반죽이 부푼다.

15. **푸딩 제조공정에 관한 설명 중 틀린 것은?**

가. 모든 재료를 섞어서 체에 거른다.

나. 푸딩컵에 반죽을 부어 중탕으로 굽는다.

다. 우유와 설탕을 섞어 설탕이 녹을 때까지 끓인다.

라. 다른 그릇에 계란, 소금 및 나머지 설탕을 넣고 혼합한 후 우유를 섞는다.

16. **연속식 제빵법(Continuous Dough Mixing System)에는 여러가지 장점이 있어 대량 생산 방법으로 사용되는데 스트레이트법에 대비한 장점으로 볼 수 없는 사항은?**

가. 공장면적의 감소

나. 인력의 감소

다. 발효손실의 감소

라. 산화제 사용 감소

17. **표준 스트레이트법으로 식빵을 만들 때 반죽 온도로 가장 적합한 것은?**

가. 12～14℃　　나. 16～18℃

다. 26～27℃　　라. 33～34℃

18. **액체발효법에서 액종 발효시 완충제 역할을 하는 재료는?**

가. 탈지분유　　나. 설탕

다. 소금　　라. 쇼트닝

19. **플로어 타임을 길게 주어야 할 경우는?**

가. 반죽 온도가 높을 때

나. 반죽 배합이 덜 되었을 때

다. 반죽 온도가 낮을 때

라. 중력분을 사용했을 때

20. **한 반죽당 손분할이나 기계분할은 가능한 몇 분 이내로 완료하는 것이 가장 좋은가?**

가. 15분　　나. 30분

다. 40분　　라. 45분

21. 다음 식빵 밑바닥이 움푹패이는 결점(Cipping)에 대한 원인을 열거한 것 중 관계 없는 것은?

가. 굽는 처음단계에서 오븐열이 너무 낮았을 경우
나. 바닥양면에 구멍이 없는 팬을 사용한 경우
다. 반죽기의 회전속도가 느리거나 덜된 반죽일 경우
라. 2차 발효를 너무 초과했을 경우

22. 빵 제품의 노화(Staling)에 관한 설명 중 틀린 것은?

가. 노화는 제품이 오븐에서 나온 후부터 서서히 진행 된다.
나. 노화가 일어나면 소화흡수에 영향을 준다.
다. 노화로 인하여 내부 조직이 단단해진다.
라. 노화를 지연하기 위하여 냉장고에 보관하는게 좋다.

23. 과자빵의 굽기온도의 조건에 대한 설명 중 틀린 것은?

가. 고율배합일수록 온도를 낮게 한다.
나. 반죽량이 많은 것은 온도를 낮게 한다.
다. 발효가 많이 된 것은 낮은 온도로 굽는다.
라. 된 반죽은 낮은 온도로 굽는다.

24. 완제품 중량이 400g인 빵 200개를 만들고자 한다. 발효손실이 2%이고 굽기 및 냉각손실이 12%라고 할 때 밀가루 중량은 얼마인가? (총 배합율은 180%이며, g 이하는 반올림)

가. 51,536g　　나. 54,725g
다. 61,320g　　라. 61,940g

25. 냉각 손실에 대한 설명 중 가장 틀린 것은?

가. 식히는 동안 수분 증발로 무게가 감소한다.
나. 여름철보다 겨울철이 냉각 손실이 크다.
다. 상대습도가 높으면 냉각손실이 작다.
라. 냉각 손실은 5% 정도가 적당하다.

26. 냉동반죽법에서 믹싱 후 반죽의 결과온도로 가장 적합한 것은?

가. 0℃　　나. 10℃
다. 20℃　　라. 30℃

27. 노무비를 절감하는 방법이 아닌 것은?

가. 표준화
나. 단순화
다. 설비 휴무
라. 공정시간 단축

28. 주로 빵 반죽용으로 사용되는 믹서의 반죽 날개는?

가. 휘퍼　　나. 비터
다. 훅　　라. 믹서볼

29. 다음 중 보관 장소가 나머지 재료와 크게 다른 재료는?

가. 설탕　　나. 소금
다. 밀가루　　라. 생이스트

30. 다음 중 팬 기름칠을 다른 제품 보다 더 많이 하는 제품은?

가. 베이글 나. 바게트
다. 단팥빵 라. 건포도 식빵

31. 단당류가 아닌 것은?

가. 포도당 나. 맥아당
다. 과당 라. 갈락토오스

32. 지방 분해효소는?

가. 리파아제 나. 프로테아제
다. 찌마아제 라. 말타아제

33. 파이용 밀가루에 대한 설명 중 틀리는 것은?

가. 파이 껍질의 구성 재료를 형성한다.
나. 표백이 양호해야만 한다.
다. 유지와 층을 만들어 결을 만든다.
라. 글루텐 함량이 너무 높거나 낮지 않아야 한다.

34. 밀가루 품질 규정시 껍질(皮)의 혼합율은 어느 성분으로 측정하는가?

가. 지방 나. 섬유질
다. 회분 라. 비타민 B1

35. 제과의 제조에 이용되는 캐러멜화 현상을 설명한 것 중 잘못된 것은?

가. 당류를 계속 가열할 때 점조한 갈색 물질이 생기는 것이다.
나. 당을 함유한 식품을 가열할 때 일어난다.
다. 아미노산과 같은 질소화합물과 환원당간의 반응이다.
라. 이 반응의 생성물들은 향기와 맛에 영향을 준다.

36. 파이용 크림 제조시 농후화제(thickening agent)로 쓰이지 않는 것은?

가. 전분 나. 계란
다. 밀가루 라. 중조

37. 제과에서 유지의 기능이 아닌 것은?

가. 연화기능
나. 공기포집기능
다. 안정기능
라. 노화촉진기능

38. 다음 단백질 중 수용성인 것은?

가. 글리아딘 나. 글루테닌
다. 메소닌 라. 알부민

39. 밀가루의 탄성과 관계 깊은 것은?

가. 글리아딘(gliadin)
나. 엘라스틴(elastin)
다. 글로불린(globulin)
라. 글루테닌(glutenin)

40. 탈지분유 구성 중 50% 정도를 차지하는 것은?

가. 수분 나. 지방
다. 유당 라. 회분

41. **빵 발효시 밀가루에 대하여 2% 정도의 설탕이 이스트(yeast)에 의하여 소모될 경우 밀가루가 132kg이라면 발효에 의하여 소모되는 설탕의 양은?**

가. 1.32kg　　나. 1.68kg
다. 2.04kg　　라. 2.64kg

42. **다음 설명 중 옳은 것은?**

가. 연수 사용시는 이스트푸드를 사용하여 개선한다.
나. 경수 사용시는 발효시간이 감소한다.
다. 경도는 물 중의 염화나트륨(NaCl) 양에 따라 변한다.
라. 일시 경수는 화학적 처리에 의해서만 연수가 된다.

43. **버터의 독특한 향미와 관계가 있는 물질은?**

가. 모노글리세라이드(monoglyceride)
나. 지방산(fatty acid)
다. 디아세틸(diacetyl)
라. 캡사이신(capsaicin)

44. **제과 · 제빵에서 유화제의 역할 중 틀린 것은?**

가. 반죽의 수분과 유지의 혼합을 돕는다.
나. 반죽의 신전성을 저하시킨다.
다. 부피를 좋게 한다.
라. 노화를 지연시킨다.

45. **소과류(小果類)에 속하지 않는 것은?**

가. 체리(cherry)
나. 라스베리(raspberry)
다. 블루베리(blueberry)
라. 레드 커런트(red currant)

46. **다음 중 필수아미노산이 아닌 것은?**

가. 트레오닌　　나. 이소루이신
다. 발린　　라. 알라닌

47. **다음 중 영양소와 주요 기능의 연결이 바르게 된 것은?**

가. 단백질, 무기질－구성영양소
나. 지방, 단백질－조절영양소
다. 탄수화물, 무기질－열량영양소
라. 지방, 비타민－체온조절영양소

48. **포화지방산과 불포화지방산에 대한 설명 중 옳은 것은?**

가. 포화 지방산은 이중결합을 함유하고 있다.
나. 포화 지방산은 할로겐이나 수소첨가에 따라 불포화 될 수 있다.
다. 코코넛 기름에는 불포화 지방산이 더 높은 비율로 들어 있다.
라. 식물성 유지에는 불포화 지방산이 더 높은 비율로 들어 있다.

49. **산과 알칼리 및 열에서 비교적 안정하고 칼슘의 흡수를 도우며 골격 발육과 관계 깊은 비타민은?**

가. 비타민 A
나. 비타민 B1
다. 비타민 D
라. 비타민 E

50. 같은 양의 칼로리를 섭취했을 때 단백질의 절약 작용을 하는 영양소는?

가. 탄수화물　　나. 칼슘

다. 지방　　라. 인

51. 식품의 부패방지와 모두 관계가 있는 항은?

가. 방사선, 조미료 첨가, 농축

나. 가열, 냉장, 중량

다. 탈수, 식염첨가, 외관

라. 냉동, 보존료첨가, 자외선조사

52. 빵의 변질 및 부패와 관계가 가장 적은 것은?

가. 곰팡이

나. 세균

다. 빵의 모양

라. 수분함량

53. 위생동물은 식품자체의 피해와 인체에 대한 영향이 매우 크다. 다음 중 위생동물의 특성과 거리가 먼 것은?

가. 식성(食性)범위가 넓다.

나. 쥐, 진드기류, 파리, 바퀴 등이 속한다.

다. 병원미생물을 식품에 감염시키는 것도 있다.

라. 일반적으로 발육기간이 길다.

54. 식품 첨가물 중 표백제가 아닌 것은?

가. 소르빈산칼륨

나. 과산화수소

다. 산성아황산나트륨

라. 차아황산나트륨

55. 다음 중 살모넬라(Salmonella)균에 의한 식중독 증상과 가장 거리가 먼 것은?

가. 심한 설사

나. 급격한 발열

다. 심한 복통

라. 신경마비

56. 방사성 강하물 중에 식품위생상 가장 문제가 되는 핵종은?

가. Sr^{90}, Cs^{137}

나. Co^{60}, Fe^{55}

다. Zn^{65}, Ca^{45}

라. Ra^{226}, I^{131}

57. 알레르기(allergy)성 식중독의 주된 원인 식품은?

가. 오징어　　나. 꽁치

다. 갈치　　라. 광어

58. 다음 중 독소형 세균성 식중독균은?

가. 아리조나균(Arizona)

나. 살모넬라균(Salmonella)

다. 장염비브리오균(Vibrio)

라. 보툴리누스균(Clostridum Botulinum)

59. 사람과 동물이 같은 병원체에 의해서 발생되는 질병 또는 감염상태를 무엇이라 하는가?

가. 만성 전염병

나. 식중독

다. 경구 전염병

라. 인축공통 전염병

60. **식품첨가물 중 유화제에 대한 설명이 잘못된 것은?**

가. 물과 기름의 경계면에 작용하는 힘을 저하시켜 물 중에 기름을 분산시키는 작용을 한다.

나. 기름 중에 물을 분산시키고, 또 분산된 입자가 다시 응집하지 않도록 안정화시키는 작용을 한다.

다. 식품에 사용할 수 있는 종류가 지정되어 있다.

라. 지정된 유화제들은 식품의 종류에 관계없이 모두 동일한 유화효과를 가진다.

■ 2003년 기능사 기출문제 제2회 정답 ■

01	라	02	나	03	다	04	다	05	다	06	라	07	나	08	다	09	가	10	가
11	라	12	가	13	다	14	다	15	다	16	라	17	다	18	가	19	다	20	가
21	가	22	라	23	다	24	가	25	라	26	다	27	다	28	다	29	라	30	라
31	나	32	가	33	나	34	다	35	다	36	라	37	라	38	라	39	라	40	다
41	라	42	가	43	다	44	나	45	가	46	라	47	가	48	라	49	다	50	가
51	라	52	다	53	라	54	가	55	라	56	가	57	나	58	라	59	라	60	라

제4회 국가기술자격검정 필기시험문제 2003년 시행

1. 옐로 레이어 케이크에서 전란 사용량이 55%일 때 쇼트닝 사용량으로 적정한 것은?

   가. 30%　　나. 50%
   다. 70%　　라. 90%

2. 과자 반죽 믹싱법 중에서 크림법은 어떤 재료를 먼저 믹싱하는 방법인가?

   가. 설탕과 쇼트닝
   나. 밀가루와 설탕
   다. 계란과 설탕
   라. 계란과 쇼트닝

3. 다음 제품 중 반죽의 비중이 가장 낮은 것은?

   가. 파운드 케이크
   나. 옐로 레이어 케이크
   다. 초콜릿 케이크
   라. 버터 스펀지 케이크

4. 퍼프 페이스트리(puff pastry) 제조시 굽기 과정에서 부풀어 오르지 않는 이유로 틀린 것은?

   가. 밀가루의 사용량이 증가되었다.
   나. 오븐이 너무 차다.
   다. 반죽이 너무 차다.
   라. 품질이 나쁜 계란이 많이 사용되었다.

5. 도넛 글레이즈의 사용온도로 가장 적당한 것은?

   가. 49℃　　나. 39℃
   다. 29℃　　라. 19℃

6. 파이를 만들 때 충전물이 끓어 넘쳤다. 그 원인으로 틀린 것은?

   가. 배합이 적합하지 않았다.
   나. 충전물의 온도가 낮았다.
   다. 바닥 껍질이 너무 얇다.
   라. 껍질에 구멍이 없다.

7. 밤과자를 성형한 후 물을 뿌려주는 이유가 아닌 것은?

   가. 덧가루의 제거
   나. 소성 후 철판에서 잘 떨어짐
   다. 껍질색의 균일화
   라. 껍질의 터짐방지

8. 파운드 케이크를 구운 직후 계란 노른자에 설탕을 넣어 칠하는 방법이 있다. 이때 설탕의 역할이 아닌 것은?

   가. 광택제 효과
   나. 보존기간 개선
   다. 탈색 효과
   라. 맛의 개선

9. **다음 설명 중 저율배합에 대한 고율배합의 상대적 비교 로 틀린 것은?**

가. 고율배합은 믹싱 중 공기 혼입이 적은 편이다.

나. 고율배합의 비중은 낮아진다.

다. 고율배합에는 화학팽창제의 사용량을 감소한다.

라. 고율배합의 제품은 상대적으로 낮은 온도에서 오래 굽는다.

10. **슈 바닥 껍질 가운데가 위로 올라가는 이유 중 틀리게 설명한 것은?**

가. 오븐 바닥온도가 너무 강하다.

나. 굽기 초기에 수분을 많이 잃었다.

다. 팬에 기름칠을 너무 많이 했다.

라. 표피가 거북이 등처럼 되고 색깔이 날 때 밑불을 낮추어서 굽는다.

11. **다음 제법 중 비교적 스크래핑을 가장 많이 해야하는 제법은?**

가. 공립법　　나. 별립법

다. 설탕/물법　　라. 크림법

12. **다음 중 반죽의 희망 결과온도가 가장 낮은 제품은?**

가. 슈

나. 카스테라

다. 퍼프 페이스트리

라. 소프트 롤 케이크

13. **케이크 도넛에 대두분을 사용하는 목적이 아닌 것은?**

가. 흡유율 증가　　나. 껍질 구조 강화

다. 껍질색 개선　　라. 식감의 개선

14. **스펀지 케이크의 반죽 1g당 팬용적(cm3)은 얼마인가?**

가. 2.40　　나. 2.96

다. 4.71　　라. 5.08

15. **스펀지 케이크 제조시 계란의 사용량을 줄이려고 한다. 옳지 않은 것은?**

가. 물을 조금 더 사용한다.

나. 유화제를 더 쓴다.

다. 설탕사용량을 줄인다.

라. 베이킹 파우더 사용량을 늘인다.

16. **빵을 믹싱할 때 반죽이 최대의 탄력성을 갖는 믹싱 단계는?**

가. 픽업 단계　　나. 발전 단계

다. 최종 단계　　라. 파괴 단계

17. **냉각시킨 식빵의 가장 일반적인 수분함량은?**

가. 약18%　　나. 약28%

다. 약38%　　라. 약48%

18. **빵의 노화가 가장 빠른 온도는?**

가. -18℃　　나. 5℃

다. 20℃　　라. 30℃

19. **비상스트레이법 반죽의 가장 적당한 온도는?**

가. 20℃　　나. 25℃

다. 30℃　　라. 45℃

20. **제빵시 적량보다 많은 분유를 사용했을 때의 결과 중 잘못된 것은?**

가. 양옆면과 바닥이 움푹 들어가는 현상이 생김
나. 껍질색은 캐러멜화에 의하여 검어짐
다. 모서리가 예리하고 터지거나 슈레드가 적음
라. 세포벽이 두꺼우므로 황갈색을 나타냄

21. **분할기에 의한 기계식 분할시 분할의 기준이 되는 것은?**

가. 무게　　나. 모양
다. 배합율　　라. 부피

22. **제품을 생산하는데 생산 원가요소는?**

가. 재료비, 노무비, 경비
나. 재료비, 용역비, 감가상각비
다. 판매비, 노동비, 월급
라. 광열비, 월급, 생산비

23. **빵이 팽창하는 원인이 아닌 것은?**

가. 이스트에 의한 발효 활동 생성물에 의한 팽창
나. 이스트나 설탕, 달걀 등의 거품에 의한 팽창
다. 탄산가스, 알콜, 수증기에 의한 팽창
라. 글루텐의 공기 포집에 의한 팽창

24. **우유의 특성에 대한 설명 중 틀린 것은?**

가. 유지방 함량은 보통 3~4% 정도이다.
나. 당으로는 글루코오스(glucose)가 가장 많이 존재 한다.
다. 주요 단백질은 카제인(casein)이다.
라. 우유의 비중은 평균 1.032이다.

25. **다음 중 올바른 팬닝요령이 아닌 것은?**

가. 반죽의 이음매가 틀의 바닥으로 놓이게 한다.
나. 철판의 온도를 60℃로 맞춘다.
다. 반죽은 적정 분할량을 넣는다.
라. 비용적의 단위는 cm^3/g이다.

26. **굽기 공정에 대한 설명 중 틀린 것은?**

가. 전분의 호화가 일어난다.
나. 빵의 옆면에 슈레드가 형성되는 것을 억제한다.
다. 이스트는 사멸되기 전까지 부피팽창에 기여한다.
라. 굽기 과정 중 당류의 캐러멜화가 일어난다.

27. **일반적으로 작은 규모의 제과점에서 사용하는 믹서는?**

가. 수직형 믹서　　나. 수평형 믹서
다. 초고속 믹서　　라. 커터 믹서

28. **2차발효에 대한 설명으로 틀린 것은?**

가. 2차 발효실 온도는 33~45℃이다.
나. 2차발효실의 상대습도는 70~90%이다.
다. 2차발효시간이 경과함에 따라 pH는 5.13에서 5.49로 상승한다.
라. 2차발효실 온도가 너무 낮으면 발효시간은 길어지고 빵속의 조직이 거칠게 된다.

29. 빵의 제품평가에서 브레이크와 슈레드 부족현상의 이유가 아닌 것은?

가. 발효시간이 짧거나 길었다.

나. 오븐의 온도가 높았다.

다. 2차 발효실의 습도가 낮았다.

라. 오븐의 증기가 너무 많았다.

30. 냉동반죽의 해동방법에 해당되지 않는 것은?

가. 실온해동

나. 온수해동

다. 리타더(retard)해동

라. 도우 컨디셔너(dough conditioner)

31. 제과용 밀가루 제조에 사용되는 밀로 가장 좋은 것은?

가. 경질동맥　　나. 경질춘맥

다. 연질동맥　　라. 연질춘맥

32. 버터를 쇼트닝으로 대치할 때 고려해야 할 사항이 아닌것은?

가. 유지고형질　　나. 수분

다. 소금　　라. 유당

33. 어떤 케이크 제조에 1kg의 달걀이 필요하다면 껍질을 포함한 평균 무게가 60g인 달걀은 약 몇 개가 필요한가?

가. 15개　　나. 19개

다. 23개　　라. 27개

34. 전분의 노화에 대한 설명 중 틀리는 것은?

가. 일반적으로 냉장 온도에서 노화가 빨리 일어난다.

나. 노화의 원인 중에는 습도의 변화도 포함된다.

다. 노화된 전분은 소화가 잘 된다.

라. 노화란 α-전분이 β-전분으로 되는 것이다.

35. 지방의 산패를 촉진하는 인자와 거리가 먼 것은?

가. 질소의 존재　　나. 산소의 존재

다. 동의 존재　　라. 자외선의 존재

36. 글루텐을 약화하는 것이 아닌 것은?

가. 환원제

나. 소금

다. 단백질 분해효소

라. 지나친 발효

37. 식빵에서 설탕의 기능과 가장 거리가 먼 것은?

가. 반죽시간 단축

나. 이스트의 영양공급

다. 껍질색 개선

라. 수분 보유제

38. 우유 단백질의 응고에 관여하지 않는 것은?

가. 산　　나. 레닌

다. 가열　　라. 리파아제

39. 제빵시 생이스트(효모) 첨가에 가장 적당한 물의 온도는?

가. 10℃　　나. 20℃

다. 30℃　　라. 50℃

40. **제빵시 소금 사용량이 적량보다 많으면 나타나는 현상이 아닌 것은?**

가. 부피가 적다.

나. 세포벽이 얇다.

다. 껍질색이 검다.

라. 발효손실이 적다.

41. **반죽조절제와 이스트의 영양소가 함께 들어 있는 것은?**

가. 이스트

나. 제빵용 이스트푸드

다. 영양 강화제

라. 펜토산

42. **아밀로그래프에 관한 설명 중 틀린 것은?**

가. 산화제와 발효시간의 관계 이해

나. 맥아의 액화효과 측정

다. 알파 아밀라아제의 활성 측정

라. 보통 제빵용 밀가루는 약400～600 B.U.

43. **다음 밀가루 중 스파게티나 마카로니를 만드는데 주로 사용되는 것은?**

가. 강력분　　나. 중력분

다. 박력분　　라. 듀럼밀분

44. **밀알을 껍질 부위, 배아 부위, 배유 부위로 분류할 때 배유에 대한 설명으로 틀리는 것은?**

가. 밀알의 대부분으로 무게비로 약83%를 차지한다.

나. 전체 단백질의 약90%를 구성하며 무게비에 대한 단백질 함량이 높다.

다. 회분 함량은 0.3% 정도로 낮은 편이다.

라. 무질소물은 다른 부위에 비하여 많은 편이다.

45. **밀단백질에 대한 설명 중 틀린 것은?**

가. 글루텐은 글리아딘과 글루테닌이 결합된 것이다.

나. 글리아딘은 점성이 있고 유동적이다.

다. 글루테닌은 매우 질기고 탄력성이 있다.

라. 글루텐은 응집성, 탄력성, 점성이 없다.

46. **다른 식물성 식품보다 대두에서 비교적 많이 얻을 수 있는 영양소는?**

가. 물　　나. 탄수화물

다. 단백질　　라. 비타민

47. **효소의 활성에 영향을 주는 요인과 거리가 먼 것은?**

가. 기질　　나. pH

다. 작용온도　　라. 탄소

48. **단당류에 속하지 않는 것은?**

가. 젖당(lactose)

나. 포도당(glucose)

다. 과당(fructose)

라. 리보오스(ribose)

49. **야채샌드위치를 만드는 일부 야채류의 어느 물질이 칼슘의 흡수를 방해하는가?**

가. 옥살산(oxalic acid)

나. 초산(acetic acid)

다. 구연산(citric acid)

라. 말산(malic acid)

50. 피칸파이를 50g 섭취하였을 때 지방으로부터 얻을 수 있는 열량은 몇 kcal인가? (100g 피칸파이 -8.0g 단백질, 17.2g 지질, 41.4g 당질)

가. 77.4kcal　　나. 154.8kcal

다. 34.4kcal　　라. 68.8kcal

51. 미생물이 성장하는데 필수적으로 필요한 요인이 아닌 것은?

가. 적당한 온도

나. 적당한 햇빛

다. 적당한 수분

라. 적당한 영양소

52. 빵 반죽을 분할시 또는 구울 때 달라 붙지 않게 하고, 모양을 유지하는데 사용되는 것은?

가. 가소제　　나. 보존제

다. 이형제　　라. 용제

53. 사람과 동물이 같은 병원체에 의하여 발생하는 질병 또는 감염 상태와 관련 있는 질병을 총칭하는 것은?

가. 법정 전염병

나. 화학적 식중독

다. 인축 공통전염병

라. 진균독증

54. 자연독 식중독과 그 독성물질을 잘못 연결한 것은?

가. 무스카린 - 버섯중독

나. 베네루핀 - 모시조개중독

다. 솔라닌 - 중독

라. 테트로도톡신 - 중독

55. 장염 비브리오균의 성질에 속하는 것은?

가. 염분이 있는 곳에서 잘 자란다.

나. 아포를 형성한다.

다. 열에 강하다.

라. 독소를 생산한다.

56. 원인균은 바실러스 안트라시스(Bacillus anthracis)이며, 수육을 조리하지 않고 섭취하였거나 피부상처 부위로 감염되기 쉬운 인축 공통 전염병은?

가. 야토병

나. 탄저

다. 브루셀라병

라. 돈단독

57. 팥앙금류, 잼, 케찹, 식육 가공품에 사용하는 보존료는?

가. 소르빈산(염)

나. 디히드로초산(염)

다. 프로피온산(염)

라. 파라옥시 안식향산 부틸

58. 부패를 판정하는 방법으로 사람에 의한 관능검사를 실시 할 때 검사하는 항목이 아닌 것은?

가. 색　　나. 맛

다. 냄새　　라. 균수

59. 경구전염병의 병원체 중 바이러스(virus)에 의해 전염 되어 발병되는 것은?

가. 성홍열

나. 장티푸스

다. 전염성 설사증

라. 아메바성 이질

60. 다음 전염병 중 쥐를 매개체로 전염되는 질병이 아닌 것은?

가. 돈단독증

나. 쯔쯔가무시증

다. 신증후군출혈열(유행성출혈열)

라. 렙토스피라증

■ 2003년 기능사 기출문제 제4회 정답 ■

01	나	02	가	03	라	04	가	05	가	06	나	07	나	08	다	09	가	10	라
11	라	12	다	13	가	14	라	15	다	16	나	17	다	18	나	19	다	20	가
21	라	22	가	23	나	24	나	25	나	26	나	27	가	28	다	29	라	30	나
31	다	32	라	33	나	34	다	35	가	36	나	37	가	38	라	39	다	40	나
41	나	42	가	43	라	44	나	45	라	46	다	47	라	48	가	49	가	50	가
51	나	52	다	53	다	54	다	55	가	56	나	57	가	58	라	59	다	60	가

제1회 국가기술자격검정 필기시험문제 2004년 2월 시행

1. 스펀지 케이크 400g짜리 완제품을 만들 때 굽기 손실이 20%라면 분할 반죽의 무게는?

가. 600g　　나. 500g
다. 400g　　라. 300g

2. 반죽온도가 정상보다 낮을 때 나타나는 제품의 결과 중 틀린 것은?

가. 부피가 적다.
나. 큰 기포가 형성된다.
다. 기공이 조밀하다.
라. 오븐 통과시간이 약간 길다.

3. 젤리 롤을 마는 작업시 겉면이 터질 때 행하여야 할 조치 중 잘못된 것은?

가. 유지 사용량을 늘인다.
나. 설탕 일부를 물엿으로 대치한다.
다. 팽창 요인을 줄인다.
라. 덱스트린을 사용하면 점착성이 증가한다.

4. 초콜릿의 맛을 크게 좌우하는 가장 중요한 요인은?

가. 카카오버터　　나. 카카오단백질
다. 코팅기술　　라. 코코아껍질

5. 반죽무게를 이용하여 반죽의 비중 측정시 필요한 것은?

가. 밀가루 무게　　나. 물 무게
다. 용기 무게　　라. 설탕 무게

6. 옥수수가루를 이용하여 스펀지 케이크를 만들 때 가장 좋은 제품의 부피를 얻을 수 있는 것은?

가. 메옥수수가루
나. 찰옥수수가루
다. 메옥수수가루를 호화시킨 것
라. 찰옥수수가루를 호화시킨 것

7. 거품형 제품 제조시 가온법의 장점이 아닌 것은?

가. 껍질색이 균일하다.
나. 기포시간이 단축된다.
다. 기공이 조밀하다.
라. 계란의 비린내가 감소된다.

8. 커스터드 크림의 농후화제로 알맞지 않은 것은?

가. 버터　　나. 박력분
다. 전분　　라. 계란

9. 나가사끼 카스테라 제조시 휘젓기를 하는 이유로 알맞지 않은 것은?

가. 반죽온도를 균일하게 한다.
나. 껍질표면을 매끄럽게 한다.
다. 내상을 균일하게 한다.
라. 팽창을 원활하게 한다.

10. 아이싱에 이용되는 퐁당(fondant)은 설탕의 어떤 성질을 이용하는가?

가. 설탕의 보습성

나. 설탕의 재결정성

다. 설탕의 용해성

라. 설탕이 전화당으로 변하는 성질

11. 파이롤러의 위치에 가장 적합한 곳은?

가. 냉장고, 냉동고 옆

나. 오븐 옆

다. 씽크대 옆

라. 작업 테이블 옆

12. 다음의 머랭(meringue) 중에서 설탕을 끓여서 시럽으로 만들어 제조하는 것은?

가. 이탈리안 머랭

나. 스위스 머랭

다. 냉제 머랭

라. 온제 머랭

13. 아이싱(icing)이란 설탕 제품이 주요 재료인 피복물로 빵 · 과자 제품을 덮거나 피복하는 것을 말한다. 다음 크림 아이싱(creamed icing)이 아닌 것은?

가. 퍼지 아이싱(fudge icing)

나. 퐁당 아이싱(fondant icing)

다. 단순 아이싱(flat icing)

라. 마아쉬멜로 아이싱 (marshmallow icing)

14. 퍼프 페이스트리 반죽의 휴지 효과에 대한 설명으로 틀리는 것은?

가. 글루텐을 재정돈 시킨다.

나. 밀어펴기가 용이해 진다.

다. CO_2 가스를 최대한 발생시킨다.

라. 절단시 수축을 방지한다.

15. 반죽형 케이크를 구웠더니 너무 가볍고 부서지는 현상이 나타났다. 그 원인이 아닌 것은?

가. 반죽에 밀가루 양이 많았다.

나. 반죽의 크림화가 지나쳤다.

다. 팽창제 사용량이 많았다.

라. 쇼트닝 사용량이 많았다.

16. ppm이란?

가. g당 중량 백분율

나. g당 중량 만분율

다. g당 중량 십만분율

라. g당 중량 백만분율

17. 일반적인 스펀지 도우법으로 식빵을 만들 때 도우반죽(dough mixing)의 가장 적당한 온도는?

가. 17℃ 정도 나. 27℃ 정도

다. 37℃ 정도 라. 47℃ 정도

18. 성형에서 분할된 반죽을 롤러에 통과시키는 주된 이유는?

가. 제품의 체적을 높게 하기 위하여

나. 가스를 고르게 분산시키기 위하여

다. 제품의 색을 고르게 하기 위하여

라. 발효를 빠르게 하기 위하여

19. 일반적으로 적절한 2차 발효점은 완제품 용적의 몇%가 가장 적당한가?

가. 40~45% 나. 50~55%

다. 70~80% 라. 90~95%

20. **오븐에서 빵이 갑자기 팽창하는 현상인 오븐 스프링이 발생하는 이유로 적당하지 않은 것은?**

가. 가스압의 증가
나. 알콜의 증발
다. 탄산가스의 증발
라. 단백질의 변성

21. **오븐에서 나온 빵을 냉각하여 포장하는 온도로 가장 적합한 것은?**

가. 0～5℃　　나. 15～20℃
다. 35～40℃　　라. 55～60℃

22. **발효의 목적이 아닌 것은?**

가. 반죽을 조절한다.
나. 글루텐을 강하게 한다.
다. 향을 개발한다.
라. 팽창작용을 한다.

23. **일반 스트레이트법을 비상 스트레이트법으로 변경시킬 때 필수적 조치는?**

가. 설탕 사용량을 1% 감소시킨다.
나. 소금 사용량을 1.75% 까지 감소시킨다.
다. 분유 사용량을 감소시킨다.
라. 이스트푸드 사용량을 0.5～0.75% 까지 증가시킨다.

24. **이형유에 관한 설명 중 올바르지 않은 것은?**

가. 틀을 실리콘으로 코팅하면 이형유 사용을 줄일 수 있다.
나. 이형유는 발연점이 높은 기름을 사용한다.
다. 이형유 사용량은 반죽무게에 대하여 0.1～0.2% 정도이다.
라. 이형유 사용량이 많으면 밑껍질이 얇아지고 색상이 밝아진다.

25. **빵 전분의 노화정도를 측정하는데 사용하는 방법과 관련이 없는 것은?**

가. 비스코그래프에 의한 측정
나. 빵 속살의 흡수력 측정
다. X － 회절도에 의한 측정
라. 패리노그래프에 의한 측정

26. **최종제품의 부피가 정상보다 클 경우의 원인이 아닌 것은?**

가. 2차발효의 초과
나. 소금 사용량 과다
다. 분할량 과다
라. 낮은 오븐온도

27. **빵 반죽에 사용되는 물의 경도에 가장 큰 영향을 미치는 성분은?**

가. 비타민　　나. 무기질
다. 단백질　　라. 지방

28. **냉동반죽법의 재료 준비에 대한 사항 중 틀린 것은?**

가. 저장은 -5℃에서 시행한다.
나. 노화방지제를 소량 사용한다.
다. 반죽은 조금 되게 한다.
라. 크로와상 등의 제품에 이용된다.

29. 주로 소매점에서 자주 사용하는 믹서로서 거품형 케이크 및 빵 반죽이 모두 가능한 믹서는 무엇인가?

가. 버티컬 믹서(Vertical Mixer)
나. 스파이럴 믹서(Spiral Mixer)
다. 수평 믹서(Horizontal Mixer)
라. 핀 믹서(Pin Mixer)

30. 어떤 제품의 가격이 600원일 때 이것의 제조원가는 얼마인가?(단, 손실율은 10% 이고, 이익률(마진율)은 15%, 부가가치세 10%를 포함한 가격이다.)

가. 431원 나. 444원
다. 474원 라. 545원

31. 아밀로덱스트린(amylodextrin)의 요오드 반응의 색깔은?

가. 청남색 나. 적갈색
다. 황색 라. 무색

32. 다당류에 속하는 것은?

가. 이눌린 나. 맥아당
다. 포도당 라. 설탕

33. 튀김기름의 품질을 저하시키는 요인이 아닌 것은?

가. 온도 나. 수분
다. 공기 라. 항산화제

34. 제과 가공시 당의 기능과 가장 거리가 먼 것은?

가. 유화제 나. 색형성
다. 수분 보유제 라. 향기 형성

35. 유지의 항산화 보완제로 가장 적당하지 못한 것은?

가. 염산 나. 구연산
다. 주석산 라. 아스코르빈산

36. 베이킹파우더가 반응을 일으키면 주로 발생되는 가스는?

가. 질소가스 나. 암모니아가스
다. 탄산가스 라. 산소가스

37. 분유의 용해도에 영향을 주는 요소로 볼 수 없는 것은?

가. 건조 방법 나. 저장기간
다. 원유의 신선도 라. 단백질 함량

38. 전분을 덱스트린(dextrin)으로 변화시키는 효소는?

가. β－아밀라아제(amylase)
나. α－아밀라아제(amylase)
다. 말타아제(maltase)
라. 찌마아제(zymase)

39. 효소를 구성하고 있는 주성분은?

가. 탄수화물 나. 지방
다. 단백질 라. 비타민

40. 식빵 제조시 주로 사용하는 밀가루는?

가. 강력분 나. 준강력분
다. 중력분 라. 박력분

41. 다음 발효과정에서 탄산가스의 보호막 역할을 하는 것은?

가. 설탕 나. 이스트
다. 글루텐 라. 탈지분유

42. **다음은 분말계란과 생란을 사용할 때의 장단점이다. 옳은 것은?**

가. 생란은 취급이 용이하고, 영양가 파괴가 적다.

나. 생란이 영양은 우수하나, 분말 계란보다 공기 포집력이 떨어진다.

다. 분말 계란이 생란보다 저장면적이 커진다.

라. 분말 계란은 취급이 용이하나, 생란에 비해 공기 포집력이 떨어진다.

43. **제빵시 반죽용 물의 설명으로 틀린 것은?**

가. 경수는 반죽의 글루텐을 경화시킨다.

나. 연수는 발효를 지연시킨다.

다. 연수사용시 미네랄 이스트 푸드를 증량해서 사용하는 것이 좋다.

라. 연수는 반죽을 끈적거리게 한다.

44. **초콜릿의 브룸(bloom) 현상에 대한 설명 중 틀린 것은?**

가. 초콜릿 표면에 나타난 흰 반점이나 무늬 같은 것을 브룸(bloom) 현상이라고 한다.

나. 설탕이 재결정화 된 것을 슈가 브룸(sugar bloom) 이라고 한다.

다. 지방이 유출된 것을 팻 브룸(fat bloom)이라고 한다.

라. 템퍼링이 부족하면 설탕이 재결정화가 일어난다.

45. **식품향료에 관한 설명 중 틀린 것은?**

가. 수용성향료(essence)는 내열성이 약하다.

나. 유성향료(essential oil)는 내열성이 강하다.

다. 유화향료(emulsified flavor)는 내열성이 좋지 않다.

라. 분말향료(powdered flavor)는 향료의 휘발 및 변질을 방지하기 쉽다.

46. **유용한 장내 세균의 발육을 왕성하게 하여 장에 좋은 영향을 미치는 이당류는?**

가. 설탕(sucrose) 나. 유당(lactose)

다. 맥아당(maltose) 라. 포도당(glucose)

47. **콜레스테롤에 관한 설명 중 잘못된 것은?**

가. 담즙의 성분이다.

나. 비타민 D3의 전구체가 된다.

다. 탄수화물 중 다당류에 속한다.

라. 다량 섭취시 동맥경화의 원인물질이 된다.

48. **다음 중 수용성 비타민은?**

가. 비타민 D 나. 비타민 A

다. 비타민 E 라. 비타민 C

49. **단백질의 가장 중요한 기능을 설명한 것은?**

가. 효소의 보조 효소

나. 골격과 치아조직의 형성

다. 신경의 자극전달

라. 체조직 합성

50. **인축공통전염병인 것은?**

가. 탄저병 나. 콜레라

다. 이질 라. 장티푸스

51. 육조직에서 자기소화(autolysis)가 일어날 때 나타나는 현상은?

가. 암모니아가 발생하여 악취를 낸다.
나. 아민 물질이 생성된다.
다. 아미노산으로 분해되면서 맛이 좋아진다.
라. 젖산이 생성되어 신맛이 감돈다.

52. 어패류의 생식과 관계 깊은 식중독 세균은?

가. 프로테우스균 나. 장염 비브리오균
다. 살모넬라균 라. 바실러스균

53. 화농성 질병이 있는 사람이 만든 제품을 먹고 식중독을 일으켰다면 가장 관계 깊은 원인균은?

가. 장염 비브리오균 나. 살모넬라균
다. 보툴리누스균 라. 포도상구균

54. 다음 중 포도상구균이 생산하는 독소는?

가. 솔라닌 나. 테트로도톡신
다. 엔테로톡신 라. 뉴로톡신

55. 식용유의 산화방지에 사용되는 것은?

가. 비타민 E 나. 비타민 A
다. 니코틴산 라. 비타민 K

56. 대장균 O-157이 내는 독성물질은?

가. 베로톡신 나. 테트로도톡신
다. 삭시톡신 라. 베네루핀

57. 다음 중 부패로 볼 수 없는 것은?

가. 육류의 변질
나. 달걀의 변질
다. 열에 의한 식용유의 변질
라. 어패류의 변질

58. 다음 경구전염병 중 원인균이 세균이 아닌 것은?

가. 이질 나. 폴리오
다. 장티푸스 라. 콜레라

59. 과자, 비스킷, 카스텔라 등을 부풀게 하기 위한 팽창제로 사용되는 식품첨가물이 아닌 것은?

가. 탄산수소나트륨
나. 탄산암모늄
다. 산성 피로인산나트륨
라. 안식향산

60. 식품의 변질에 관여하는 요인이 아닌 것은?

가. pH 나. 압력
다. 수분 라. 산소

■ 2004년 기능사 기출문제 제1회 정답 ■

01	나	02	나	03	가	04	가	05	나	06	가	07	다	08	가	09	라	10	나
11	가	12	가	13	다	14	다	15	가	16	라	17	나	18	나	19	다	20	라
21	다	22	나	23	가	24	라	25	라	26	나	27	나	28	가	29	가	30	가
31	가	32	가	33	라	34	가	35	가	36	다	37	라	38	나	39	다	40	가
41	다	42	라	43	나	44	라	45	다	46	나	47	다	48	라	49	라	50	가
51	다	52	나	53	라	54	다	55	가	56	가	57	다	58	나	59	라	60	나

1. 일반적인 과자반죽의 믹싱완료 정도를 파악하기 어려운 것은?
가. 반죽의 비중
나. 글루텐의 발전정도
다. 반죽의 점도
라. 반죽의 색

2. 케이크가 굽는 도중에 수축하는 경우가 있다. 그 원인으로 틀린 것은?
가. 베이킹 파우다의 사용이 과다한 경우
나. 반죽에 과도한 공기 혼입이 된 경우
다. 소맥분의 글루텐(gluten)의 함량이 표준치 보다 적은 경우
라. 오븐의 온도가 너무 낮은 경우

3. 아이싱의 안정제로 사용되는 것 중 동물성인 것은?
가. 한천
나. 젤라틴
다. 로커스트 빈검
라. 카라야 검

4. 케이크 반죽에 있어 고율배합 반죽의 특성을 잘못 말한 것은?
가. 화학팽창제의 사용은 적다.
나. 구울 때 굽는 온도를 낮춘다.
다. 반죽동안 공기와의 혼합은 양호하다.
라. 비중이 높다.

5. 쿠키의 퍼짐에 영향을 주는 당류는?
가. 분당 나. 설탕
다. 포도당 라. 물엿

6. 반죽 온도를 너무 낮게 하여 만든 케이크 도넛의 설명 중 잘못된 것은?
가. 공모양의 도넛이 된다.
나. 점도가 약하게 된다.
다. 과량의 기름을 흡수한다.
라. 부피가 작게 된다.

7. 도넛에 묻힌 설탕이 녹는 현상을 제거하기 위한 방법이 아닌 것은?
가. 점착력이 있는 튀김기름 사용
나. 충분히 냉각시킨 후 설탕을 묻힘
다. 냉각 중 환기를 충분히 함
라. 튀김 시간을 짧게 함

8. 다음 제품 중 반죽 희망온도가 가장 낮은 것은?
가. 슈 나. 퍼프 페이스트리
다. 카스테라 라. 파운드 케이크

9. 다음 쿠키 반죽 중 유지 사용량이 가장 많은 것은?
가. 마카롱쿠키 나. 핑거쿠키
다. 머랭쿠키 라. 쇼트브레드 쿠키

10. 슈 크림의 제조공정에 대한 설명으로 틀린 항목은?

가. 물에 소금과 유지를 넣고 센 불에서 끓인 후 밀가루를 넣고 저으면서 완전히 호화시킨다.

나. 60~65℃로 냉각시키고 계란을 소량씩 넣으면서 매끈한 반죽을 만든다.

다. 보통은 원형 모양깍지를 이용하여 평철판에 짜놓고 물을 분무하여 껍질이 빨리 형성되는 것을 막아준다.

라. 굽기 초기에는 윗불을 강하게 하여 표피 색상을 빨리 내며, 굽는 열에 예민하기 때문에 수시로 오븐 문을 열고 슈의 굽기상태를 확인해야 된다.

11. 박력분에 대한 설명으로 맞지 않는 것은?

가. 단백질 함량이 15% 정도이다.

나. 글루텐의 안정성이 약하다.

다. 튀김용 가루로 많이 사용된다.

라. 쿠키, 비스킷을 만드는데 사용된다.

12. 초콜릿 케이크 팬닝(반죽 채우기)량에 대해 가장 적합한 것은?

가. 45~50% 나. 55~60%

다. 65~70% 라. 75~80%

13. 파이를 만들 때 소금을 사용하는 주된 이유는?

가. 수분 흡수율이 높아진다.

나. 껍질색을 짙게 한다.

다. 글루텐의 형성을 촉진시킨다.

라. 다른 재료의 맛과 향을 살린다.

14. 가나슈 크림에 대한 설명 중 맞는 것은?

가. 생크림은 절대 끓여서 사용하지 않는다.

나. 초콜릿과 생크림의 배합비율은 10:1이 원칙이다.

다. 초콜릿 종류는 달라도 카카오 성분은 같다.

라. 끓인 생크림에 초콜릿을 더한 크림이다.

15. 흰자를 거품 내면서 뜨겁게 끓인 시럽을 부어 만든 머랭은?

가. 냉제 머랭

나. 온제 머랭

다. 스위스 머랭

라. 이탈리안 머랭

16. 스펀지법에서 적당한 스펀지 반죽 온도는?

가. 10~20℃ 나. 22~26℃

다. 34~38℃ 라. 42~46℃

17. 반죽시 후염법에서 소금의 투입단계는?

가. 각 재료와 함께 섞는다.

나. 픽업단계 직전에 투입한다.

다. 클린업 단계 직후에 넣는다.

라. 믹싱이 끝날 때 넣어 혼합한다.

18. 반죽이 팬 또는 용기의 모양이 되도록 하는 성질은?

가. 흐름성 나. 가소성

다. 탄성 라. 점탄성

19. 2차 발효의 상대습도를 가장 낮게 하는 제품은?

가. 옥수수빵　　나. 데니시 페이스트리
다. 우유식빵　　라. 팥소빵

20. 굽기에 있어서 껍질색 형성이 어려운 조건은?

가. 과숙성 반죽
나. 분유가 많은 반죽
다. 스펀지법의 반죽
라. 유화제가 들어있는 반죽

21. 식빵의 노화가 가장 잘 일어나는 온도는?

가. -20℃　　나. 0℃
다. 20℃　　라. 40℃

22. 이스트를 다소 감소하여 사용하는 경우는?

가. 우유 사용량이 많을 때
나. 수작업 공정과 작업량이 많을 때
다. 물이 알칼리성일 때
라. 미숙한 밀가루를 사용할 때

23. 다음 중 반죽 팽창 형태가 나머지 셋과 다른 것은?

가. 스펀지 케이크
나. 엔젤푸드 케이크
다. 쉬폰 케이크
라. 커피 케이크

24. 일반빵의 포장에 있어 포장용 빵의 적정 온도는?

가. -18℃　　나. 0~5℃
다. 35~40℃　　라. 50~55℃

25. 연속식 제빵법을 사용하는 장점으로 틀리는 것은?

가. 인력의 감소
나. 발효향의 증가
다. 공장 면적과 믹서 등 설비의 감소
라. 발효손실의 감소

26. 이스트를 사용하지 않고 호밀가루나 밀가루를 대기 중에 존재하는 이스트나 유산균을 물과 반죽하여 배양한 발효종을 이용하는 제빵법은?

가. 액종발효법
나. 스펀지법
다. 오버나잇 스펀지법
라. 사워종법

27. 냉동반죽법의 단점이 아닌 것은?

가. 휴일작업에 미리 대처할 수 없다.
나. 이스트가 죽어 가스 발생력이 떨어진다.
다. 가스 보유력이 떨어진다.
라. 반죽이 퍼지기 쉽다.

28. 작업시간 분석에 대한 설명 중 틀린 것은?

가. 우발적 요소를 5% 이하로 관리한다.
나. 여유율이 25%가 넘지 않도록 한다.
다. 여유율(%) = (여유시간÷정규시간) × 100
라. 기계를 사용할 때 여유율이 비교적 높다.

29. 제빵용으로 주로 사용되는 도구는?

가. 모양깍지　　나. 돌림판(회전판)
다. 짤주머니　　라. 스크레퍼

30. 둥글리기 하는 동안 반죽의 끈적거림을 없애는 방법이 아닌 것은?

가. 반죽의 최적 발효상태를 유지한다.
나. 덧가루를 사용한다.
다. 반죽에 유화제를 사용한다.
라. 반죽에 파라핀 용액(1%)을 첨가한다.

31. 단순 단백질이 아닌 것은?

가. 알부민　　나. 글로불린
다. 글리코프로테인　　라. 글루테닌

32. 유당의 설명 중 틀린 것은?

가. 이당류이다.
나. 이스트에 의해 발효되지 않는다.
다. 단맛은 설탕과 비교해서 약하다.
라. 유산균에 의해 발효되어 초산이 된다.

33. 제과에 많이 쓰이는 "럼주"는 무엇을 원료로 하여 만드는 술인가?

가. 옥수수 전분　　나. 포도당
다. 당밀　　라. 타피오카

34. 다음 중 단당류가 아닌 것은?

가. 과당　　나. 맥아당
다. 포도당　　라. 갈락토오스

35. 다음 조합 중 틀린 것은?

가. 소맥분 – 중조 → 밤만두피
나. 소맥분 – 유지 → 파운드케이크
다. 소맥분 – 베이킹파우더 → 식빵
라. 소맥분 – 계란 → 카스테라

36. 건조글루텐(Dry Gluten) 중에 가장 많은 성분은?

가. 단백질　　나. 전분
다. 지방　　라. 회분

37. 제빵 적성에 맞지 않는 밀가루는?

가. 글루텐의 질이 좋고 함량이 많은 것
나. 프로테아제의 함량이 많은 것
다. 제분 직후 30 ~ 40일 정도의 숙성기간이 지난 것
라. 물을 흡수할 수 있는 능력이 큰 것

38. 제과, 제빵용 건조재료 등과 팽창제 및 유지재료를 알맞은 배합율로 균일하게 혼합한 원료는?

가. 프리믹스
나. 팽창제
다. 향신료
라. 밀가루 개량제

39. 제빵에서 쇼트닝의 주요 기능은 윤활작용이다. 다음 중 쇼트닝을 몇% 사용했을 때 제품의 부피가 최대가 되겠는가?

가. 0 ~ 1%　　나. 3 ~ 5%
다. 8 ~ 10%　　라. 12 ~ 14%

40. 휘핑용 생크림에 대한 설명 중 잘못된 것은?

가. 유지방 45% 이상의 진한 생크림이 원료임
나. 기포성을 이용하여 만듬
다. 유지방이 기포형성의 주체임
라. 거품의 품질유지를 위해 높은 온도에서 보관함

41. 빵 반죽이 발효되는 동안 이스트는 무엇을 생성하는가?

가. 물, 초산
나. 산소, 알데히드
다. 수소, 젖산
. 탄산가스, 알콜

42. 전분입자를 물에 불리면 물을 흡수하여 팽윤하고 가열하면 입자의 미셀구조가 파괴되는 현상을 무엇이라고 하는가?

가. 노화 나. 호정화
다. 호화 라. 당화

43. 유지의 분해산물인 글리세린에 대한 설명으로 틀린 것은?

가. 물에 잘 녹는 감미의 액체로 비중은 물보다 낮다.
나. 향미제의 용매로 식품의 색택을 좋게하는 독성이 없는 극소수 용매 중의 하나이다.
다. 보습성이 뛰어나 빵류, 케이크류, 소프트 쿠키류의 저장성을 연장시킨다.
라. 물의 유탁액에 대한 안정 기능이 있다.

44. 정상적인 빵 발효를 위하여 맥아(麥芽)와 유산(乳酸)을 첨가하는 것이 좋은 물은?

가. 산성인 연수
나. 중성인 아경수
다. 중성인 경수
라. 알칼리성인 경수

45. 과자와 빵에서 우유가 미치는 영향 중 틀린 것은?

가. 영양 강화이다.
나. 보수력이 없어서 쉽게 노화된다.
다. 겉껍질 색깔을 강하게 한다.
라. 이스트에 의해 생성된 향을 착향시킨다.

46. 맥아당이 분해되면 포도당과 무엇으로 되는가?

가. 포도당 나. 유당
다. 과당 라. 설탕

47. 체내에서 생리기능의 조절작용을 하여 보조역할을 하는 영양소는?

가. 지방 나. 비타민
다. 단백질 라. 탄수화물

48. 다음 중 그 연결이 틀린 것은?

가. 복합지질 – 스테롤류
나. 단순지질 – 라아드
다. 단순지질 – 식용유
라. 복합지질 – 인지질

49. 지방의 소화에 대한 설명 중 올바른 것은?

가. 소화는 대부분 위에서 일어난다.
나. 소화를 위해 담즙산이 필요하다.
다. 지방은 수용성 물질의 소화를 돕는다.
라. 유지가 소화, 분해되면 단당류가 된다.

50. 밀의 제1제한아미노산은 무엇인가?

가. 메티오닌(methionine)
나. 라이신(lysine)
다. 발린(valine)
라. 루신(leucine)

51. 대장균에 대하여 가장 바르게 설명한 것은?

가. 분변 세균의 오염 지표가 된다.
나. 전염병을 일으킨다.
다. 독소형 식중독을 일으킨다.
라. 발효식품 제조에 유용한 세균이다.

52. 경구전염병이 아닌 것은?

가. 맥각중독　　나. 이질
다. 콜레라　　라. 장티푸스

53. 감염형 식중독과 관계가 없는 것은?

가. 살모넬라균
나. 병원성 대장균
다. 포도상구균
라. 장염 비브리오균

54. 쥐나 곤충류에 의해서 발생될 수 있는 식중독은?

가. 살모넬라 식중독
나. 클로스트리디움 보툴리늄 식중독
다. 포도상구균 식중독
라. 웰시 식중독

55. 어떤 첨가물의 LD50의 값이 적다는 것은 무엇을 의미 하는가?

가. 독성이 크다.
나. 독성이 적다.
다. 저장성이 적다.
라. 안전성이 크다.

56. 세균이 생산한 독소에 의한 식중독은?

가. 포도상구균 식중독
나. 살모넬라 식중독
다. 아리조나 식중독
라. 장염비브리오 식중독

57. 빵이나 과자를 제조할 때 제품을 부풀게 하여 부드럽게 하는 첨가물은?

가. 팽창제　　나. 유화제
다. 강화제　　라. 보존제

58. 다음 경구전염병 중 바이러스가 원인인 것은?

가. 전염성 설사증
나. 장티푸스
다. 파라티푸스
라. 콜레라

59. 단백질 식품이 미생물의 분해작용에 의하여 형태, 색택, 경도, 맛 등의 본래의 성질을 잃고 악취를 발생하거나 독물을 생성하여 먹을 수 없게 되는 현상은?

가. 변패　　나. 산패

다. 부패　　라. 발효

60. 인축 공통 전염병 중 직접 우유에 의해 사람에게 감염 되는 것은?

가. 탄저　　나. 결핵

다. 야토병　　라. 구제역

■ 2004년 기능사 기출문제 제2회 정답 ■

01	나	02	다	03	나	04	라	05	나	06	나	07	라	08	나	09	라	10	라
11	가	12	나	13	라	14	라	15	라	16	나	17	다	18	가	19	나	20	가
21	나	22	나	23	라	24	다	25	나	26	라	27	가	28	라	29	라	30	라
31	다	32	라	33	다	34	나	35	다	36	가	37	나	38	가	39	나	40	라
41	라	42	다	43	가	44	라	45	나	46	가	47	나	48	가	49	나	50	나
51	가	52	가	53	다	54	가	55	기	56	가	57	가	58	가	59	다	60	나

참고문헌

두산세계대백과 EnCyber.

文範洙 외 1인. 食品材料學. 수학사, 1997.

박병렬, 이항우. 호텔 제과제빵 기술론, 1996.

신길만, 전통 일본과자, 형설출판사, 2000.

신길만 · 정진우, 제과제빵기능사, 백산출판사, 1998.

신길만, 제과실무론, 지구문화사, 1998.

신길만, 제과학의 이해, 지구문화사, 2002.

신길만. 제빵이론 실기, 신광출판사, 1998.

심상국 외 1인. 식품학. 고문사, 1992.

윤숙경. 우리말 조리사전, 신광출판사, 1996.

尹政義. 最新 食品貯藏學. 세진사, 1998.

이영노. 원색 한국식물도감. 교학사, 1996.

이우철. 원색한국기준식물도감. 아카데미서적, 1996.

이진영 외 3인. 食品購賣論. 효일문화사, 1997.

이창복. 대한식물도감. 향문사, 1979.

이형우 외 10명. 제과제빵의 기술론. 지구문화사, 1997

이혜양, 이재룡. 제과제빵기술

장명숙. 식품과 조리원리. 도서출판 효일

장상원. 빵 · 과자백과사전, 민문사, 1992.

정영도 외 11인. 식품조리 재료학, 지구문화사, 2000.

주현규, 조남지, 박문우, 신두호. 제과 · 제빵 재료학, 광문각, 1997.

한국사전연구사. 식품재료사전. 1997.

한국식품과학회. 식품과학용어집. 대광서림, 1994.

한국영양학회. 한국인 영양 권장량(제6차 개정). 1995.

한국제과고등기술학교. 재료과학. 정문사 문화, 1994

한명규. 최신 식품학. 형설출판사, 1996.
홍행홍, 민경찬. 제과제빵사 시험. 광문각
Wulf Doerry 지음, 이광석 옮김. 책명?(주)비앤씨 월드, 1997

- 내손으로 빵과자 만들기 중앙일보사
- 허브요리와 재배법 류경오, 임연홍 도서출판 허브월드
- 빵과자 백과 사전 민문사
- 제과제빵시험 홍행홍, 민경찬 민문사
- 빵과자만들기 김충호 백산출판사
- 식품학 양종범, 심상국 고문사
- 桜井芳人編 綜合食品事典 醫歯薬出版(株)
- 吉野精一 パンのこつ 科學 자田書店
- 監修彩井芳人 綜合食品事典辭典
- 社團法人 食生活開發研究所 洋菓子製造.流通マニュアル
- スイスBilcotk 製菓 器具 カタロク 1983
- 社團法人 日本洋菓子協會聯合會 ガトー

1. 協同組合日本洋菓子工業會 PCG
2. 吉田 菊次郎 著 チョレト.キャトル
3. W.J.ファソス編者 現代洋菓子全書 三洋出版貿易(株)
4. 吉 田 菊次郎 著 チョユレート
5. 締 木 信太郎 著 菓子の文化史 光琳書院
6. 全國洋菓子工業組合連合會 製菓衛生師讀本
7. 東京製菓學校 洋菓子理

저/자/소/개

■ 신 길 만

조선대학교 대학원 식품영양학과 졸업(이학박사)
일본 도쿄빵아카데미 졸업
일본 도쿄제과학교 졸업
한국조리학회 부회장 역임
초당대학교 조리과학과, 전남도립 남도대학 호텔조리제빵학과 교수역임
현재 국립 순천대학교 생명산업 과학대학 조리과학과 교수
미국 캔사스주립대학 연구교수 역임

■ 신 순 례

순천대학교 대학원 졸업
일본 도쿄제과학교 졸업
일본 도쿄빵아카데미 졸업
광주보건대학 겸임전임강사 역임
국립 순천대학교 조리과학과 겸임교수 역임

■ 노 한 승

전남대학교 대학원 졸업(행정학석사)
조선대학교 대학원 식품영양학과 박사과정 수료
일본 과자전문학교 졸업
광주보건대학, 조선이공대학, 호남대학교, 서강정보대학 강사역임
현재 홍부네 케익갤러리 대표
대한민국 제과기능장

제과학의 이론과 실제

2005년 7월 10일 초판 1쇄 발행
2017년 2월 10일 초판 3쇄 발행

지은이 신길만 · 신순례 · 노한승
펴낸이 진욱상
펴낸곳 백산출판사
교 정 편집부
본문디자인 박채린
표지디자인 오정은

저자와의 합의하에 인지첩부 생략

등 록 1974년 1월 9일 제1-72호
주 소 경기도 파주시 회동길 370(백산빌딩 3층)
전 화 02-914-1621(代)
팩 스 031-955-9911
이메일 edit@ibaeksan.kr
홈페이지 www.ibaeksan.kr

ISBN 89-7739-732-4
값 17,000원